大型火电厂新员工培训教材

集控运行分册

托克托发电公司　编

中国电力出版社
CHINA ELECTRIC POWER PRESS

内 容 提 要

本套《大型火电厂新员工培训教材》丛书包括锅炉、汽轮机、电气一次、电气二次、集控运行、电厂化学、热工控制及仪表、环保、燃料共九个分册，是内蒙古大唐国际托克托发电有限公司在多年员工培训实践工作及经验积累的基础上编写而成。以600MW及以上容量机组技术特点为主，本套书内容全面系统，注重结合生产实践，是新员工培训以及生产岗位专业人员学习和技能提升的理想教材。

本书为丛书之一《集控运行分册》，主要内容包括循环冷却水系统、给水系统、凝结水系统、抽汽系统、轴封系统、汽轮机油系统、空冷系统、汽水系统、烟风系统、制粉系统、燃烧系统、压缩空气系统、电气主接线系统、厂用电系统、发电机及励磁系统、发电机辅助系统、交流不停电电源及事故保安电源系统、直流系统，对以上各系统进行了概述，阐述了各系统的运行、操作及检查工作，以及各系统的常见异常与处理。

本书适合作为火电厂新员工的集控运行培训教材，以及运行岗位技能提升学习和培训教材，同时可作为高等院校、专业院校相关专业师生的学习参考用书。

图书在版编目（CIP）数据

大型火电厂新员工培训教材．集控运行分册/托克托发电公司编．—北京：中国电力出版社，2020.7（2025.9重印）

ISBN 978-7-5198-4327-4

Ⅰ.①大…　Ⅱ.①托…　Ⅲ.①火电厂-集中控制-运行-技术培训-教材　Ⅳ.①TM621

中国版本图书馆CIP数据核字（2020）第026739号

出版发行：中国电力出版社
地　　址：北京市东城区北京站西街19号（邮政编码100005）
网　　址：http：//www.cepp.sgcc.com.cn
责任编辑：宋红梅
责任校对：黄　蓓　常燕昆
装帧设计：王红柳
责任印制：吴　迪

印　　刷：北京天宇星印刷厂
版　　次：2020年7月第一版
印　　次：2025年9月北京第二次印刷
开　　本：787毫米×1092毫米　16开本
印　　张：17
字　　数：383千字
印　　数：2001—2500册
定　　价：79.00元

《大型火电厂新员工培训教材》

丛 书 编 委 会

主　　任	张茂清				
副 主 任	高向阳	宋　琪	李兴旺	孙惠海	
委　　员	郭洪义	韩志成	曳前进	张洪彦	王庆学
	张爱军	沙素侠	郭佳佳	王建廷	

本分册编审人员

编写人员	王建廷	聂朔晔	陈秀军	焦开明	李建成
	倪　鑫	李振宇	褚　帅	魏录军	许小明
	卢兴华	禹志刚	郭朝引	王　军	易卫国
	李兆杰	邵宝坤	王　伟	张天保	林　颂
	申志宾	冷聚瀛	董银怀	张吉庆	欧龙姣
	张余光				
审核人员	张洪彦	方　亮	韩志成	黄晓峰	彭铁英

序

习近平在中共十九大报告中指出，人才是实现民族振兴、赢得国际竞争主动的战略资源。电力行业是国民经济的支柱行业，近十多年来我国电力发展坚持以科学发展观为指导，在清洁低碳、高效发展方面取得了瞩目的成绩。目前，我国燃煤发电技术已经达到世界先进水平，部分领域达到世界领先水平，同时，随着电力体制改革纵深推进，煤电企业开启了转型发展升级的新时代，不仅需要一流的管理和研究人才，更加需要一流的能工巧匠，可以说，身处时代洪流中的煤电企业，对技能人才的渴望无比强烈、前所未有。

作为国有控股大型发电企业，同时也是世界在役最大火力发电厂，内蒙古大唐国际托克托发电有限责任公司始终坚持“崇尚技术、尊重人才”理念，致力于打造一支高素质、高技能的电力生产技能人才队伍。多年来，该企业不断探索电力企业教育培训的科学管理模式与人才评价的有效方法，形成了以员工职业生涯规划为引领的科学完备的培训体系，尤其是在生产技能人才培养的体制机制建立、资源投入、培训方法创新等方面积累了丰富且成功的经验，并于2017年被评为中电联“电力行业技能人才培育突出贡献单位”，2018年被评为国家人力资源及社会保障部“国家技能人才培育突出贡献单位”。

本套《大型火电厂新员工培训教材》丛书自2009年起在企业内部试行，经过十余年的实践、反复修订和不断完善，取精用弘，与时俱进，最终由各专业经验丰富的工程师汇编而成。丛书共分为锅炉、汽轮机、电气一次、电气二次、集控运行、电厂化学、热工控制及仪表、环保、燃料九个分册，集中体现了内蒙古大唐国际托克托发电有限责任公司各专业新员工技能培训的最高水平。实践证明，这套丛书对于培养新员工基本知识、基本技能具有显著的指导作用，是目前行业内少有的能够全面涵盖煤电企业各专业新员工培训内容的教材；同时，因其内容全面系统，并注重结合生产实践，也是生产岗位专业人员学习和技能提升的理想教材。

本套丛书的出版有助于促进大型火力发电机组生产技能人员的整体技术素质和技能水平的提高，从而提高发电企业安全经济运行水平。我们希望通过本套丛书的编写、出版，能够为发电企业新员工技能培训提供一个参考，更好地推进电力生产人才技能队伍建设工作，为推动电力行业高质量发展贡献力量。

2019 年 12 月 1 日

前　言

当前，在节能增效、严格控制污染物排放的环保高压态势下，大容量、高参数、高自动化的大型火力发电机组在我国正日益普及。容量为600MW及以上的超（超）临界机组已成为我国火力发电厂的主力机型。大容量的机组几乎全部采用集中控制，机组设备结构复杂，自动化水平高，各系统之间的相互影响更大。因此要求运行人员能纵览全局，掌握所有主要设备和辅助设备的工作原理和运行特点，熟悉燃料、烟风、给水、汽水、电气、控制等主要系统，并具有丰富的运行经验，以此保证机组安全、经济、环保运行。基于此，对运行人员的技术培训和技能提升就显得十分重要。

内蒙古大唐国际托克托发电有限责任公司是目前世界上最大的火力发电厂，包括了多种机组类型。为适应运行工作需要，电厂非常注重对专业人员进行多种角度、多种途径的培训工作；并以立足岗位成才，争做大国工匠为目标，内外部竞赛体系有机衔接，使大量的高技能人才快速成长、脱颖而出，在近几年的集控运行技能大赛中取得了优异的成绩。

基于此，在总结多年来大型机组运行与维护经验的基础上，结合培训工作编写了《集控运行分册》，本书初稿自2009年编写并开始在本企业使用，并且每年修改完善，受到了广大集控运行新员工及老员工的好评，对提升集控运行的技术技能水平有很大的指导意义。本书以600MW及以上容量大型机组为对象，对发电厂的主要系统由点到面、逐项展开讲解，达到使集控运行人员在短时间内掌握汽轮机、锅炉、电气及其附属系统的运行维护相关系统知识，熟悉岗位业务规范，强化现场实际操作能力和技能提升的目的。

本书以企业内典型的600MW亚临界、660MW超超临界机组为基础，涵盖了空冷、湿冷机组，以托电公司一期600MW亚临界湿冷机组的基础上对单元机组进行详细阐述，第八章引入了空冷系统，第九章引入了超超临界机组汽水系统，书中选用的系统、数据、定值可为读者参考。本书在编写过程中得到了电厂集控专业技术人员、历届大赛技术能手、现场运行技术人员的大力支持和帮助，并参阅了设备厂家、设计院的技术资料、说明书和图纸等，在此一并表示感谢。

由于编者水平有限，疏漏之处在所难免，敬请读者批评指正，在后续的修订版中我们将不断改进、不断完善。

编审委员会

2020年3月

目 录

第一章

单元机组系统简介

我国能源结构以煤炭为主，煤炭储量居世界第二位。2016 年，我国煤炭消费量约占能源消费总量的 62.0%，其中约 50%用于发电。电力工业是国民经济可持续发展的支柱产业。截至 2018 年底，全国全口径发电装机容量 19.00 亿 kW，其中煤电机组装机容量达到 11.44 亿 kW，占总装机容量的 60.20%，煤电发电量约占总发电量的 70.39%。可以预见，在未来较长的时间内我国发电以煤电机组为主导的状况仍然难以改变。

现代大容量机组一般采用单元制，即每台锅炉直接向所配合的一台汽轮机供汽，汽轮机驱动发电机，发电机发出的电功率直接经一台升压变压器送往电力系统，组成了炉—机—电纵向联系的独立单元。各独立单元之间没有大的横向联系，在机组正常运行时，本单元所需要的蒸汽和厂用电取自本单元。这种独立单元系统的机组称为单元机组。

对采用集中控制的单元机组来说，由于机组相对独立，纵向联系十分紧密，因此炉、机、电乃至辅助设备任一环节的故障都将影响整个机组的运行。对运行人员来说，集中控制与独立控制的要求已大不相同。集中控制机组的运行人员应能够总览全局，掌握所有主要设备和辅助设备的工作原理和运行特点，熟悉燃料、烟风、汽水、电气、控制等主要系统，并要有丰富的运行经验。只有这样，才能保证机组安全、经济运行。

单元机组的容量较大，结构复杂，一旦发生事故，造成设备损坏，检修的难度大、时间长，将造成巨大的损失。同时，事故不但会带来发电量的损失，还会使用户受到影响。因此，保证机组运行的安全性是首要任务。单元机组的启动工作是机组运行过程中最重要的阶段，也是机组设备最危险、最不利的工况。此时，所有的设备都要从静止状态转到运行状态，燃烧和汽水部分的金属要从冷变热，这一阶段操作十分繁杂。如稍有不慎，就会造成事故。有些操作不当虽未立即造成设备损坏事故的发生，却给机组设备的安全运行带来隐患，降低了设备的使用寿命。大容量机组的蒸汽压力、温度高，金属材料处于比较严峻的工况。大容量机组轴系长，振动问题相对突出。大容量机组控制系统复杂，出现问题的概率高。凡此种种，都应引起运行人员对安全运行的高度警惕。

第一节　单元机组类型及特点

单元机组由汽轮机、锅炉、发电机三大核心设备以及辅助系统组成，单元机组的辅助系统包括全厂公用系统、锅炉侧系统、汽轮机侧系统、电气侧系统和控制保护系统。调整三大主机的运行方式时要协调进行，进行单设备的调整时也需要考虑其对整体的综合影响。三大主设备之间的关系可概括为：锅炉负责针对外界指令调整燃烧情况，汽轮机则偏重于各项汽水指标的监视，而电气设备则侧重于建立单元机组与外界电网的联系。在单元机组正常运行时，锅炉负责产生蒸汽，并根据外界负荷的变化对蒸汽的指标进行调整，而汽轮机与发电机则是作为蒸汽的用户，使蒸汽在汽轮机内部做功产生电能。

单元机组启停是指将机组中各个设备及系统按照相应顺序启动及停运的过程。控制和保护系统，如分散控制系统（DCS）、炉膛安全监控系统（Furnace Safeguard Supervisory System，FSSS）、数字电液控制系统（Digital Electro-hydraulic Control System，DEH）、汽轮机电气危急遮断控制系统（Turbine Emergency Trip System，ETS）等，则是机组启、停及运行操作的载体，通过它们可以完成设备的启停、设备出力的自动或手动调节、运行参数的监视，在参数超限或危急情况下，对设备和机组实行保护。

一、单元机组的类型

（一）按压力分类

蒸汽动力循环——朗肯循环的效率与进入汽轮机的蒸汽压力、温度，以及出口乏汽的压力有关。图 1-1 所示为朗肯循环热效率与蒸汽参数之间的关系。由图 1-1 可知，蒸汽的压力和温度越高，发电机组的热效率也越高。因此，提高蒸汽参数是提高燃煤发电机组热效率的有效途径。

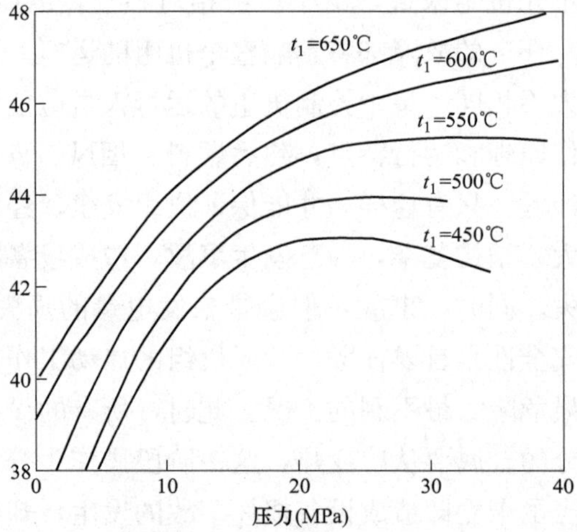

图 1-1　朗肯循环热效率与蒸汽参数之间的关系

根据锅炉蒸汽参数的不同，燃煤发电机组分为低压（出口蒸汽压力不大于 2.45MPa）、中压（2.94～4.90MPa）、高压（7.8～10.8MPa）、超高压（11.8～14.7MPa）、亚临界（15.7～19.6MPa）、超临界（22.1～27MPa）和超超临界等不同的压力等级。

根据热力学知识，水的临界点压力 $p=22.064$MPa、温度 $t=373.99$℃。当状态参数达到临界点时，水的完全汽化在瞬间完成，在饱和水与饱和蒸汽之间不再有汽水两相共存区。工业上将锅炉主蒸汽压力超过水的临界压力的燃煤发电机组称为超临界机组，对应的燃煤发电技术称为超临界发电技术。超临界机组主蒸汽压力一般为 24.2MPa，主蒸汽和再热蒸汽温度为 538℃和 566℃（或 566℃和 566℃）。与亚临界机组相比，超临界机组的热效率提高了2%～3%。

当运行参数进一步提高时，蒸汽压力和温度达到更高，机组的热效率更高，称为超超临界机组（Ultra-Supercritical Unit）或高效超临界机组（High Efficiency Supercritical Unit）。目前国际上关于超超临界参数的划分尚无统一的标准。GB/T 757—2007《发电用汽轮机蒸汽参数系列》将超超临界（高效超临界）定义为“高于常规超临界参数24.2MPa/566℃/566℃的汽轮机进汽参数，其新蒸汽温度或/和再热温度不小于580℃，或/和新蒸汽压力不小于28MPa”。

超超临界机组的发电效率高达45%，比常规超临界机组高4%左右，供电煤耗降低至250～260g/kWh。目前，发达国家正积极发展更高参数的高温超超临界燃煤发电技术（也称700℃超超临界燃煤发电技术）。与常规超超临界燃煤发电技术相比，高温超超临界燃煤发电技术的供电效率将进一步提高至55%以上，单位供电煤耗降低近70g，CO_2 排放减少近14%。不同参数燃煤发电机组的热效率和供电煤耗见表1-1。

表1-1　　不同参数机组的热效率和供电煤耗

机组类型	主蒸汽压力（MPa）	主蒸汽/过热蒸汽温度（℃）	机组热效率（%）	供电煤耗（g/kWh）
超高压	13	535/535	35	360
亚临界	16.7	538/538	38	324
超临界	24	538/566	40	300
高温超临界	25	600/600	45	278
超超临界	30	600/600	51	256
高温超超临界	35～40	欧盟700/720 美国730/760	57	214

（二）按冷却介质分类

凝汽式单元机组按冷却介质可分为湿冷机组和空冷机组。湿冷机组以水为冷却介质，分为开式循环和闭式循环；空冷机组以空气为冷却介质。

在我国南方，水资源相对较丰富，火电厂大部分沿江河边或海边而建，都属于湿冷机组。湿冷机组利用江河水或海水作循环水直接冷却凝汽器里的汽轮机排汽，循环水吸热后排入江河或海里，即通常所说的开式循环。

在我国北方很多地区，水资源相对匮乏，火电厂的冷却方式主要采用空气冷却。空冷系统有直接空冷系统、带混合式凝汽器的间接空冷系统和带表面式凝汽器的间接空冷系统。

（三）按锅炉的工质流动方式分类

凝汽式单元机组中的锅炉按其工质的流动方式可分为汽包锅炉和直流锅炉，汽包锅炉又可分为自然循环锅炉和控制循环锅炉。

1.自然循环锅炉

如图1-2（a）所示，自然循环锅炉的汽水流动主要依靠下降管内水的平均密度与水冷壁内汽水混合物的平均密度差而进行，由于它们的密度差造成一定的流动压头，从而使蒸发受热面内工质达到往复循环流动。自然循环锅炉的特点是流动方式简单、运行可靠，能适应炉膛内吸收热量变化而进行自动调节；因其吸收热量最多的管子通过的水量也最多，可防止传热不均现象的产生；自然循环不需循环泵，故投资及运行费用相对减少。

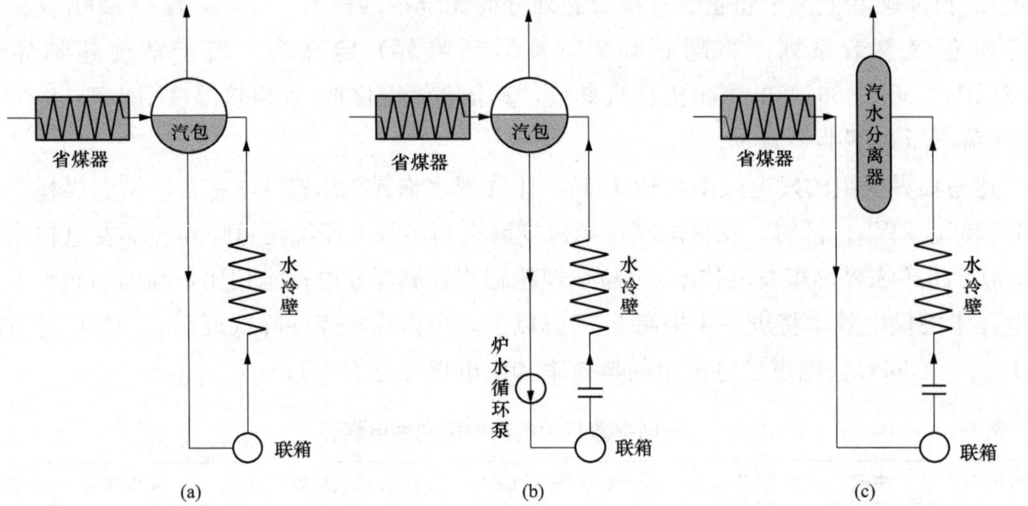

图 1-2 锅炉分类

(a) 自然循环；(b) 控制循环；(c) 直流锅炉

2. 控制循环锅炉

如图 1-2（b）所示，控制循环锅炉是在锅炉循环回路的下降管和上升管之间加装循环泵（又称炉水泵）以提高循环回路的流动压头，因此汽包及上升管、下降管可采用较小的直径。但循环泵运行时需消耗一定的功率。

3. 直流锅炉

如图 1-2（c）所示，直流锅炉是指靠给水泵压力，使给水依次通过省煤器、蒸发受热面（水冷壁）、过热器并全部变为过热水蒸气的锅炉。直流锅炉没有汽包，水的加热受热面、蒸发受热面及过热受热面之间无固定的分界点，在工况变化时，各受热面会发生变化。

在直流锅炉蒸发受热面中，由于工质的流动不是依靠汽水密度差来推动，而是通过给水泵压头来实现，工质依次通过各受热面，蒸发量等于给水量，故认为直流锅炉的循环倍率为 1。直流锅炉对给水品质要求高，对控制系统要求也高。直流锅炉由于没有汽包，在启停过程及变负荷运行过程中的升、降温速度可快些，锅炉启停时间可大大缩短，锅炉变负荷速度提高。直流锅炉适合于超临界压力及亚临界压力机组；自然循环及控制循环锅炉只适宜亚临界压力机组。由于超临界压力下水与蒸汽的密度差很小，无法进行汽水分离，所以超临界参数锅炉不能采用带汽包的循环锅炉，只能采用直流锅炉。也有采用复合循环锅炉，但目前国内还没有。

（四）按锅炉制粉系统分类

凝汽式单元机组中锅炉的制粉系统可分为中间储仓式和直吹式两种。

1. 中间储仓式

中间储仓式是将磨好的煤粉先储存在煤粉仓中，然后再根据负荷的需要，通过给粉机将煤粉仓中的煤粉送入炉膛中燃烧；而直吹式是将磨煤机磨好的煤粉直接送入炉膛中燃烧。不同的制粉系统配置不同类型的磨煤机。对于中间储仓式制粉系统，除个别情况外，所配置磨煤机一般都是低速筒型钢球磨煤机；而直吹式制粉系统所配置的磨煤机则为中速磨煤机、高速磨煤机以及双进双出钢球磨煤机。

2. 直吹式

在直吹式制粉系统中，磨煤机制备的煤粉全部送入炉膛燃烧，因此在任何时候制粉系统的制粉量均等于锅炉的燃料消耗量，制粉系统的工作情况直接影响锅炉的运行工况，要求制粉系统的制粉量能随时适应锅炉负荷的变化。机组锅炉的制粉系统几乎都是直吹式制粉系统。

（五）按锅炉燃烧方式分类

锅炉按燃烧方式主要可分为四角切圆燃烧和对冲燃烧，如图 1-3 所示。

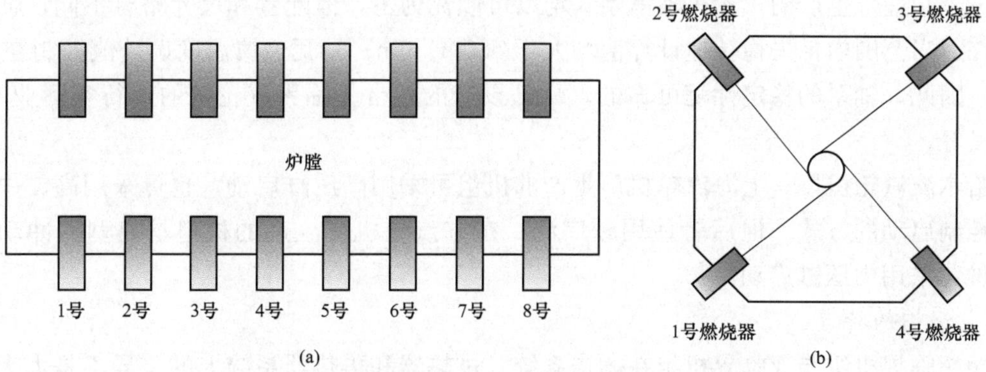

图 1-3　前后墙对冲型和四角切圆形油枪布置图

(a) 前后墙对冲型；(b) 四角切圆型

1. 四角切圆

四角切圆的燃烧方式是将煤粉（一次风）和二次风在炉膛四角喷入炉膛，在炉膛中心形成一个或两个假想切圆相切的方式，实现煤粉的切圆燃烧。四角切圆燃烧技术可以实现空气分级供风、燃料分级的燃烧，具有炉膛充满度好、扰动大、有利于燃尽等特点，从而实现降低 NO_x 排放量以及低负荷稳燃的目的。四角切圆燃烧采用直流燃烧器。

2. 对冲燃烧

对冲燃烧是燃烧器中的燃料和空气喷入炉膛各自扩展并对向撞击后产生上升气流进行燃烧的方式，包括前后墙对冲、侧墙对冲和四角对冲。对冲燃烧是将每一个旋流燃烧器作为一个独立的燃烧单元来组织燃烧，一、二次风喷口同轴流动，具有一定流速的二次风在燃烧器出口中心部位形成负压，造成高温烟气的回流，为一次风的着火创造了非常有利的条件。对冲燃烧采用旋流燃烧器，自稳燃烧性能好，炉膛出口烟温偏差易控制。

二、单元机组的结构特点

（一）超临界机组的基本特点

1．汽轮机的特点

目前我国哈尔滨汽轮机厂的660MW超临界汽轮机是在原亚临界基础上采用三菱公司的高压部分；东方汽轮机厂则仍依靠日立公司的技术；上海汽轮机厂在西门子公司的支持下沿用西屋的技术。哈尔滨汽轮机厂、上海汽轮机厂生产的汽轮机为反动式，东方汽轮机厂生产的汽轮机为冲动式。

机组一般采用高中压合缸，低压为2缸4排汽。东方汽轮机厂生产的汽轮机为冲动式机型，高压1+7级，中压6级，低压4×7级；哈尔滨汽轮机厂、上海汽轮机厂生产的汽轮机为反动式机型，全机除调节级为冲动级外，其余均为反动级。上海汽轮机厂生产的汽轮机为高压1+11级，中压8级，低压4×7级。哈尔滨汽轮机厂生产的汽轮机为高压1+9级，中压6级，低压4×7级。汽缸均采用传统的双层缸结构。

三个制造厂生产的汽轮机轴承型式均以可倾瓦为主，但配置和尺寸略有不同；轴承比压均在适当范围内；失稳转速计算值均大于4500r/min；轴瓦金属温度设计值控制在90℃以下。因此，轴系的稳定性是可靠的。从已投产的几台超临界汽轮机的运行实际业绩看，效果良好。

哈尔滨汽轮机厂、上海汽轮机厂生产的机组可采用高压缸启动，也可采用高、中压缸同时控制启动的方式。但后者使用较广泛。东方汽轮机厂生产的机组是典型的冲动式机组，推荐采用中压缸启动。

2．锅炉的特点

超超临界机组与亚临界机组在燃烧系统、过热器和再热器系统上的差异不是太大，差别比较大的是水冷壁系统、锅炉启动系统与汽轮机旁路系统。

超超临界直流炉的水冷壁主要采用螺旋式水冷壁管型和一次垂直上升管屏式。锅炉启动时要求保证从启动到MCR全过程的安全性，防止亚临界参数下的膜态沸腾和超临界参数下的管壁超温以及沿宽度方向上的温度偏差。由于超超临界锅炉启动时要有一定的启动流量和启动压力（或全压），一开始升压就必须不间断地向锅炉进水，维持足够的工质流速和压力使受热面得以冷却。但考虑到启动热损失和分离器容量，原则上在可靠冷却前提下质量流量尽量选得小些，通常为25％～35％MCR。超临界锅炉内的炉水被加热到相应压力下的临界温度时全部汽化，不再存在汽、水两相区。由水变成蒸汽经历两个阶段，即加热阶段和过热阶段。水冷壁自启动至37％MCR负荷时，运行方式与汽包锅炉相似。汽水分离器充当汽包的作用，分离出的水排入疏水扩容器实现工质回收。当负荷到37％MCR时，汽水分离器由湿态切换到干态。37％～85％MCR时，锅炉作变压直流运行，这时内置式汽水分离器充当集汽箱的作用。

3．发电机的特点

东方汽轮机厂生产的超超临界660MW汽轮发电机源于亚临界汽轮发电机技术，系引进日立公司技术。东方汽轮机厂生产的超超临界1000MW汽轮发电机也是从日立公司引进的机型。一般采用22kV/27kV电压等级的定子绕组。哈尔滨电机有限责任公司引进了美国西屋公司汽轮发电机先进技术，侧重提高发电机的可靠性。上海汽轮发电机有限公司设计制造的则沿用西屋公司的发电机技术，发电机性能优良，效率很高，各部件温升低，各项参数与设计值接近，漏氢量小，转子振动小。这与设计周密性和制造及检验的严格性是分不开的。

（二）660MW超超临界机组的基本特点

由机组效率变化与参数的关系可知，机组参数从亚临界参数16.6MPa、538/538℃提高到超临界参数24.1MPa、538/566℃后，机组效率可提高2.5%。其中由于压力的提高使效率提高1.7%，由于温度的提高使效率提高0.8%。而机组参数从超临界参数24.1MPa、538/566℃提高到超超临界参数24.5MPa、600/600℃后，机组效率提高约3.2%。亚临界参数到超临界参数转变中，对机组效率的影响主要来自压力的提高；而从超临界参数到超超临界参数的转变中，温度的提高对于机组效率的影响要比压力提高的影响大得多。

国内超超临界机组的蒸汽压力多采用比常规超临界机组稍高的压力，即在初压的选择上采用的是在目前国内超临界的基础上逐步发展的方法，经技术经济论证集中压力为25～27MPa。

对于主蒸汽温度，采用600℃是适合我国国情的。对锅炉而言，过热蒸汽从585℃提高到605℃，锅炉型式基本一样，仅后屏过热器和末级过热器的工质温度提高，使得后屏过热器部分受热面管子、集箱、管道的材料档次提高。总的来说，过热蒸汽温度从585℃提高到605℃将增加锅炉总价的1%。

对汽轮机而言，目前高温600℃参数机组的使用业绩已相当成熟。在日本及德国，针对不同的部套阀门、汽缸、转子等已有系列的标准材料。

中间再热有一次和二次再热两种方式。与一次再热比较，二次再热虽然可以提高效率，但也提高了初投资。从电厂投资以及运行热经济性角度考虑，现阶段超超临界机组采用一次再热比较适宜。

大容量机组的布置有单轴式和双轴式，随着国内外汽轮机制造业的不断发展，已逐步统一向单轴方向发展。1000MW等级的单轴汽轮机有四缸四排汽，也有五缸六排汽，考虑到经济性、耐高温材料的开发应用情况及有利于国产化等方面因素，我国超超临界机组的技术参数有27MPa/600℃/600℃单轴或27MPa/600℃/600℃双轴、一次中间再热两种供选取。

目前超超临界汽轮机开发有三缸四排汽、四缸四排汽、两缸两排汽等单轴型式，其影响机组结构的主要因素是低压缸的选择，低压缸设计又受到排汽面积与平均背压的影响。

三、超超临界燃煤发电技术发展现状

（一）国内情况

我国的600℃超超临界机组的发展虽然起步较晚，但发展迅速。目前已投入运行的600℃超超临界机组有：华能玉环电厂4×1000MW，邹县电厂四期2×1000MW、外高桥电厂三期 2×1000MW、泰州电厂 2×1000MW、北仑港电厂 2×1000MW、宁海电厂 2×1000MW、海门电厂 2×1000MW、大唐潮州电厂二期 2×1000MW、大唐抚州电厂 2×1000MW 机组等。

目前，我国超超临界机组按容量通常可分为 600MW 等级和 1000MW 等级，从初参数上可分为 25MPa/600℃/600℃、26.25MPa/600℃/600℃和 27MPa/600℃/600℃三大类。

国内的三大电力设备制造集团：上海电气集团股份有限公司（上海电气），哈尔滨电气集团公司（哈尔滨电气）和东方电气集团有限公司（东方电气）目前均能制造 600MW 等级和 1000MW 等级的超超临界机组。

国内 1000MW 等级超超临界汽轮机技术采取国外公司核心技术，中外联合设计和合作制造的供货方式。1000MW 等级超超临界汽轮机技术来源分别是：上海汽轮机厂——西门子公司；哈尔滨汽轮机厂——东芝公司；东方汽轮机厂——日立公司。三种技术流派的 1000MW 等级超超临界汽轮机均为成熟可靠产品，并各具技术特点，目前在国内均有投运业绩。

1000MW 等级超超临界湿冷汽轮机通常为一次中间再热、四缸、四排汽、单轴、凝汽式。国内三大汽轮机厂 1000MW 等级超超临界汽轮机技术来源和技术特点见表 1-2。

表 1-2　国内三大汽轮机厂 1000MW 等级超超临界汽轮机技术来源和技术特点汇总表

项目	哈尔滨汽轮机厂	上海汽轮机厂	东方汽轮机厂
技术来源	东芝公司（TOSHIBA）	西门子公司（SIEMENS）	日立公司（HITACHI）
汽机入口蒸汽参数	25MPa/600℃/600℃	26.25MPa/600℃/600℃	25MPa/600℃/600℃
机型	冲动式	反动式	冲动式
汽缸结构	一个单流高压缸，为双层缸结构；一个双流中压缸，为双层缸结构；两个双流低压缸，高压气缸为水平中分结构	一个单流圆筒型 H30 高压缸，一个双流 M30 中压缸，两个 N30 双流低压缸。高压外缸为轴向对分筒形，高压内缸为垂直纵向中分面结构	一个单流高压缸，为双层缸结构；一个双流中压缸，为双层缸结构；两个双流低压缸。高压汽缸为水平中分结构
转子支承方式	双轴承转子支承	单轴承转子支承方式，轴承数量少，机组长度缩短	双轴承转子支承
进汽方式	喷嘴调节	全周进汽＋补汽阀调节，无调节级	复合配汽调节（喷嘴调节＋节流调节）
末级叶片及抗水蚀方式	采用 1219.2mm 末级叶片，叶身中部带阻尼凸台/套筒＋自带围带整圈连接，叶根型式为圆弧纵树形叶根。 抗水蚀方式为：末级内环、外环、静叶片均采用空心设计，静叶片的吸力面及压力面均设有疏水缝隙；动叶片采用 15Cr 高硬度材料	采用 1146mm 自由叶片作为末级叶片，叶根型式为纵树形叶根。 抗水蚀方式为：有抽汽槽的空心静叶、加大动静叶距离、动叶进汽边激光表面硬化	采用 1092.2mm 带整体围带和凸台阻尼拉筋的叶片，叶根型式为 8 叉叶根。 抗水蚀方式为：采用空心导叶和去湿槽；叶片顶部进汽边采用高频淬硬
应用工程（已投运）	泰州电厂、鲁阳电厂等	玉环电厂、北仑电厂三期等	邹县四期、海门电厂等

2003年年初，上海锅炉厂有限责任公司（上海锅炉厂）与ALSTOM公司签订了技术引进协议，包括800MW和1000MW等级直流炉，含超临界螺旋和垂直水冷壁设计锅炉的许可证、技术转让和技术支持，范围包括设计和制造技术以及未来的技术改进。

2004年年初，哈尔滨锅炉厂有限责任公司（哈尔滨锅炉厂）与日本三菱重工签订了超超临界锅炉技术引进协议，全面引进了600～1000MW超超临界锅炉技术和制造技术。1996年东方锅炉厂有限公司（东方锅炉厂）通过合资办厂的形式从日本巴布科克日立株式会社引进了300MW、1000MW等级超超临界Benson直流锅炉许可证技术，包括锅炉性能设计、技术设计、结构设计及各种设计计算。

国内三大锅炉厂1000MW等级超超临界锅炉技术来源和技术特点见表1-3。

表1-3　国内三大锅炉厂1000MW等级超超临界锅炉技术来源和技术特点汇总表

项目	哈尔滨锅炉厂	上海锅炉厂		东方锅炉厂
技术来源	三菱重工（CE-MHI）	ALSTOM（CE）公司	ALSTOM（EVT）公司	巴布科克日立株式会社（BHK）
炉型	Π型	Π型	塔式	Π型
燃烧方式	单炉膛双火球八角切圆燃烧	单炉膛双火球八角切圆燃烧	单炉膛单火球四角切圆燃烧	单炉膛前后墙对冲燃烧
燃烧器形式	直流摆动燃烧器	直流摆动燃烧器	旋流燃烧器	—
水冷壁形式	上下部水冷壁均采用内螺纹垂直管圈，上下部水冷壁间设有两级混合集箱，水冷壁入口装设截流孔板	下部水冷壁采用内螺纹螺旋管圈布置，上部水冷壁为垂直管圈，上下部水冷壁间采用混合集箱过渡		下部水冷壁采用内螺纹螺旋管圈布置，上部水冷壁为垂直管圈，上下部水冷壁间采用混合集箱过渡
启动系统	带启动循环泵	带启动循环泵		带启动循环泵
最小直流负荷	25%	30%		25%～30%
再热器调温方式	烟气挡板＋摆动燃烧器	烟气挡板＋摆动燃烧器	摆动燃烧器	烟气挡板
应用工程（已投运）	玉环电厂、泰州电厂等	汉沽电厂	外高桥电厂三期、彭城电厂、宁海电厂等	邹县电厂四期、北仑电厂三期等

通过600℃超超临界机组的技术开发及工程实践，我国已基本形成600℃超超临界机组整体设计、制造和运行的能力，建立完整的设计体系，并拥有相应的先进制造装备及工艺技术。

大唐郓城电厂630℃超超临界二次再热国家电力示范项目采用35MPa/615℃/630℃/630℃参数作为主机创新示范技术方案，已被国家能源局科技司推荐为“中国制造2025”2018年重大标志性项目，也是全国“十三五”期间唯一获得核准的国家电力示范项目。本项目投产后将成为世界上温度最高、压力最高、效率最高、煤耗最低的智慧电厂。

630℃超超临界二次再热机组被誉为“燃煤机组的珠穆朗玛峰”，是当前世界上技术最先进、难度最大的燃煤机组。与其他等级机组不同，630℃等级机组在全世界的研发可谓一片空白，它的成功研制将使我国燃煤机组走在世界的前列，材料、研发、工艺、控制等技术都将实现真正意义上的超越，填补了诸多技术空白。

（二）国外情况

早在20世纪50年代，西方发达国家就开始了对超（超）临界燃煤发电技术的研究，经过半个多世纪不断发展和完善，目前超（超）临界燃煤发电技术已经进入了成熟和商业化运行的阶段。超（超）临界燃煤发电技术的发展过程大致可以分为以下三个阶段。

第一阶段，从20世纪50年代开始，以美国（GE公司和西屋公司）为代表。当时的起步参数就是超超临界参数。1957年，美国俄亥俄州Philo电厂6号机组建成投产，是国际上首台超超临界机组。早期（50年代末），以美国为代表的超超临界技术更注重提高初压（30MPa或以上）并采用两次再热，使结构与系统趋于复杂，运行控制难度提高，机组可用率下降，运行可靠性下降。从60年代后期开始，美国超临界机组大规模发展时期所采用的参数均降低到常规超临界参数：压力为24.1MPa，温度为538℃/566℃。直至80年代，美国超临界机组的参数基本稳定在这个水平。

第二阶段，大约从20世纪80年代初期开始。由于材料技术的进一步发展和对电厂水化学的认识逐渐加深，早期超临界机组所遇到的可靠性问题被克服了。同时，美国对已投运的机组进行了大规模的优化及改造，可靠性和可用率指标已经达到甚至超过了相应的亚临界机组。通过改造实践，形成了新的结构和新的设计方法，大大提高了机组的经济性、可靠性、运行灵活性。其间，美国又将超临界技术转让给日本（GE公司向东芝、日立等公司，西屋公司向三菱公司）和欧洲，联合进行了一系列新超临界电厂的开发设计。这样，超临界机组的市场逐步转移到了欧洲及日本，涌现出了一批新的超临界机组。

第三阶段，从20世纪90年代开始，以日本（三菱公司、东芝公司、日立公司）和欧洲（西门子公司、ABB公司等）为代表，进入了新一轮超超临界火电机组快速发展的阶段。这一阶段，在保证机组高可靠性、高可用率的前提下，超超临界机组采用了更高的蒸汽温度和压力，机组容量得到了大幅度提高。国际上环保要求日趋严格、新材料的开发成功和常规超临界技术的成熟是促使这一阶段超超临界机组快速发展的主要原因。这个阶段超超临界机组的发展有以下三方面的趋势：

（1）主要提高机组的蒸汽温度，蒸汽压力不是太高，主要以日本的技术发展为代表。日本的超超临界机组在大幅度提高机组容量时，蒸汽压力基本保持在25MPa左右，而蒸汽温度提高到了580～600℃。日本这种对超超临界机组蒸汽参数（较低的蒸汽压力和较高的蒸汽温度）的选择主要是基于技术经济的考虑。

（2）蒸汽压力和温度同时取较高值，从而获得更高的效率。主要以欧洲的技术发展为代表，欧洲国家在建设大容量火力发电机组时，以追求机组的高效率为主要目标，在提高蒸汽温度的同时，蒸汽压力也随之提高。德国等欧洲国家（丹麦除外）主蒸汽压力为25～28MPa，主蒸汽温度为580℃左右，再热蒸汽温度为580～600℃，大多采用一次再热。

（3）更大容量等级的超超临界机组的开发。新材料是目前高温超超临界机组发展的关键，已应用的超超临界机组，主蒸汽的温度为580～600℃，在这一温度下的材料技术已经基本成熟。日本、美国和欧洲目前正在开发34.3MPa/650℃以及40MPa/700℃新钢种系列，目的是使将来的火电机组热效率能够达到55%以上。已投运的1000MW级超超临界机组以双轴机组居多。为尽量减少汽缸数，大容量机组的发展在提高主蒸汽参数的同时也更注重大型低压缸的开发和应用。日本几家公司和西门子公司、阿尔斯通公司等在大功率机组中已开始使用末级钛合金长叶片，大容量单轴机组已成为发展的趋势。

目前，40万kW、100万kW容量范围的超（超）临界燃煤发电技术已日趋成熟，国际上已有600余台已投运和在建的大容量超（超）临界燃煤发电机组。配置脱硫、脱硝的超（超）临界燃煤机组已成为目前国际上应用最广泛的高效减排CO_2和低污染的发电技术。与此同时，国际上正在开展对更大容量等级超超临界机组的研究，这些研究计划主要包括美国“760℃”计划、欧洲“THERMIE”计划、日本超超临界机组研发计划（A-USC计划）。

第二节 单元机组系统

一、热力系统特点

在热力设备中，工质按热力循环顺序流动的系统称为发电厂原则性热力系统，它表示工质流过时状态参数发生变化的各种必须热力设备及设备之间的主要联系。发电厂原则性热力系统图是以规定的符号表明工质在完成热力循环时必须流经的各种热力设备之间连接的线图，故同类型同参数的设备在图上只表示一个，备用的设备和管道、附属机构都不画出，除额定工况时所必需的附件（如定压运行除氧器进汽管上的调节阀）外，一般均不表示。

原则性热力系统实质上表明工质的能量转换及热量利用的过程，反映了电厂能量转换过程的技术完善程度和热经济性的高低。通过对原则性热力系统的定性分析，可了解电厂热力循环的形式（如回热循环、再热循环及供热循环）、蒸汽的初终参数、疏水方式以及废热回收利用等对电厂经济性的影响。

原则性热力系统主要由下列各局部热力系统组成：主蒸汽及再热蒸汽系统、再热机组的旁路系统、主凝结水系统、除氧给水系统、回热抽汽系统、疏水系统、补充水系统、小汽轮机的热力系统、锅炉排污利用系统等，对于供热机组还包括对外供热系统。

二、电气系统特点

（一）主接线特点

大型发电厂一般采用发电机变压器组单元接线，电厂的电气系统包括电气主接线系统、厂用电系统、发电机及冷却系统、发电机励磁系统、直流系统继电保护系统、发电厂远动与调度通信系统以及变压器、开关、断路器和各配电装置。发电厂电气控制系统一般包括自动励磁系统、自同期系统、厂用电源的快切装置等。

电气主接线又称一次接线，是由发电厂高压电气设备通过连接线，按照功能要求组成接受和输送电能的通路。主接线是发电厂电气部分的主体，其中包括发电机、变压器、母线、断路器、隔离开关、互感器、线路等主要设备。电气主接线图表示了电气设备或成套装置的全部基本组成和连接关系。从主接线图可以了解各种电气设备的规格、数量、连接方式和作用，以及各电力回路相互关系和运行条件等。主接线的选择对电力系统整体以及发电厂运行的可靠性、灵活性和经济性有重大影响。同时，主接线还直接影响电气设备的选择、配置、布置、继电保护和控制方式的拟订。

发电机及其冷却系统主要由发电机冷却与通风系统、发电机密封油系统、发电机氢气系统、发电机定冷水系统以及发电机测温装置组成。目前国产大容量发电机多采用三相隐极式同步发电机。结构为全封闭、自通风、强制润滑、水氢氢或水水冷却、圆筒形转子。密封油采用单流环或双流环式密封瓦。

（二）厂用电特点

厂用电的电压等级与电动机的容量直接有关。大容量电动机宜采用较高的电压，厂用电的电压与采用的电动机电压相匹配。电厂中拖动各种厂用机械的电动机，其容量差别很大，从一般的几千瓦、几十千瓦，大到几百千瓦、几千千瓦，不可能只采用一个电压等级的电动机，但力求电压等级尽量减少。对容量600MW及以上机组的厂用电，根据国内若干电厂的设置情况，主要有如下两种方案。

方案一：厂用电采用6kV和400V两个电压等级。配电原则是：200kW及以上的电动机采用6kV电压供电，200kW以下的电动机采用400V电压供电。

方案二：厂用电采用10kV、3kV与400V共3个电压等级，配电原则是：2000kW及以上的电动机采用10kV电压供电，200～2000kW的电动机由3kV电压供电，200kW以下的电动机采用400V电压供电。

（三）厂用电负荷分类

根据电力行业标准DL/T 5153—2014《火力发电厂厂用电设计技术规程》，火力发电厂的厂用电负荷按其对人身安全和设备安全的重要性，可分为0类负荷和非0类负荷。厂用电负荷的重要性由其所属的工艺系统确定。停电将直接影响人身或重大设备安全的厂用电负荷，称为0类负荷，除此之外的厂用电负荷均可视作非0类负荷。

（1）0类负荷的分类按其重要性程度及对电源的要求不同应遵守以下原则：

1）0Ⅰ类负荷：在机组运行期间，以及停机（包括事故停机）过程中，甚至在停机以后的一段时间内，应由交流不间断电源（UPS）连续供电的负荷，即交流不停电负荷。

2）0Ⅱ类负荷：在发生全厂停电或在单元机组失去厂用电时，为了保证机组的安全停运，或者为了防止危及人身安全等原因，应在停电时继续由直流电源供电的负荷，即直流保安负荷。

3）0Ⅲ类负荷：在发生全厂停电或在单元机组失去厂用电时，为了保证机组的安全停运，或者为了防止危及人身安全等原因，应在停电时继续由交流保安电源供电的负荷，即交流保安负荷。

（2）非0类负荷的分类按其在电能生产过程中的重要性不同应遵守以下原则：

1）Ⅰ类负荷：短时停电可能影响设备正常使用寿命，使生产停顿或发电量大量下降的负荷。

2）Ⅱ类负荷：允许短时停电，但停电时间过长，有可能影响设备正常使用寿命或影响正常生产的负荷。

3）Ⅲ类负荷：长时间停电不会直接影响生产的负荷。

与火力发电厂生产无关的负荷不宜接入厂用电系统。行政办公楼、值班人员宿舍等少量厂前区负荷可通过专用低压厂用变压器，接入高压厂用电系统。

部分火电厂典型负荷举例见表1-4。

表1-4　　火电厂负荷分类举例

负荷分类	举　例
0Ⅰ类负荷	电子计算机、热工保护、热工检测和信号、自动控制和调节装置、电动执行机构、调度通信、远动通信
0Ⅱ类负荷	主汽轮机直流润滑油泵、汽动给水泵汽轮机直流润滑油泵、发电机氢密封直流油泵、火焰监测器直流冷却风机
0Ⅲ类负荷	主汽轮机盘车电动机、汽动给水泵汽轮机盘车电动机、汽轮机顶轴油泵、汽轮机交流润滑油泵、发电机氢密封交流油泵、辅机交流润滑油泵、回转式空气预热器盘车、热力系统自动化阀门、柴油发电机组自用电、主厂房应急照明、充电装置、不间断电源装置电源
Ⅰ类负荷	空气预热器、启动循环泵、送风机、一次风机、引风机、引风机冷却风机、磨煤机、给煤机、仪用空气压缩机、烟气脱硫增压风机、吸收塔浆液循环泵、氧化风机、汽轮机轴封冷却器风机、汽轮机抗燃油泵、汽轮机油净化装置、氢侧/空侧密封油泵、发电机定子冷却水泵、凝结水泵、电动给水泵、电动给水泵前置泵、汽动给水泵前置泵、开式循环冷却水泵、氢冷水泵、主变压器强油风冷电源、交流励磁机备用励磁电源、硅整流装置通风机、机炉自动控制电源、火焰检测器冷却风机
Ⅱ类负荷	供油泵（微油点火）、SCR反应器、稀释风机、汽轮机主油箱排油烟机、给水泵辅助油泵、排污泵、盘车电动机、顶轴油泵、励磁起励电源、离相封母微正压空气压缩机、高压厂用变压器冷却风机、启动/备用变压器冷却风机
Ⅲ类负荷	厂用空气压缩机、汽动给水泵汽轮机油箱电加热器、胶球清洗泵、采暖回水泵

三、控制系统

（一）控制系统的构成

单元机组由汽轮机、锅炉、发电机构成，分散控制系统（DCS）将单元机组运行紧密联系在一起。单元机组对外需要与电力系统网络（电网）协调，满足电网运行要求（电压、频率等）。运行中还要克服单元机组内部的扰动，如燃料、风量、给水等的变化，保证机组的安全、经济、高效运行。

高参数、大容量火电机组已成为我国电力工业的主力机组，火电站的热控技术也随着火电机组单机容量的增加和控制仪表的进步而达到崭新的水平。自动控制系统（以DCS为实现手段）作为实现机组安全经济运行目标的有效手段，担负着机组主（辅）机的参数控制、回路调节、连锁保护、顺序控制、参数显示、异常报警、性能计算、趋势记录和报表输出的功能，已从辅助运行人员监控机组运行发展到实现不同程度的设备（包括部分电气设备）启停功能、过程控制和连锁保护的综合体系，成为大型火电机组运行必不可少的组成部分。

（1）一般而言，单元机组控制系统包括的主要功能有：

1）数据采集系统（DAS）；

2）模拟量控制系统（CCS）；
3）炉膛安全保护系统（FSSS）；
4）汽轮机控制系统（DEH）；
5）汽轮机监测仪表（TSI）；
6）汽轮机旁路控制系统（BPCS）；
7）发电机氢水油监测系统；
8）辅机顺序控制系统（SCS）；
9）给水泵汽轮机控制系统（MEH）。

（2）单元机组负荷控制的主要功能也可以概括为自动检测、自动保护、顺序控制、连续控制、管理和信息处理，如图 1-4 所示。

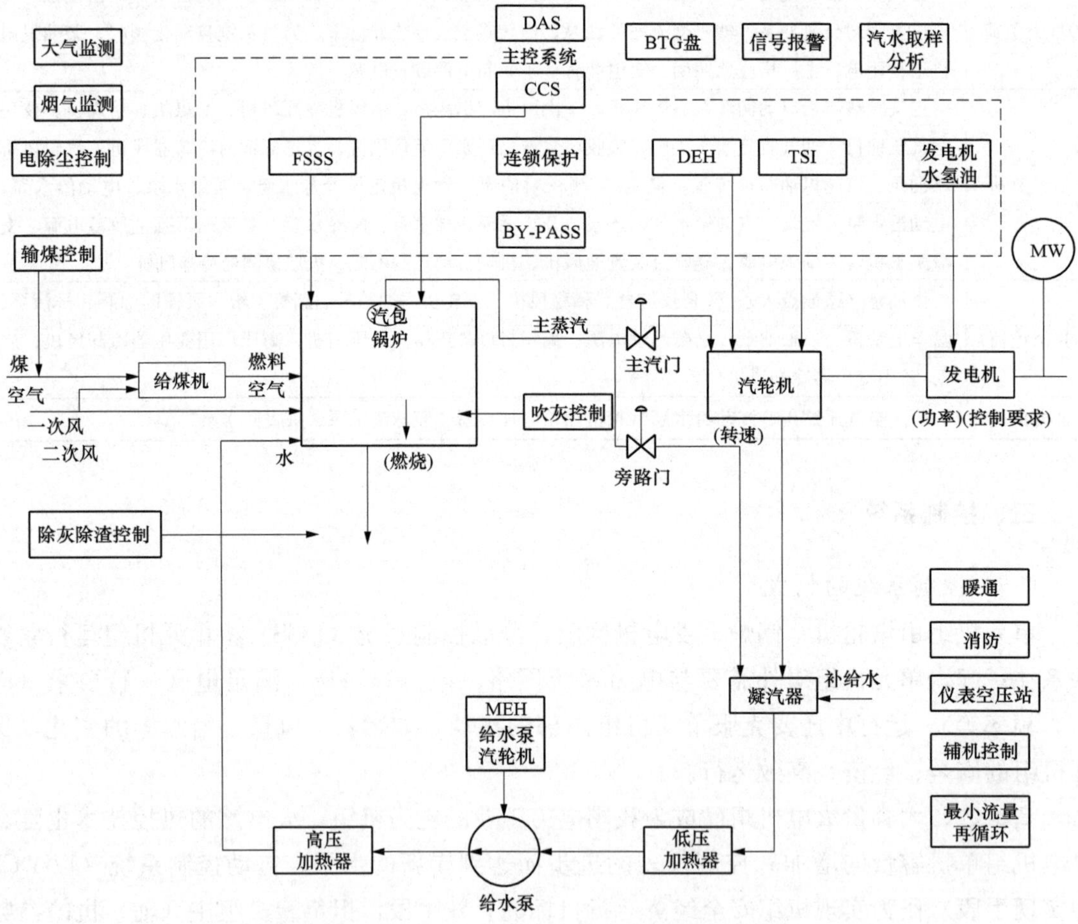

图 1-4　大型火电机组控制系统功能构成示意图

1）自动检测。包括对整个机组运行状态和参数的测量、指示、记录、参数计算、参数越限和设备故障时发出报警信号、事故记录和追忆、工业电视监视等。

2）自动保护。包括主机、辅机和各支持系统及其相互间的连锁保护，以防止误操作。当设备发生故障或危险工况时，自动采取措施防止事故扩大或保护生产设备。

3）顺序控制。包括主机、辅机和各支持系统的启停控制，如输煤系统控制、锅炉吹灰系统控制、锅炉补给水处理控制、给水泵启停控制、汽轮机启停控制、锅炉点火系统控制等。

4）连续控制。又称调节控制或自动调节。包括对主机、辅机及各系统中的压力、温度、流量、物位、成分等参数的调节控制，使之保持为预期的数值。

5）管理和信息处理。对电厂中各台机组的生产情况（如发电量、频率、主要参数、机组设备的完好率、寿命），电厂的煤、油、水资源情况，环境污染情况进行监督、分析，供管理人员作出相应的决策。

（二）负荷控制的主要系统

单元机组负荷控制的功能是通过各种自动化系统实现的。大容量火力发电机组的自动化系统主要可分为计算机监视（或数据采集）系统、机炉协调主控制系统、锅炉自动控制系统、汽轮机自动控制系统、发电机和电气控制系统、旁路控制系统、辅助设备及各支持系统的自动控制系统、就地控制系统等部分。

1. 计算机监视系统

计算机监视系统包括厂级监视用计算机及分散控制系统的数据采集系统，作用是对锅炉、汽轮机、发电机及电气系统生产过程参数和设备运行状态进行监视。

计算机监视系统的主要功能有数据采集与处理、越限报警、屏幕显示、性能计算、操作指导、打印制表、事故追忆打印、事件顺序记录和历史数据存储等。

2. 机炉协调主控制系统

机炉协调主控制系统根据负荷调度命令和电力系统频率，在单元机组所能承担负荷的情况下，对汽轮机自动控制系统和锅炉自动控制系统发出指挥和控制指令。系统还可按负荷需求和机组运行状态采用不同的运行方式。该系统不仅有调节功能，还具有逻辑判断功能。当设备发生故障等异常工况时，发出必要的连锁保护动作指令。

3. 锅炉自动控制系统

锅炉自动控制系统包括锅炉的调节控制系统和炉膛安全保护监控系统。

（1）锅炉的调节控制系统。主要包括给水调节、燃料量调节、送风量调节、炉膛负压调节、过热蒸汽温度和再热蒸汽温度的调节系统等。当锅炉和汽轮发电机组以单元制方式运行而且负荷控制采用单元机组协调控制方式时，习惯上把上述锅炉调节控制系统作为单元机组协调控制系统组成部分。

（2）炉膛安全保护监控系统。该系统又称锅炉燃烧器管理系统，包括燃烧器管理和安全保护两大部分。其主要功能包括锅炉运行安全功能、操作功能和火焰检测。

（三）汽轮机自动控制系统

汽轮机自动控制系统包括汽轮机调节系统、汽轮机保护系统、汽轮机自启停控制系统、汽轮机监视保护系统和主蒸汽旁路控制系统等。

1. 汽轮机调节系统

该系统的作用是对汽轮发电机组的转速和负荷进行连续调节控制。汽轮机调节系统在电力系统中常被称为“汽轮发电机组的调速系统”。

2. 汽轮机保护系统

该系统的执行机构是自动主汽门，保护动作时自动关闭自动主汽门实现停机。汽轮机附有几种基本保护装置，如超速保护、低真空保护等，以保护汽轮机安全。

3. 汽轮机监视保护系统

该系统是汽轮机固有保护装置之外的安全监视和保护系统，主要对汽轮机转速、轴向位移、相对膨胀、轴承振动、转子挠度、推力轴瓦和支持轴瓦温度等进行监视和保护。

4. 汽轮机自启停控制系统

该系统的作用是保证汽轮机安全启停并缩短启停时间，延长机组寿命。现代汽轮机设有应力监视系统，可在汽轮机启停过程中控制关键部件的热应力在设计范围之内，并以此为基础实现汽轮机的寿命管理。

（四）发电机和电气控制系统

发电机和电气控制系统包括汽轮发电机控制系统、厂用电控制系统、升压变电站和直接配电线路的控制系统。

火电厂电气自动控制如图 1-5 所示。图中发电机及其励磁系统组成的发电机励磁自动控制系统，控制发电机电压和无功功率；汽轮机、发电机和调速系统控制发电机转速（频率）和有功功率；自动同期并列装置和断路器组成发电机同期并列控制。

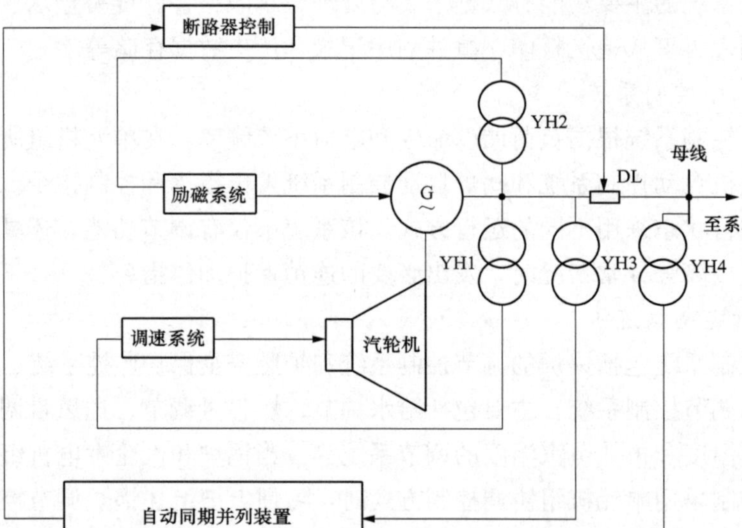

图 1-5　火电厂电气自动控制示意图

（五）辅助设备及各支持系统的自动控制系统

辅助设备及各支持系统的自动控制系统也可称为火电厂辅助系统的自动控制系统。这些控制系统大多属于顺序控制系统，作用是保证电厂中各辅助设备及各支持系统的安全运行。火电厂辅助系统的自动控制系统主要有输煤控制系统、锅炉吹灰控制系统、锅炉补给水处理控制系统、给水启停控制、风机启停控制、锅炉点火系统控制、煤粉制备系统控制等。

四、锅炉典型实例

1. HG-2008/17.4-YM5 介绍

HG-2008/17.4-YM5 为亚临界压力、一次再热、单炉膛平衡通风、控制循环、单汽包Ⅱ型锅炉。设计燃料为烟煤，采用低位发热量 17981kJ/kg。采用锅炉整体Ⅱ型布置，锅炉采用的是钢构架悬吊紧身全封闭结构。锅炉采用正压直吹四角切圆的燃烧器布置形式，采用烟气分流挡板对再热器出口汽温进行调节。锅炉设计压力为 19.71MPa，最大连续蒸发量为 2008t/h，额定蒸发量为 1757t/h，额定主蒸汽温度为 541℃。

炉膛断面尺寸为 18.542m×17.448m，炉膛容积为 18 309m^3。炉膛上部布置有墙式再热器、分隔屏过热器、后屏过热器、后屏再热器，水平烟道中布置有末级再热器、末级过热器和立式低温过热器，后烟道竖井布置有水平低温过热器和省煤器。在省煤器的出口与空气预热器入口之间设有脱硝装置。此外，省煤器还设有烟气旁路，在旁路中设有关断挡板，省煤器的出口烟道处也设有调节挡板，可在低负荷时保证脱硝装置入口温度正常。后烟道下部布置有两台三分仓回转式空气预热器。

锅炉的炉膛高热负荷区域采用内螺纹管膜式水冷壁，为实现强制循环的目的，还设有三台炉水循环泵。锅炉的燃烧方式采用四角切圆燃烧，各个燃烧器喷口可上下摆动。燃烧器分为两层控制，每个燃烧器的最大摆角为±30°。

锅炉的炉膛采用平衡通风系统。选用两台动叶可调轴流式送风机，两台双动叶轴流式引风机，两台双吸式离心一次风机。燃烧器风箱为大风箱供风。炉膛设计承压能力为 5.8kPa，炉膛最大瞬间压力为 8.9kPa，漏风率为 5%。锅炉底部布置有刮板捞渣机。

主蒸汽温度主要靠一、二级喷水减温器调整。再热蒸汽温度主要靠摆动燃烧器调整，并在再热器进口导管装设了两只事故喷水减温器，作为辅助调整措施。

锅炉配备了炉膛安全监控系统、火焰监视装置、汽包水位监视装置及吹灰程控装置等，整个锅炉系统的控制调节均在 DCS 系统内实现。在锅炉使用设计煤种满负荷运行时，热效率大于 93.9%。锅炉在单台空气预热器、单台炉水循环泵工作情况下，能维持 60% BMCR 负荷连续运行。机组定压、滑压运行工况，在 50～100%BMCR 范围内，过热蒸汽及再热蒸汽可维持在额定汽温范围内。

2. HG-3110/26.15-YM3 介绍

该锅炉是由哈尔滨锅炉厂有限公司设计、制造，由日本三菱重工株式会社提供技术生产的超超临界变压运行直流锅炉，单炉膛、一次再热、平衡通风、露天布置、固态排渣、全钢构架、全悬吊结构Ⅱ型锅炉。

锅炉燃烧方式为无分隔墙的八角反向双火焰切圆燃烧，每台锅炉共设有 48 只直流燃烧器。燃烧器共分 6 层，每层设 8 只燃烧器，每层燃烧器由同一台磨煤机供给煤粉，采用 PM 型主燃烧器、上部燃尽风（OFA）及 AA 分级风的 MACT 燃烧系统。每台锅炉共设有 24 只油枪，用于点火和助燃。最下层 8 只燃烧器配置等离子点火装置。

锅炉设计煤种为神府东胜烟煤，校核煤种为山西晋北烟煤。点火及助燃油为 0 号轻柴油。

锅炉炉膛水冷壁采用内螺纹管垂直上升膜式水冷壁，上下部水冷壁之间设有混合集箱，水冷壁系统还包括水冷壁悬吊管、水平烟道、后包墙、顶棚等受热面。炉膛断面尺寸为 34 220mm×15 670mm（宽×深）。

锅炉启动系统为带炉水循环泵的启动系统，汽水分离器为内置式。

锅炉省煤器为单级非沸腾式，分前后两部分布置于尾部烟道的下部。

锅炉过热器由一级过热器、前屏式过热器、后屏过热器和末级过热器组成。一级过热器布置于尾部双烟道的后部烟道中，炉膛上部布置屏式过热器，沿烟气流程方向分别设置二级过热器（前屏）和三级过热器（后屏），折焰角上方布置有四级过热器（末级过热器）。二、三级屏式过热器前后各布置一、二、三级喷水减温器，每级均为 2 只。

锅炉再热器由低温再热器和高温再热器两部分组成。低温再热器布置于尾部双烟道的前部烟道中，高温再热器布置于水平烟道中。高温再热器入口配 2 只事故喷水减温器。

过热器采用煤/水比作为主要汽温调节手段，并配合三级喷水减温作为主汽温度的细调节，喷水减温每级左、右二点布置以消除各级过热器的左右吸热和汽温偏差。再热器调温以烟气挡板调温为主，燃烧器摆动调温为辅，同时在高温再热器入口布置有事故喷水装置。

制粉系统为 ZGM113 型中速磨煤机冷一次风正压直吹式制粉系统，每台炉配 6 台中速磨煤机，BMCR 工况下 5 台运行，一台备用，并配备 6 台与之相适的 CS2036-HP 称重式给煤机。

锅炉风烟系统配有 2 台动叶调节轴流式送风机，2 台静叶调节轴流式引风机，2 台动叶调节轴流式增压风机，2 台三分仓回转式空气预热器。

锅炉配置了 2 台双室 5 电场静电除尘器，一套石灰石—石膏湿法脱硫装置，一套 SCR 脱硝装置。

锅炉布置有 116 只炉膛吹灰器、46 只长伸缩式吹灰器、10 只半伸缩式吹灰器，尾部烟道布置有 48 根声波吹灰器，每台空气预热器也配有 2 只伸缩式吹灰器和 2 只水介质冲洗吹灰器，吹灰器由程序控制。炉膛出口两侧各装设一只烟气温度探针，双侧设置炉膛监视闭路电视系统的摄像头用于监视炉膛燃烧状况。

在空气预热器之后、除尘器之前的水平烟道上布置 6 台烟气冷却器，加热 7、8 号低压加热器出口的凝结水。锅炉除渣采用钢带机除渣装置。

五、汽轮机典型实例

1. NZK660-28/600/620-1 型汽轮机介绍

（1）主要技术规范。NZK660-28/600/620-1 型汽轮机主要参数见表 1-5。

表 1-5　NZK660-28/600/620-1 型汽轮机主要参数

序号	名称	有关参数
1	机组型号	NZK660-28/600/620-1 型
2	机组型式	超超临界参数、一次中间再热、单轴、三缸两排汽、直接空冷凝汽式
3	功率	额定：660MW；TMCR：695.843MW；VWO：715.4MW
4	转速	3000r/min

续表

序号	名称	有 关 参 数
5	转向	逆时针（从汽轮机端向发电机端看）
6	通流级数（共 30 级）	高压缸：12 个压力级；中压缸：10 个压力级；低压缸：2×4 个压力级 热力级 26 级，结构级 30 级
7	末级叶片高度	863mm
8	配汽方式	节流配汽
9	给水回热级数	3 级高压加热器＋1 级除氧器＋4 级低压加热器，3 号高压加热器设置外置式蒸汽冷却器
10	额定排汽背压	11kPa
11	允许长期连续运行的周波变化范围	48.5～50.5Hz
12	盘车转速	1.5r/min
13	汽轮机总长	约 27m
14	设备最高点距设备运转层高度	687mm
15	噪声水平	不大于 85dB（运转层）

（2）机组变工况热力特性。机组变工况热力参数见表 1-6。

表 1-6　　机组变工况热力参数

工况		THA			TRL	TMCR	VWO	阻塞背压
		50%	75%	100%				
功率	MW	330.0	495.0	660.0	660.0	695.8	715.5	699.8
主蒸汽（主汽门前）	压力（MPa）	13.04	19.61	26.47	28	28	28	28
	温度（℃）	600	600	600	600	600	600	600
	流量（t/h）	893	1365.4	1878.9	1997.1	1997.1	2057.1	1997.1
冷再蒸汽（高压缸排汽）	压力（MPa）	3.163	4.697	6.286	6.612	6.641	6.82	6.641
	温度（℃）	384.2	377.6	372.1	370.6	371.1	372.3	371.1
	流量（t/h）	856.0	1299.4	1775.4	1882.48	1884.14	1939.01	1884.15
再热蒸汽（中压缸进汽）	压力（MPa）	2.91	4.321	5.783	6.083	6.109	6.274	6.11
	温度（℃）	620	620	620	620	620	620	620
	流量（t/h）	794.1	1187.5	1599.1	1686.835	1691.794	1738.448	1691.81
中压缸排汽（低压缸进汽）	压力（MPa）	0.257	0.367	0.476	0.488	0.499	0.512	0.499
	温度（℃）	274.9	269.3	264.1	260.9	262.9	262.6	262.9
	流量（t/h）	656.7	947.65	1236.3	1272.409	1298.20	1331.688	1298.20
低压缸排汽	压力（kPa）	11	11	11	27	11	11	7.62
	流量（t/h）	599.32	844.27	1079.1	1145.479	1128.36	1155.312	1112.88
给水温度	℃	257.3	281.6	300.8	304.5	304.6	306.4	304.6
补给水率	%	0	0	0	1.5	0	0	0
热耗值	kJ/kWh	7999	7728	7591	7928	7573	7554	7529
汽耗值	kg/kWh	2.706	2.758	2.847	3.026	2.87	2.875	2.854

2. NZK600-16.7/538/538 型汽轮机介绍

（1）主要技术规范。NZK600-16.7/538/538 型汽轮机主要参数见表 1-7。

表 1-7　　NZK600-16.7/538/538 型汽轮机主要参数

序号	名称	有关参数
1	机组型号	NZK600-16.7/538/538 型
2	机组型式	亚临界、一次中间再热、单轴、三缸两排汽、直接空冷凝汽式
3	功率	额定：600MW；TMCR：635.6MW；VWO：650.8MW
4	转速	3000r/min
5	转向	逆时针（从汽轮机端向发电机端看）
6	通流级数（共 38 级）	高压缸：1 个单列调速级＋8 个压力级； 中压缸：5 个压力级； 低压缸：4×6 个压力级（两个双流低压缸）
7	末级叶片高度	661mm
8	配汽方式	复合调节（部分进汽＋全周进汽）
9	给水回热级数	3 级高压加热器＋1 级除氧器＋3 级低压加热器
10	额定排汽背压	13.8kPa
11	允许长期连续运行的周波变化范围	48.5～50.5Hz
12	盘车转速	1.5r/min
13	汽轮机总长	26.03m
14	设备最高点距设备运转层高度	760mm
15	噪声水平	不大于 85dB（运转层）

（2）机组变工况热力特性。机组变工况热力参数见表 1-8。

表 1-8　　机组变工况热力参数

工况		THA	TRL	TMCR	VWO	阻塞背压
功率	MW	600	600	635.6	650.8	646.4
主蒸汽（主汽门前）	压力（MPa）	16.7	16.7	16.7	16.7	16.7
	温度（℃）	538	538	538	538	538
	流量（t/h）	1876.1	2010.7	2010.7	2070	2010.7
冷再蒸汽（高压缸排汽）	压力（MPa）	3.86	4.08	4.17	4.22	4.11
	温度（℃）	325.4	330.6	331.8	334.5	331.8
	流量（t/h）	1727.9	1842	1846.8	1899.4	1846.8
再热蒸汽（中压缸进汽）	压力（MPa）	3.47	3.68	3.702	3.802	3.702
	温度（℃）	538	538	538	538	538
	流量（t/h）	1612.3	1711.6	1720.4	1768.2	1720.3
中压缸排汽（低压缸进汽）	压力（MPa）	1.10	1.15	1.17	1.20	1.17
	温度（℃）	368.5	366.6	368.1	367.7	368.0
	流量（t/h）	1375.9	1439.2	1464.4	1501.2	1464.3

续表

工况		THA	TRL	TMCR	VWO	阻塞背压
低压缸排汽	压力（kPa）	13.8	30	13.8	13.8	6
	流量（t/h）	1170.2	1249.3	1239.5	1267.8	1204.3
给水温度	℃	277.1	281.2	281.6	283.5	281.6
补给水率	%	0	3	0	0	0
热耗值	kJ/kWh	8164	8529	8151	8150	8014
汽耗值	kg/kWh	3.127	3.351	3.163	3.181	3.111

思考题

1. 单元机组按锅炉蒸汽参数的不同分为哪几种压力等级？
2. 简述单元机组热力系统组成。
3. 简述单元机组控制系统组成。

第二章
循环冷却水系统

第一节 系 统 概 述

一、循环水系统

循环水系统是电厂内为主、辅机设备提供冷却水的系统。

（一）循环水系统的主要功能

（1）冷却主机和给水泵汽轮机的排汽，使蒸汽凝结成水重新进入汽水系统进行循环；同时由于蒸汽体积的急剧收缩，维持了主机和给水泵汽轮机的真空。

（2）由于各类转动机械运行过程中因机械摩擦，轴承将产生大量的热量；同时各类电机、变压器正常运行中由于铜损、铁损及各类附加损耗也会产生大量的热量，这些热量需要由专门的开式或者闭式水系统进行冷却，而循环水系统就是为开式水系统提供水源或者对闭式水系统进行冷却。

（3）循环水可通过反渗透系统对水质进行处理，并经过进一步的处理净化为除盐水。

（4）满足设备冲洗、冲灰、消防、清洁等其他生产、生活需求，提供服务水。

（二）循环水系统方式设置

（1）开式循环水系统由海水或者江河水直接取水，经凝汽器或其他冷却系统后直接排入海水或者江河中，不再重复利用。这种系统适用于水源地，水源比较充足的地区。

（2）闭式循环水系统应用于水源缺乏的地区，需要设置专门的冷却塔，循环水储存于冷却塔塔盆内，经循环水泵供给各系统，循环完毕后重新回到水塔，经水塔蒸发冷却后重新进入循环系统。

闭式循环水系统一般流程为：循环水经冷却塔冷却后淋入塔盆，流入循环水泵前池，经循环水泵升压送至汽机房内主机及给水泵汽轮机凝汽器、开式水系统、闭式水热交换器、各辅机设备和用户，吸热后通过回水管道回到冷却塔进行冷却后，再次循环。根据水塔水位进行补水。

（三）循环水系统组成

循环水系统的主要设备包括循泵前池旋转滤网及旋转滤网冲洗系统、循环水泵、循环水泵出口液控或电动蝶阀、循环水管道、凝汽器内外环供回水蝶阀、凝汽器胶球清洗系统。胶球清洗系统内外环各配置一套，可在机组运行中有效清除凝汽器冷却水管的内部污垢，保持水管清洁，提高冷却效率，降低凝汽器端差，提高凝汽器真空，从而提高汽轮机的热效率。

循环冷却水供给生产主辅设备，根据设备（凝汽器、冷却器、轴承）对冷却水量、冷却水质和冷却水温的不同要求，又可分为开式冷却水系统和闭式冷却水系统。

循环水及开式冷却水的水质一般只是经过简单的处理，水质较差，主要用于冷却一些水质要求低、水温要求较严格、用水量大的设备，如主机、给水泵汽轮机的凝汽器供水、主机润滑油冷却器、发电机氢气冷却器、真空泵冷却器、闭式水冷却器等。闭式冷却水则一般使用除盐水作为补水，水质干净，一般作为冷却介质冷却一些用水量小、对水温要求较低但对水质要求高的设备，如大部分水泵及风机的轴承等。闭式冷却水系统的水吸热后需要经闭式水冷却器由循环水或者开式水系统进行冷却，然后循环使用。

空冷机组汽轮机排汽通过空冷岛散热冷却，机组循环水系统是给给水泵汽轮机排汽提供冷却水并提供开式冷却水，设定两台机组为一个单元，每个单元配备有三台循环水泵。如一台机组运行时只开启一台循环水泵，两台机组运行时运行两台循环水泵，第三台循环水泵备用。空冷单元循环水系统包括三台循环水泵、两个前池入口滤网、两台旋转滤网及两套给水泵汽轮机的凝汽器胶球清洗装置。系统基本流程为：水厂→水塔→前池入口拦污滤网→循环水泵前池→旋转滤网→循环水泵→出口蝶阀→供水管路→给水泵汽轮机的凝汽器→回水管路→水塔，如图 2-1 所示。

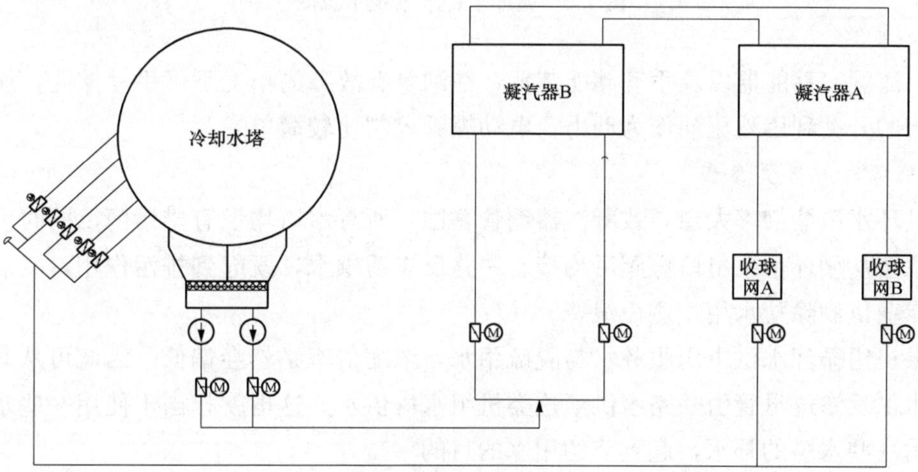

图 2-1　循环水系统示意图

1. 循环水补水系统

以托克托发电公司机组为例，循环水补水系统共设置三路补水管路，每台机组均有两路补水，其中 1 号线与 2 号线合并作为水塔补水的一路管路，另一路补水管路为 3 号线。在 3 号线管路上分别设有与 1 号和 2 号线的联络门。循环水补水系统如图 2-2 所示。

2. 润滑冷却水系统及出口蝶阀

一般情况机组每个单元循环水系统均配备循泵润滑冷却水泵，给循环水泵导向轴承提供润滑冷却水和电机冷却水，冷却水水泵取水为水塔前池。一些机组由于循环水泵的形式不同，不设置单独的冷却水泵，而是直接从每台循环水泵出口引出冷却水。

循环水泵出口蝶阀分液压和电动两种控制，液压控制系统较复杂，包括一只油箱、两

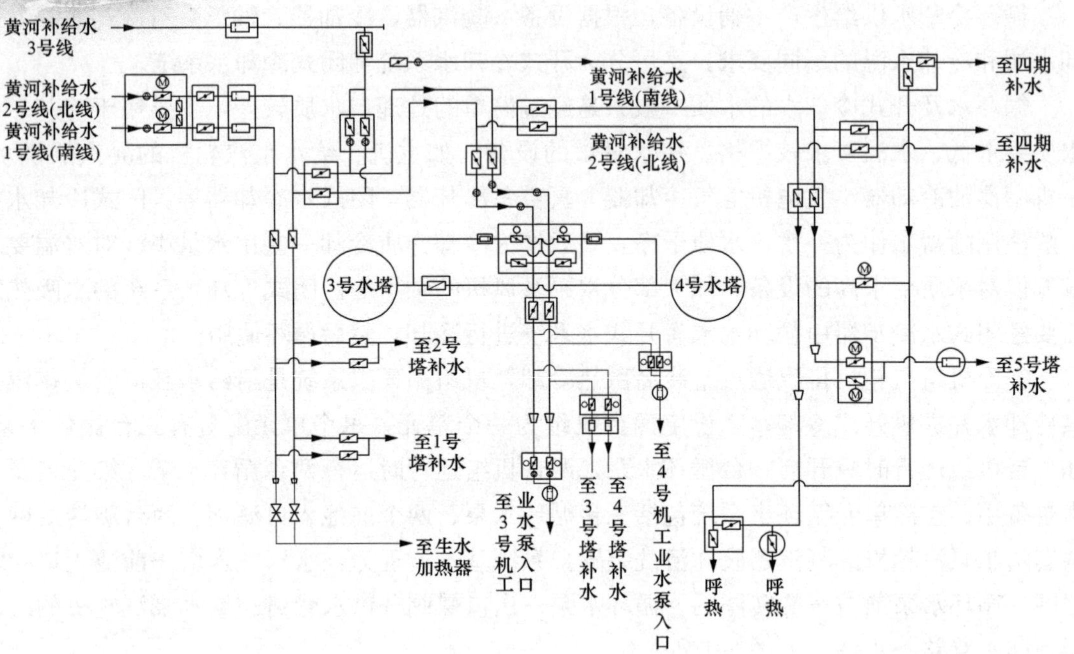

图 2-2　循环水补水系统示意图

台油泵、滤网、蓄能器以及手动储能装置，在油泵有故障的情况下可手动储能，循环水泵出口碟阀的开关利用液压油作为动力；电动蝶阀控制比较简单。

3. 水塔排污与反渗透

因循环水浓缩倍率大会导致凝汽器铜管腐蚀，所有水塔均设有排污门，同时为了节约用水，水塔从循环水泵出口蝶阀后均接有一路反渗透供水，既起到排污作用，又能将水送至化学专业供制除盐水用，避免浪费。

如果机组循环水供中压服务水与脱硫用水，浓缩倍率必然会偏低。因此可从其他机组的循环水供反渗透母管引一路水供给这类机组水塔供水。这也就相当于使用一些水塔排污水作为另一些水塔的补水，起到节约用水的目的。

4. 胶球系统

胶球系统由二次滤网、装球室、收球网、胶球泵及系统管路阀门和电气控制柜等组成。

收球网是凝汽器进行胶球清洗过程中的关键组成设备之一。要维持胶球对冷却管的连续清洗，就要将胶球源源不断地送入清洗系统中，再将清洗过冷却管的胶球回收，再次用于清洗管路。收球网就是用来把分散在冷却水中的胶球全部收集起来，以便重复使用的设备，对于收球率有较高要求。装球室是胶球系统中用于加球、收球、换球及观察胶球运行情况的设备。胶球泵是给胶球系统提供系统循环动力的设备。

5. 循环水泵

(1) 循环水泵运行方式。

对于空冷机组，循环水泵设置一般采用两机三泵的冗余配置。单元一台机组运行时启动一台循环水泵，两台机组均运行时两台循环水泵运行，另一台循环水泵备用。

对于水冷机组，每台机组设置两台循环水泵，执行以下规定：

1）启停循环水泵前，确认循环水泵出口蝶阀油站运行正常（电动蝶阀确认阀门送电正常），两台循环水泵轮流启停，尽量保持两台循环水泵停运时间相同。

2）为避免循环水泵频繁启停影响机组安全运行，可根据机组负荷与循环水入口温度获得经验运行数据，夜晚机组负荷及循环水温度降低时，维持单循环水泵运行，白天机组负荷与循环水温度升高，双循环水泵运行经济时，启动备用循环水泵运行。

（2）主要逻辑。

1）循环水泵的停止条件（以下条件为“或”逻辑）：

a. 电动机驱动端轴承温度大于跳闸值（1 取 1）；

b. 电动机非驱动端轴承温度大于跳闸值（1 取 1）；

c. 水泵驱动端轴承温度大于跳闸值（2 取 2）；

d. 电动机定子 A、B、C 相绕组温度大于跳闸值（2 取 2）；

e. 循环水泵运行规定时间后出口门关反馈来。

2）启停泵信号类型：脉冲信号。

3）循环水泵出口碟阀：①循环水泵启动脉冲指令连锁开出口门；②循环水泵停止运行连锁关出口门。

二、冷却水系统

冷却水系统是为汽轮机、锅炉、发电机的辅助设备提供冷却水，以满足各辅助设备的正常运行。

（一）冷却水系统组成

冷却水系统主要包括开式水系统与闭式水系统。开式水系统主要由 3 个开式水滤网、2 台 100%容量的开式水泵以及开式水系统各阀门、管路及所带的各用户组成。开式水系统可参见图 2-3。

闭式水系统主要由闭式水箱、2 台 100%容量的闭式水泵、两台闭式水冷却器以及闭式水系统各阀门、管路及所带的各用户组成。闭式水系统可参见图 2-4。

（二）冷却水系统主要用户及设备布置

开式水系统的水源为循环水，其来水接在循环水供水管上，回水通过循环水回水管回到水塔。从循环水供水管上接出 3 路开式水水源。

一路为经过 1 号开式水旋转滤网（开式水泵入口滤网）分别向发电机定子冷却器、锅炉除灰设备、锅炉定排降温池、引风机油站提供冷却水，同时 1 号开式水旋转滤网还向两台开式水泵提供水源，如果循环水压力可以满足机组辅助设备运行的要求，开式水泵一般情况下可不投入运行，以便节能。在夏季环境温度高且不投入开式水泵无法满足机组的冷却要求时，才投运开式水泵。

开式水泵出口主要向主机冷油器、发电机氢气冷却器、闭式水冷却器、两台给水泵汽轮机冷油器提供冷却水。1 号开式水旋转滤网、开式水泵、发电机定子冷却器、主机冷油器布置在汽轮机规定运转层，主机冷油器回水调门布置在汽轮机规定运转层，发电机氢冷

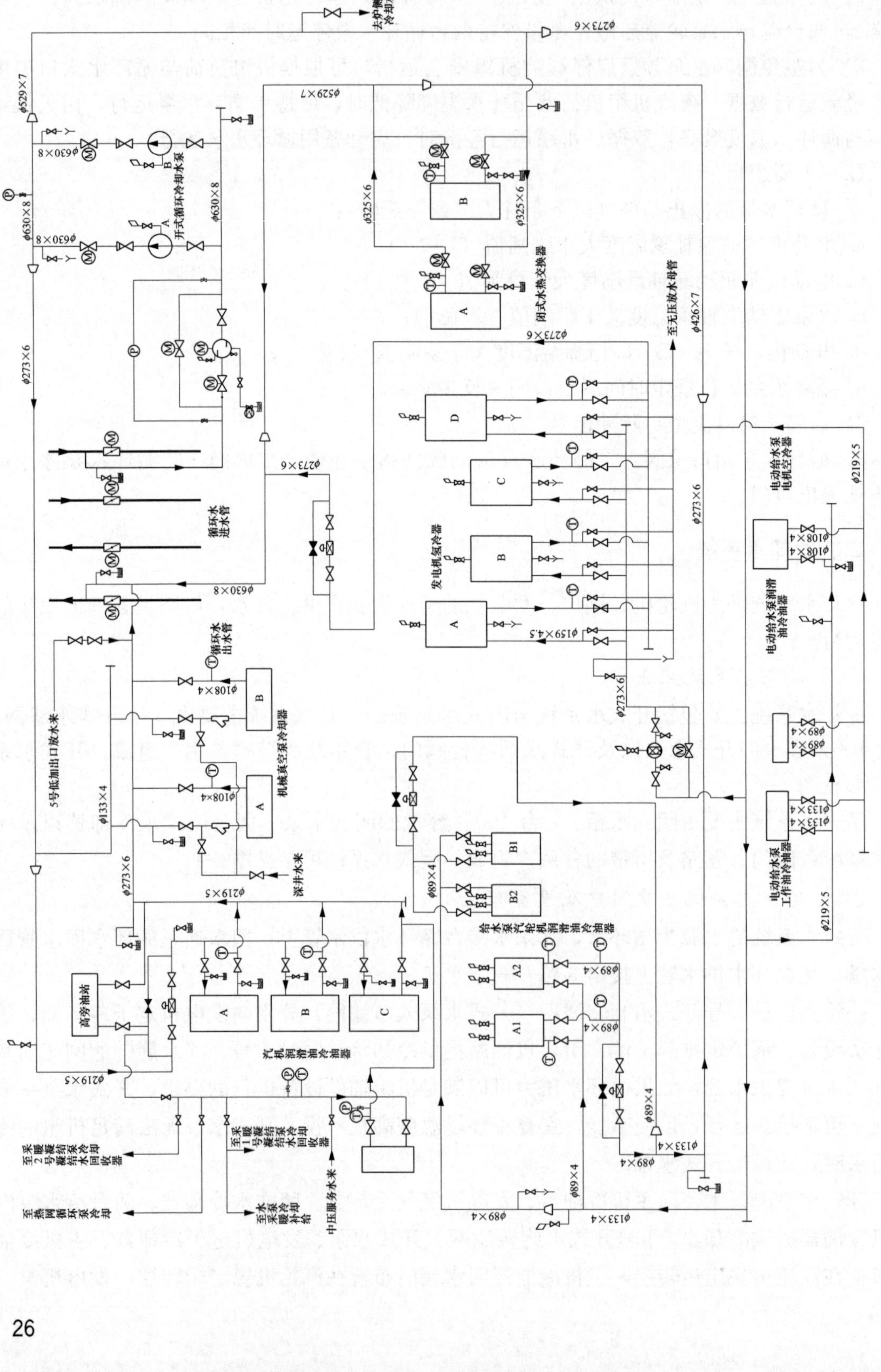

图 2-3　开式水系统示意图

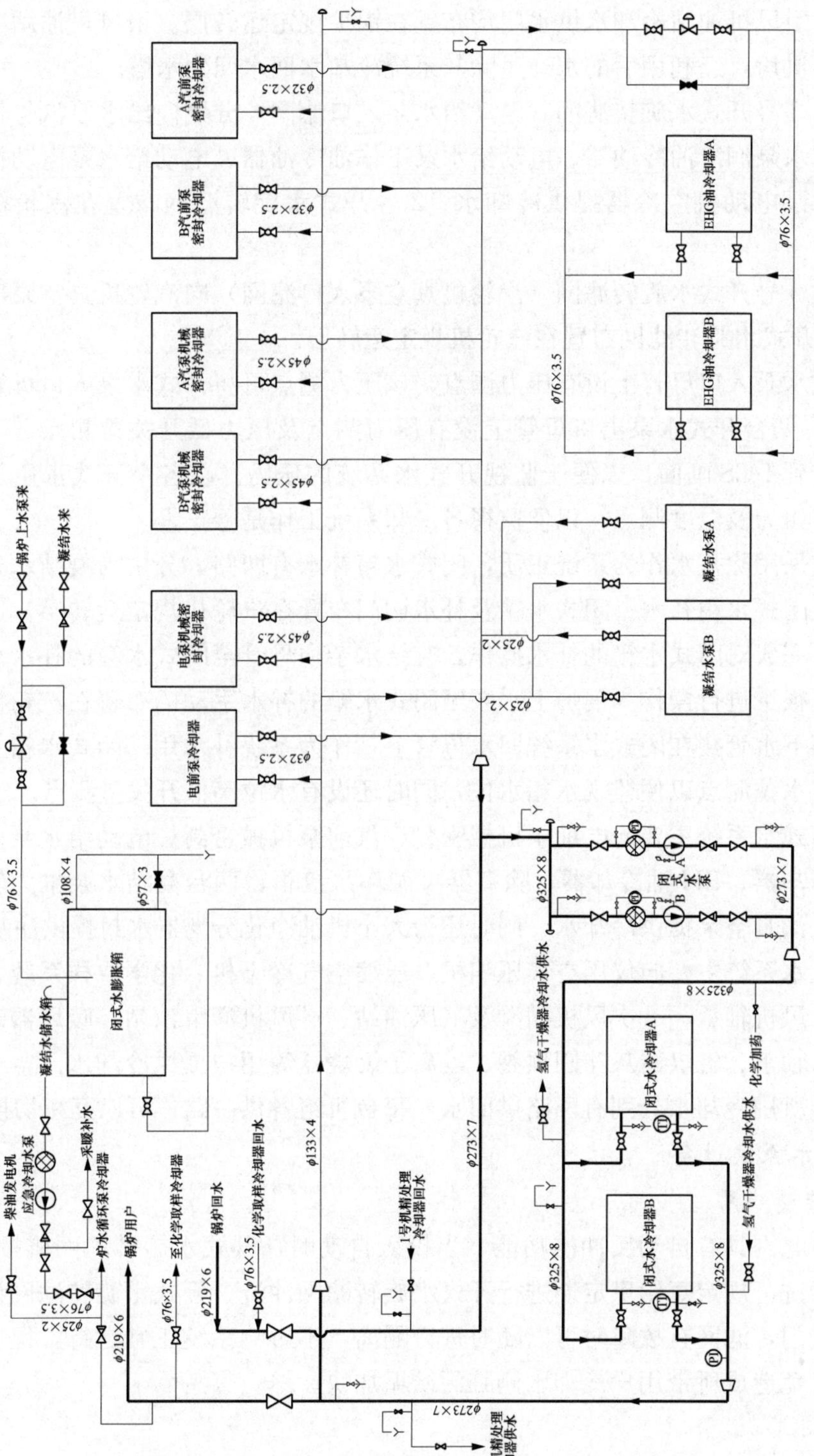

图 2-4　闭式水系统示意图

器布置在汽轮机运转层发电机四角，而氢冷器供回水门及回水调门布置在汽轮机规定运转层，两台给水泵汽轮机冷油器布置在汽轮机运转层给水泵汽轮机油箱旁。锅炉除灰设备、锅炉定排掺水及引风机油站冷却水供水门均布置在锅炉规定运转层。引风机油站冷却水回水门布置在引风机房，经利用后的水通过除灰系统冷却水回水回到水塔。

一路为经过2号开式水旋转滤网（电动给水泵入口滤网）分别向给水泵汽轮机真空泵冷却器、电动给水泵润滑油冷油器、电动给水泵工作油冷油器、电动给水泵电动机空冷器以及2台凝结水泵电动机空冷器提供冷却水。2号开式水旋转滤网布置在汽轮机规定运转层。

一路为经过3号开式水旋转滤网（汽轮机真空泵入口滤网）向汽轮机真空泵冷却器提供冷却水。3号开式水旋转滤网布置在汽轮机规定运转层。

在两台开式水泵入口母管上设有压力测点，该压力测点可将开式水泵入口母管压力传到DCS画面；在两台开式水泵出口母管上设有压力测点及压力低开关量测点，可将出口母管压力数据传到DCS画面，以便于监视开式水系统的压力。在各个开式水用户供回水管路上分别设有压力及温度测点，以便监视各冷却系统工作是否正常。

闭式水系统采用除盐水作为系统工质，闭式水箱补水有两路，分别为凝结水杂项母管及锅炉上水泵至闭式水箱补水。闭式水箱及补水调门布置在汽轮机规定运转层。通常我们利用锅炉上水泵完成对闭式水箱的补水操作，凝结水杂项母管至闭式水箱的补水总门一般处于关闭位置，很少进行操作。锅炉上水泵至闭式水箱的补水手动门布置在汽轮机规定运转层。闭式水箱下水管接在闭式水系统回水母管上，作为系统补水用。闭式水箱上设有就地水位计及远传水位测点以便监视水箱水位，同时还设有水位高低开关量测点。

汽轮机侧闭式水系统主要向电前泵机械密封、汽前泵机械密封、电动给水泵及汽动给水泵机械密封冷却器、EH油冷却器、除氧器再循环泵盘根、两台凝结水泵推力轴承、氢气干燥器、密封油真空泵提供冷却水，同时还为大小机油净化分离器水封提供注水。

锅炉侧闭式水系统主要向仪用空气压缩机、压缩空气冷干机、化学取样系统、磨煤机润滑油站、密封风机轴承、一次风机润滑及液压油站、送风机润滑油站、暖风器疏水泵轴承、空气预热器轴承、省煤器灰斗圆顶阀、等离子燃烧器等用户提供冷却水。空气压缩机系统及化学取样所用冷却水分别有两路供回水，每台机组各供一路，可以互相切换运行。

（三）冷却水系统设备

1. 开式水旋转滤网

开式水旋转滤网具有自动反冲洗功能，当投入自动时，开式水旋转滤网将按照设定，自动定时旋转冲洗，规定每轮班定期进行开式水旋转滤网冲洗。开式水旋转滤网设有旁路电动门及出入口门，滤网有故障时可以随时进行隔离，不影响系统正常运行，但应尽快恢复滤网运行，以免造成所带用户冷却水侧脏污结垢加快。

2. 开式水泵

开式水泵为单级、单吸、卧式离心泵。一般在循环水泵投运正常后，对开式水管路进行注水放气后再启动开式水泵运行，第一台开式水泵启动时出口阀关闭着启动，备用开式水泵必须开启出口阀；冬季运行时开式水泵可以停运，只要将出口阀开启，让开式水自流即可。

3. 闭式水泵

闭式水泵为单级离心泵，冷却水泵入口设有滤网，以过滤水中的杂质，滤网底部设有放水门，可对滤网进行放水冲洗。

4. 闭式水冷却器

闭式水冷却器设有两组，可以切换运行，正常运行时一组运行，一组备用。闭式水冷却器为板式换热器。闭式水冷却器采用开式水进行冷却，闭式水温度通过冷却水调门进行控制。

第二节　系　统　检　查

一、循环水系统检查

（一）循环水系统投运前检查

（1）循环水系统检修工作结束，各表计齐全。

（2）检查水塔水位低于溢流口规定值，水塔补排水系统正常，前池入口闸板提起，滤网差压正常，前池水位正常。

（3）检查关闭循环水系统所有放水门，关闭循环水至低压服务水供水门，关闭循环水至反渗透处理站供水门。

（4）关闭胶球装置进、出水门，关闭循环水到所有用户供回水门。开启凝汽器循环水进水门、出水门后将其停电。

（5）根据情况开启水塔上塔门或水塔旁路门。

（6）开启凝汽器水室自动排气阀前手动门。

（7）开启循环水供水联络管道自动排气阀前手动门。

（二）循环水泵启动前检查

（1）循环水泵检修工作结束，各表计齐全，泵与电动机连接完好，循环水泵电动机侧绝缘送电。

（2）确认循环水泵保护试验合格并投入，热工电源投入。

（3）检查开启循环水泵自动排气阀前手动门。

（4）循环水泵及电动机轴承冷却水及循环水泵轴承润滑水门开启。

（5）启动一台循环水泵冷却泵，循环水泵冷却泵出口母管压力大于规定值，另一台循环水泵冷却泵备用。

（6）检查润滑、冷却水滤网后压力大于规定值，滤网前后压差小于规定值。

（7）循环水泵出口蝶阀控制开关在“联动”位置，循环水泵出口蝶阀关闭。

（8）循环水泵电动机上油室油位在油位计 1/2～2/3 处，油质合格。

（三）循环水系统运行中检查

（1）循环水泵出口压力无论单泵、双泵运行时，均在规定范围内，电动机电流小于额定值。

（2）电动机油室油位在1/2～2/3，循环水泵电动机上导瓦温度或循泵推力瓦温度不大于规定值，电动机下部轴承温度不大于规定值。

（3）泵组联轴器水平振动、轴向振动不大于规定值，声音正常，电动机定子绕组温度不大于允许值。

（4）检查水塔水位正常，检查有无冰块和杂物堵塞前池入口滤网，吸水井水位正常，循环水浓缩倍率超标时，要加强排污和补水。

二、冷却水系统检查

（一）开式冷却水系统投入前检查

（1）关闭系统中所有放水门，开启开式水泵入口门、出口门。

（2）循环水系统投运正常。

（3）开启一组闭式冷却水热交换器（A或B）的冷却水入、出口门，提供开式水通路，另一组闭式冷却水热交换器的冷却水入口门稍开、出口门全开备用。

（4）开启开式冷却水泵入口滤网前、后截门，关闭旁路门，将入口滤网前电动门和旁路电动门停电，滤网排污后关闭排污门。

（5）开启开式冷却水泵体及系统放气门，见水后关闭，注水完毕后关闭开式泵出口门。

（二）开式冷却水泵启动前及运行检查

（1）开式冷却水泵检修工作结束，各表计齐全，泵与电动机连接完好，电动机测绝缘送电。

（2）确认开式冷却水泵连锁试验合格。

（3）检查开式水系统注水放空气完毕。

（4）检查开式冷却水泵入口手动门开启，出口电动门关闭。

（5）开式冷却水泵启动后检查电动机电流正常。

（6）检查开式冷却水泵出口压力正常。

（7）检查开式冷却水泵声音、振动正常。

（8）开启开式冷却水滤网后电动门，关闭旁路电动门，稍开滤网前电动门，滤网放空气门见水后关闭放空气门。

（9）开启开式冷却水系统各放气门，见水后关闭，确认开式水系统注水完毕，将开式水滤网前电动门全开。

（10）根据需要投入汽轮机真空泵冷却器、给水泵汽轮机真空泵冷却器、闭式水冷却器。

（11）检查开式水系统无泄漏。

（三）闭式冷却水系统投入前检查

（1）投入闭式冷却水箱就地水位计、液位报警开关。

（2）关闭系统中所有放水门。

（3）开启闭式冷却水水位自动调整阀前、后截门，检查旁路门关闭。

（4）开启闭式水箱至闭式水泵入口总门。

（5）启动锅炉上水泵向闭式冷却水箱补水至正常水位（凝结水泵运行时可开启凝结水至闭式水箱补水门）。

（6）开启闭式冷却水泵入口门和出口门。

（7）开启一组闭式水冷却器闭式水侧入口门、出口门，另一组闭式水冷却器闭式水侧入口门稍开、出口门全开备用，投入内冷水冷却器冷却水，依次开启闭式冷却水泵泵体及系统各放气门，见水后关闭。

（四）闭式冷却水泵启动前及运行中检查

（1）闭式冷却水泵检修工作结束，各表计齐全，泵与电动机连接完好，电动机测绝缘合格送电。

（2）确认闭式冷却水泵连锁试验合格。

（3）检查闭式水系统注水放空气完毕。

（4）检查闭式冷却水泵轴承油位正常，闭式冷却水泵入口门开启，关闭出口门。

（5）闭式水泵启动后检查泵出口门连锁开启，检查闭式水箱水位不低于规定值，否则，及时补水。

（6）检查电动机电流、轴承温度、振动不超过限值，泵出口压力正常，声音正常，系统无漏水。

（7）备用闭式水泵注水放气结束，备用泵入口门、出口门开启，检查泵不倒转。

（8）根据闭式水温上升情况，及时投入闭式水冷却器开式水侧。

（9）根据需要投入相关用户。

第三节　系统主要操作与定期试验

一、循环水系统操作与定期试验

（一）循环水系统启动注意事项

（1）启动第一台循环水泵时，应对系统进行注水排汽，开启凝汽器出入口电动门与循环水管道上所有自动放空气门前手动门，将循环水泵出口液压阀控制开关切至“单动”位，就地将出口蝶阀微开，向循环水管道注水排气，注水结束，将循环水泵出口液压阀控制开关切至“联动”位关闭。

（2）启动第一台循环水泵时还应将另一台循环水泵电源开关打至“就地”位，出口蝶阀可靠关闭。防止启动时压力低另一台循环水泵联启。

（3）启动备用循环水泵（第二台循环水泵）前，将虹吸破坏手动门打开，以防止虹吸罩损坏，备用循环水泵运行正常后，将虹吸破坏手动门关闭。

（4）冬季投循环水系统时，冷却水塔旁路门应开启，随着机组带负荷、循环水温度升高至规定值后，开启上塔门后再关闭旁路门，以防水塔结冰。

（二）循环水泵切换试验

(1) 在冬季气温低的时候，机组均只保留一台循环水泵，因此要定期切换循环水泵运行，由于循环水泵出口蝶阀关闭缓慢，直接停循环水泵将会导致系统压力下降甚至出现停运循环水泵倒转，因此在切换操作中要求先将待停循环水泵出口阀切至“单动”，就地关闭至规定开度后方可在DCS上发出循环水泵停止指令。

(2) 循环水泵自动停运逻辑为DCS上发出循环水泵停止指令后先关出口蝶阀，规定时间或出口蝶阀关至一定开度后，循环水泵才停止，因此在切换时就地不需操作，直接在远方操作即可。

（三）循环水系统停运注意事项

机组在大小修时可能会停止整个循环水系统，需确认以下项目：

(1) 循环水系统无用户，公用系统用户已倒至邻机带。

(2) 机组停运后不投水幕喷水及低压缸喷水时低压缸（A、B）排汽温度低于规定值。

(3) 无热疏水排至凝汽器。

(4) 停最后一台循环水泵前调整水塔至较低的规定水位，防止停运系统后水塔水位升高造成溢流。

（四）备用循泵油站检修

对于循环水泵出口蝶阀为液压控制的，循环水泵备用时油站不能停电，否则因液压油失去会造成出口蝶阀误开。因此如有油站必须停电才能处理的缺陷，在处理前必须将循环水泵出口蝶阀通过机械手段顶住，保证蝶阀不会误开后方可停电。

二、冷却水系统操作与定期试验

冷却水系统主要操作包括：①开式水系统的投运及停运；②开式水滤网的冲洗；③闭式水系统的投运及停运；④闭式水泵的切换；⑤闭式水冷却器的切换。

（一）开式水系统的投运及停运

1. 开式水系统投运操作

(1) 开式水系统投运前应关闭系统中所有放水门，同时确认循环水系统投入正常，开启开式水泵出入口门及旁路门，开启一组闭式冷却水热交换器（A或B）开式水侧入口门、出口门，提供开式水通路，开启开式冷却水泵入口滤网后电动门，关闭旁路门，稍开滤网前手动门，开式水系统注水，系统各放空气门见水后关闭。

(2) 开式水系统注水时必须保证系统确已充满水后，方可全开开式水滤网前手动门，以防止管路振动。如需启动开式水泵，应先关闭开式水泵出口电动门，且应将另一台开式水泵电源开关控制切至“就地”位，防止启动开式水泵时，由于短时间内系统压力低而造成另一台开式水泵联启引起系统超压。

(3) 开式水泵启动后应检查出口电动门联开，电流应小于额定值、振动小于规定值、出口压力在正常范围内且应稳定，轴承温度应低于报警值、声音正常。同时检查备用开式冷却水泵出口电动门联开，检查泵不倒转，将备用泵电源开关切至“远方”位。根据需要开启各开式水用户供回水门，各用户在投运时也应注水排气，将具有回水调节门的各用户

（主要有主机冷油器、发电机氢气冷却器、闭式水冷却器）投入自动控制。根据需要开启汽轮机真空泵开式水滤网以及电动给水泵开式水滤网前、后截门，检查关闭电动旁路门，开启滤网放空气门及系统管路放空气门，见水后关闭。

2. 开式水系统停运注意事项

开式水系统停运应在机组停机后各开式水用户已具备停水条件，化学取样及空气压缩机所需的闭式冷却水已切至邻机带或已具备停水条件，方可停止开式水系统。

（二）开式水滤网手动冲洗操作

（1）首先检查开式水滤网运行正常，控制柜已送电，柜内空气开关及控制保险已投入，“电源指示”“排污阀全关”灯亮，无声响报警。

（2）确认开式水滤网底部排污电动门关闭，底部排污手动门开启。

（3）开式水滤网控制柜“反冲时间”按规定设定，“远方/就地”切换把手在“就地”位。

（4）将开式水滤网控制柜“自动/切除/手动”切换把手切至“手动”位。

（5）检查开式水滤网控制柜“工作指示”灯亮，时间继电器开始计数。

（6）检查开式水滤网底部排污电动门开始开启，控制柜“排污阀全关”灯灭。

（7）开式水滤网底部排污电动门全开后，“排污阀全开”灯亮。

（8）开式水滤网冲洗规定时间后，滤网旋转一定角度，时间继电器重新计数。

（9）开式水滤网共冲洗规定时间。

（10）将开式水滤网控制柜“自动/切除/手动”切换把手切至“自动”位。

（11）检查开式水滤网底部排污电动门开始关闭，控制柜“排污阀全开”灯灭。

（12）开式水滤网底部排污电动门全关后，“排污阀全关”灯亮。

（13）将开式水滤网控制柜“自动/切除/手动”切换把手切至“切除”位，控制柜“工作指示”灯灭。

（三）闭式水系统投入及停运

1. 闭式水系统投运操作

闭式水系统投运前应关闭系统中所有放水门，检查闭式冷却水箱就地水位计、液位报警开关及远传水位计均投入正常，开启闭式水箱底部出水阀，启动锅炉上水泵向闭式冷却水箱补水至正常水位，开启闭式冷却水泵入口门和出口门。开启一组闭式水冷却器闭式水侧入口门、出口门，投入电泵或汽泵冷却器冷却水，依次开启闭式冷却水泵泵体及系统各放空气门，见水后关闭。

系统注水完毕可以启动闭式水泵，启动闭式水泵前应检查轴承油位正常，泵启动后开启泵出口门。检查闭式水箱水位正常，检查电动机电流应小于额定值、振动小于规定值、出口压力在正常范围内且应稳定，轴承温度应低于报警值、声音正常，开启另一台闭式水泵出口门投入备用，根据需要投入闭式水系统各用户的冷却水，投入闭式水温度调节自动。

2. 闭式水系统停运注意事项

闭式水系统停运应在机组停机后各闭式水用户已具备停水条件，化学取样及空气压缩机冷却水已切至邻机带或已具备停水条件，方可停止闭式水系统。

（四）闭式冷却水泵切换

（1）闭式水泵切换前应检查备用泵备用良好。

（2）轴承油位在总油位的1/2～2/3。

（3）电动机测绝缘正常。

（4）检查闭式水箱水位在2/3以上。

（5）检查备用泵入口门开启，关闭备用泵出口门。

（6）启动备用泵，开启出口门，检查其电流、振动、声音、出口压力等均正常后，方可停运原运行泵，原泵停止后应检查泵不倒转，否则应关闭出口门，通知检修处理出口止回门。

（五）闭式水冷却器切换

（1）确认备用闭式水冷却器开式水侧出口门开启。

（2）确认备用闭式水冷却器开式水侧入口门稍开，注水排空气结束后全开。

（3）确认备用闭式水冷却器闭式水侧出口门开启。

（4）确认备用闭式水冷却器闭式水侧入口门稍开，注水排空气结束后全开。

（5）缓慢关闭原运行闭式水冷却器闭式水侧入口门至微开，监视闭式水压力、温度正常。

（6）关闭原运行闭式水冷却器开式水侧入口门至微开。

第四节　循环水系统常见异常与处理

一、循环水系统常见异常与处理原则

（一）循环水泵故障跳闸（以A循环水泵为例）

1. 现象

（1）软硬光字报警。

（2）A循环水泵黄闪。

（3）A循环水泵电流至0A。

（4）A循环水泵出口门联关。

（5）B循环水泵联启。

（6）循环水母管压力降低后回升至正常。

（7）机组真空下降后恢复正常。

（8）循环水系统各用户温度升高后降低至正常。

（9）操作端有故障报警。

2. 处理要点

（1）就地检查A循环水泵停运后不倒转，否则校严出口门。

（2）就地检查B循环水泵启动后声音、振动正常，循泵冷却水投入正常，就地压力表

正常。

（3）循环水泵切换，检查循环水系统管路、阀门无泄漏。

（4）检查开式水系统运行正常。

（5）因循环水泵切换，机组真空波动造成负荷、主汽压力、煤量波动，注意调整稳定各参数至正常。

（6）真空波动时注意加强对主机参数、推力瓦温度、轴位移的检查，加强给水泵汽轮机出力的检查，并防止磨煤机堵磨。

（7）检查A循环水泵操作端是否有报警，就地检查开关上是否有报警（速断、过电流），通知继保检查保护动作正确性，检查二次回路是否有工作造成保护误动作；就地对电动机本体进行检查，检查是否有淋水、绝缘焦煳味和明显的接地短路现象；检查事故按钮是否有异常。

（8）做好安全措施，通知检修处理。

（9）加强对B循环水泵运行检查，做好B循环水泵跳闸的预想。

（10）若循泵切换过程造成真空大幅下降，应紧急降低机组负荷进行控制，并启动备用真空泵。

（二）循环水泵性能下降（以A循环水泵为例）

1. 现象

（1）A循环水泵电流下降。

（2）A循环水泵出口压力、循环水母管压力下降。

（3）凝汽器内外环供回水压力下降。

（4）机组真空下降，低压缸排汽温度升高。

2. 处理要点

（1）启动备用真空泵稳定机组真空，真空持续下降至减出力值时，降低机组负荷进行控制。

（2）立即启动B循环水泵，B循环水泵启动后检查电流返回正常，出口门联开。

（3）检查循环水母管压力回升，检查机组真空、低压缸排汽温度恢复正常。

（4）就地检查B循环水泵启动后声音、振动正常，循环水泵冷却水投入正常，就地压力表正常。

（5）就地检查A循环水泵运行情况，听音侧振，检查出口门开启是否正常，远方就地进行核对；检查A循环水泵冷却水投入是否正常，检查循环水泵前池滤网差压是否正常，前池液位是否正常。

（6）将A循环水泵停运，出口门联关，检查电流至0A，就地检查不倒转。

（7）检查循环水母管压力正常，B循环水泵运行正常，机组真空恢复正常。

（8）恢复机组负荷，停止一台真空泵运行，并投入备用真空泵。

（9）做好安全措施，通知检修处理；

（10）加强对B循环水泵运行检查，做好B循环水泵跳闸的预想。

（11）机组真空、负荷、主汽压力波动后恢复正常，注意加强对各参数的调整。

（12）真空波动时注意加强对主机参数、推力瓦温度轴位移的检查，加强给水泵汽轮机出力的检查，并防止磨煤机堵磨。

（三）凝汽器内（外）环冷却水管堵

1. 现象

（1）机组真空下降。

（2）低压缸排汽温度升高。

（3）循环水泵电流下降。

（4）循环水泵出口压力及母管压力升高。

（5）凝汽器内（外）环供水压力升高，出水压力下降，差压增大。

（6）凝汽器内（外）环出水温度升高。

2. 处理要点

（1）启动备用真空泵，稳定机组真空。

（2）若真空下降至减负荷值，应按规定降低机组负荷，控制真空下降速度。

（3）就地检查凝汽器内（外）环供回水电动门实际开度，远方就地进行核对。

（4）投入凝汽器内（外）环胶球系统进行冲洗。

（5）若无效，汇报值长，申请降低机组负荷至70%额定负荷，对内（外）环进行隔离处理。

（6）停运一台制粉系统，做好降负荷检查与调整。

（7）稳定机组负荷至70%。

（8）将凝汽器内（外）环胶球装置停运。

（9）关闭凝A、B凝汽器内（外）环抽空气门。

（10）缓慢关闭凝汽器内（外）环出水电动门，注意检查机组真空正常，否则应继续降低机组负荷控制；若降负荷控制无效，恢复原运行方式。

（11）检查外（内）环压力及循环水压力不超压。

（12）内（外）环出水电动门关闭后关闭内（外）环进水电动门。

（13）做好安全措施，通知检修处理。

（四）凝汽器内（外）环冷却水管泄漏

1. 现象

（1）凝汽器液位升高。

（2）凝结水电导率、硬度增大。

（3）凝结水温度下降。

（4）循环水泵电流增大。

（5）循环水泵出口压力及循环水母管压力下降。

（6）凝汽器内（外）环供、回水压力下降幅度高于外（内）环。

（7）凝汽器内（外）环回水温度高于外（内）环。

2. 处理要点

（1）检查核对电导率及硬度表，通知化验班取样化验。

（2）检查汽轮机参数，低压缸振动正常，就地听音测振（排除断叶片）。

（3）开启5号低压加热器出口放水门，适当开启凝汽器补水进行窜水。

（4）注意监视凝汽器、除氧器液位，监视机组真空。

（5）保持精处理连续运行，水质及蒸汽品质按三级水处理原则进行处理，必要时加药处理。

（6）在内（外）环胶球装置或循环水前池加入锯末尝试堵漏。

（7）水质不合格，加强对各调门动作情况监视，防止调门卡涩；加强监视段压力及差压监视，防止通流部分结垢。

（8）凝结水温度下降，加强对除氧器压力、温度的监视，监视除氧器溶氧情况。

（9）加锯末无效后，汇报值长，申请降低机组负荷至70%，准备对内（外）环进行隔离。

（10）停磨降负荷，做好降负荷检查与调整。

（11）稳定机组负荷至70%额定负荷。

（12）将凝汽器内（外）环胶球装置停运。

（13）启动备用真空泵，稳定机组真空。

（14）关闭凝A、B凝汽器内（外）环抽空气门。

（15）缓慢关闭凝汽器内（外）环出水电动门，注意检查机组真空正常，否则应继续降低机组负荷控制；若降负荷控制无效，恢复原运行方式。

（16）检查外（内）环压力及循环水压力不超压。

（17）内（外）环出水电动门关闭后关闭外（内）环进水电动门。

（18）做好安全措施，通知检修处理。

（19）凝结水系统应继续窜水至水质合格。

（五）循环水系统全停

若水冷机组两台循环水泵均跳闸或其他原因使凝汽器循环水中断，应紧急停机停炉，立即关闭所有至凝汽器疏水。此时不宜马上破坏真空，待真空下降接近零时，再开启真空破坏阀，真空到零后停止轴封供汽。特别注意以下事项：

（1）禁止投用旁路系统，确认高中压疏水控制阀关闭，必要时关闭手动阀，防止低压缸安全膜鼓破（一般难以避免）。

（2）待低压缸排汽温度低于规定值时方可启动循环水泵重新通循环水。

（3）立即通知维护人员，从消防水对汽轮机冷油器加冷却水，防止烧瓦。

（4）尽快开启循环水泵出口蝶阀，利用水塔静压对开式水系统供水，运行实际经验表明，可以利用虹吸实现循环水泵停运时开式水供水。

（5）将空气压缩机冷却水切至邻机。

（6）加强热井换水，降低凝结水温度和钛管温度，争取尽早通循环水。要求凝结水温度小于规定值后方可对凝汽器重新通水。

（六）水厂线路故障造成水塔无法补水

如有特殊原因，造成水塔无法补水或补水不足，应严格按以下处理：

（1）立即关闭各水塔排污门、补水门。

（2）关闭循环水供反渗透阀门，联系化学停运反渗透制水。

（3）关闭循环水供灰库加湿水门。

（4）联系脱硫运行暂停补水或减少补水流量。

（5）联系外围各单位停运中压服务水泵运行。

（6）当某台机组水塔水位降至规定值以下时，若本单元邻机水塔水位大于规定值，开启两水塔联络门。

（7）当机组的水塔中任一水塔水位降至规定值以下，双循环水泵运行时，停止一台循环水泵运行，并根据机组真空降低机组负荷。

（8）当水冷机组的水塔中任一水塔水位降至警戒值以下时，机组降负荷至10%，并做好停机准备。并派专人密切监视循环水泵压力，当循环水泵入口汽化，压力下降时，将循环水下塔并立即停机。

（9）若供水中断预计4h内无法恢复时，启动电动给水泵、各停止一台汽动给水泵运行；若预计6h内无法恢复时，启动电动给水泵，降负荷至30%额定负荷以下，停运两台汽动给水泵。当机组水塔中任一水位降至警戒值以下时派专人监视循环水泵压力，当循环水泵入口汽化，压力下降时，将循环水下塔并立即停机。

二、冷却水系统常见异常与处理

（1）开式水系统正常运行时，应每天定期冲洗各开式水滤网，特别是夏季高温时，更应及时冲洗滤网，以保证开式水系统供水清洁、充足，满足用户的冷却需求。

（2）主机冷油器板式换热器存在开式水压力波动引起油压波动的缺点，所以在机组正常运行中，要防止开式水系统进空气（如开式水滤网检修后投运，未进行注水排气；或者是循环水前池水位低导致循环水系统进入空气从而带到开式水系统中），引起开式水压力瞬间大幅波动，而造成机组润滑油压低跳机。

（3）闭式冷却水母管压力下降，应首先检查闭式泵工作情况，闭式冷却水箱水位是否过低，然后再检查系统放水门、放空气门是否未关或误开，系统是否有泄漏。若泵出力不足或出口压力低于报警值，确认备用泵自启动，否则手动启动。

（4）闭式冷却水母管压力突升，引起闭式水系统压力突升的原因主要是有人关闭了闭式水用户的供水或回水，此时应通过检查闭式水各用户温度是否正常来判断。如确定是误关冷却水门，应立即开启，恢复该用户的正常用水。

（5）闭式冷却水母管压力波动幅度较大，并伴有电动机电流摆动，一般是闭式冷却水箱水位低，泵内进空气或系统内进空气所致。若水箱水位低，应及时补至正常；若是泵或系统内进空气，则应打开有关放气门进行放气，并检查是否由于空气压缩机冷却器泄漏导致进空气。

（6）闭式水箱水位下降，检查系统放水门、放空气门是否未关或误开，系统是否有泄漏。若系统无外漏，通过切换闭式水冷却器判断冷却器是否泄漏。

（7）闭式冷却水泵振动大，应检查泵是否发生汽化，泵组轴承及泵内是否有异声，发生上述异常应立即切换至备用泵运行。

（8）闭式泵电动机电流显示增大，应实测电流值，电流大可能为两相运行或轴承损坏，应立即切换至备用泵运行，联系检修处理。

（9）若闭式冷却水水质变差，应查找原因并进行换水。

（10）两台闭式水泵同时故障，无法恢复，应故障停机。

（11）空气压缩机冷却水切换及化学取样冷却水切换时，应严密监视两台机的闭式水箱水位变化，做好闭式水箱补水的准备，防止两台机闭式水由于压力不一样，而发生串水，使一台机闭式水箱水位升高跑水，另一台机闭式水箱水位下降过低，因两台机供空气压缩机的闭式水供水门及供化学取样冷却水供水门均在半空中，操作起来很困难，而且有很大的危险性，操作时需要检修配合，所以在操作时两台机应配合好，同时要防止切换时造成空气压缩机冷却水及化学取样冷却水断水。

思考题

1. 循环水系统的作用是什么？
2. 循环水系统的组成有哪些？
3. 自然通风冷却塔是如何工作的？
4. 凝汽器胶球清洗系统的组成有哪些？作用是什么？
5. 胶球清洗系统的运行原理是什么？
6. 凝汽器胶球清洗装置电源取自哪里？有哪些负荷？
7. 循环泵运行时的检查项目有哪些？
8. 循环泵备用时的检查项目有哪些？
9. 启动第一台循环水泵时，应如何操作？
10. 故障停用循环水泵应如何操作？
11. 冷却水塔为什么要保持一定的排污量？
12. 循环水系统组成有哪些？
13. 循环水泵跳闸应如何处理？
14. 循环水泵跳闸条件有哪些？
15. 循环水系统的停运应注意哪些项目？
16. 循环水系统全停如何处理？
17. 开式冷却水系统投入前检查及注水操作有哪些？
18. 开式冷却水泵启动前检查有哪些？
19. 开式冷却水泵启动及系统投运应注意哪些事项？
20. 开式冷却水系统停运应注意哪些事项？
21. 开式冷却水泵切换应注意哪些事项？
22. 开式水滤网手动冲洗应注意哪些事项？
23. 闭式冷却水系统投入前检查及注水操作有哪些？

24. 闭式冷却水泵启动前检查有哪些?
25. 闭式冷却水泵启动应注意哪些事项?
26. 闭式冷却水系统停运应注意哪些事项?
27. 闭式冷却水泵切换应注意哪些事项?
28. 闭式水冷却器切换应注意哪些事项?
29. 闭式冷却水泵跳闸条件是什么?
30. 闭式冷却水母管压力下降如何进行检查及处理?
31. 闭式冷却水母管压力突升如何进行检查及处理?
32. 闭式冷却水母管压力波动如何进行检查及处理?
33. 闭式水箱水位下降如何进行检查及处理?
34. 闭式冷却水泵振动大如何进行检查及处理?
35. 闭式水泵电动机电流增大如何进行检查及处理?
36. 闭式水水质变差如何处理?
37. 闭式水泵跳闸如何处理?
38. 离心式水泵为什么不允许倒转?
39. 离心式水泵为什么不可以在出口门关闭状态下长时间运行?
40. 机侧开式水用户有哪些?
41. 炉侧开式水用户有哪些?
42. 机侧闭式水用户有哪些?
43. 炉侧闭式水用户有哪些?

第三章

给 水 系 统

第一节 给 水 系 统 概 述

给水系统包括除氧器与锅炉省煤器之间的设备、管路及附件等，其主要功能是将除氧器水箱中除过氧的凝结水通过给水泵提高压力，并依次经过三台高压加热器加热之后，输送到锅炉的省煤器入口集箱，作为锅炉的给水。此外，给水系统还向锅炉再热器的减温器，过热器的一、二级减温器以及汽轮机高压旁路装置的减温器提供减温水，用以调节上述设备出口蒸汽温度。机组启动时，给水泵汽轮机通过高温辅助蒸汽驱动；机组正常运行时，两台给水泵汽轮机通过主机第四段抽汽驱动。

对于直流锅炉，正常配置两台50%容量的汽动给水泵和一台启动用电动给水泵，机组启动时用电动给水泵调节锅炉上水，机组负荷达30%额定负荷以上，需启动汽动给水泵进行上水；机组正常运行中，两台汽动给水泵运行，可带满负荷，当仅一台汽动给水泵运行时仅能带50%负荷。

直流锅炉给水系统区别于汽包炉的给水系统，汽包炉的给水泵主要用来给汽包上水，利用给水调节三冲量维持汽包水位，其对主蒸汽压力和主蒸汽温度在正常情况下是没有影响的；而直流锅炉的主蒸汽温度是通过维持一定的中间点温度、维持一定的水煤比来控制的，给水流量的变化必然导致水煤比的变化，导致中间点过热度的变化从而导致主蒸汽温度的变化。另外，直流锅炉在转直流后，是靠给水泵来控制主蒸汽压力的，给水压力的升高会导致主蒸汽压力的升高，反之，会导致主蒸汽压力降低。

给水系统的基本流程为：除氧器水箱→前置泵→给水泵→高压加热器→锅炉省煤器。给水系统的基本流程如图3-1所示。

一、除氧器

除氧器的主要作用是除去锅炉给水中的不凝结气体（主要为氧气、氢气、二氧化碳等），以减轻或防止上述气体对设备及管路系统的腐蚀。这些气体在加热器中析出后，将附着在加热器管束表面，使传热效果恶化，大大降低加热器的效率。因此，需要对锅炉给水的含氧量进行严格的监视和控制。机组运行中，需控制给水含氧量小于正常值。若给水中含氧量超过报警值，将导致给水管路和省煤器中的管壁出现穿孔的点状腐蚀。因此，保证及时清除给水中的不凝结气体，是保证发电厂安全经济运行的主要任务。

除氧器是混合式加热器。采取定压-滑压的运行方式。在机组启动初期或低负荷情况下采用定压加热方式，由辅汽来维持除氧器定压运行；在机组负荷大于20%额定负荷时，

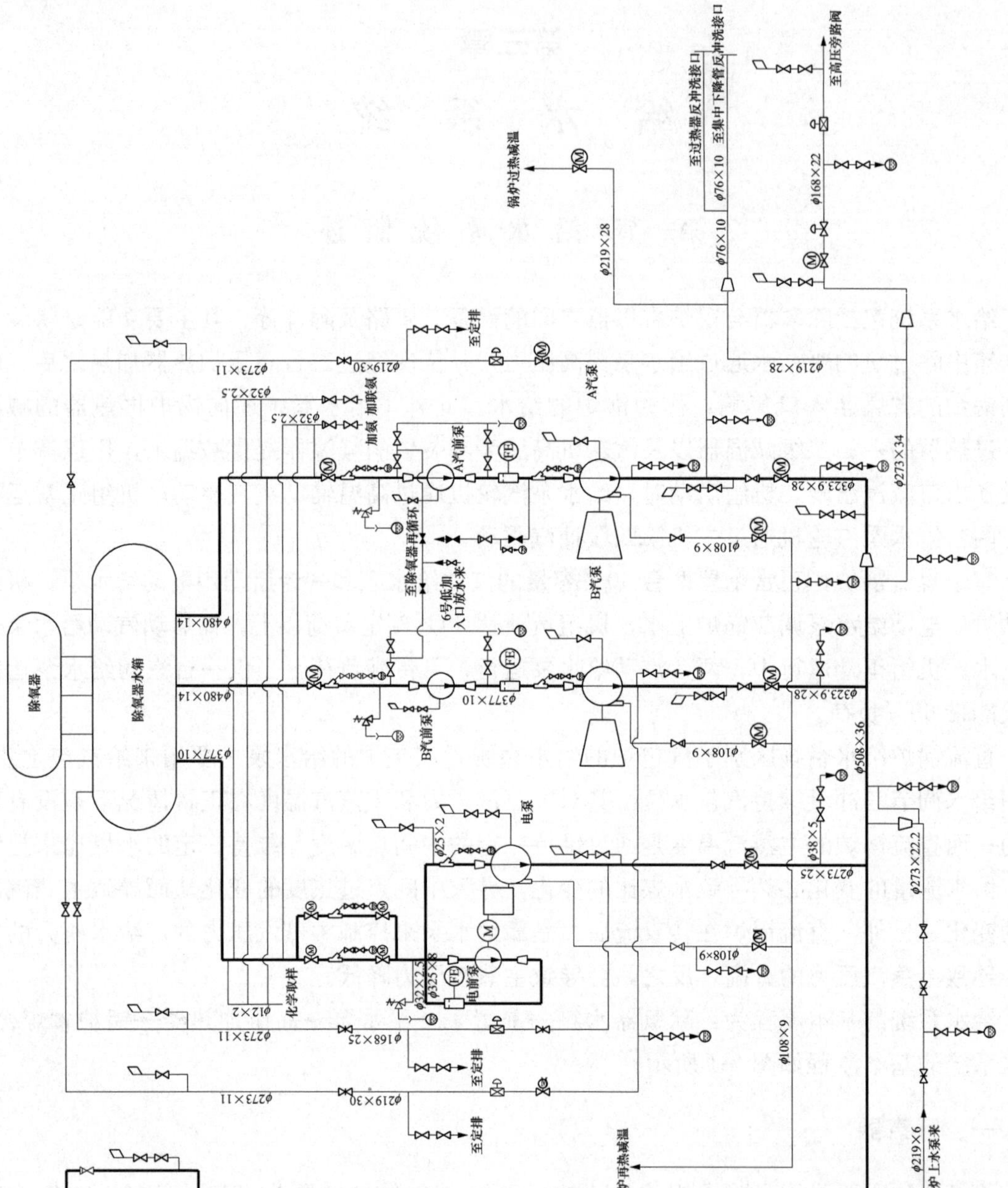
除氧器
除氧器水箱
A汽前泵
B汽前泵
A汽泵
B汽泵
电泵
电前泵
1号高加
2号高加
3号高加
锅炉过热减温
锅炉再热减温
至过热器反冲洗接口
至集中下降管反冲洗接口
至高压旁路阀
至定排
化学取样
至省煤器
锅炉上水泵来
加氨
加联氨
至除氧器再循环
6号低加入口放水来
φ480×14
φ377×10
φ508×36
φ219×28
φ273×34
φ323.9×28
φ108×9
φ168×22
φ76×10
φ219×30
φ273×11
φ168×25
φ219×6

图 3-1　给水系统示意图

除氧器采用滑压运行方式。此时机组的四段抽汽压力与辅汽压力相差不多，将除氧器加热汽源切至四段抽汽，除氧器压力也将随着四段抽汽压力的升高而升高。

机组启动初期，由于凝结水上水不连续，除氧器在投入辅汽加热时很容易产生振动，为避免这一现象，机组还设置了除氧器再循环泵，它在除氧器投加热前启动，待凝结水有连续流量后切除。

1. 除氧器来汽部分

（1）四抽供汽。分成两支管从除氧器两端侧面进入除氧器。

（2）高辅来汽。此汽源在机组启动初期负荷小于20％额定负荷时使用。

（3）高压加热器连续排气。它的作用是排出高压加热器正常运行时不凝结气体并回收工质与热量。

（4）连排扩容器排汽。正常运行时锅炉排污进入连排扩容器再回收至除氧器，锅炉通过排污提高水质，最终排至除氧器则可回收工质和热量。

2. 除氧器本体进水部分

（1）凝结水。从除氧器顶部进入除氧器。

（2）炉侧暖风器疏水泵来疏水。从除氧器顶部进入除氧器。

（3）3号高压加热器正常疏水。

3. 除氧器排氧

除氧器有两路对空排氧，接于除氧器两侧顶部。在排氧管路上还设置有排氧电动门并装设一路较小管径的旁路手动门。在机组启动初期给水含氧量大时，可开启排氧电动门；机组正常运行时如给水含氧量超标，则开启较小流量的排氧旁路手动门以节约工质；如水质合格，则要求全部关闭并校严。

二、汽动给水泵系统

给水泵汽轮机（简称小机）一般都有三路进汽，正常运行时由机组四段抽汽供给，若四抽供给不足，则由冷再供汽。在机组启动时，给水泵汽轮机由辅汽冲转并承担负荷；待四抽压力达到辅汽压力时，给水泵汽轮机汽源可由辅汽切换至第四段抽汽向给水泵汽轮机供汽。

两台容量为50％的汽动给水泵，在泵体上设置有放空气门，每台给水泵出口管还设置有止回阀和电动隔离阀。在给水泵中间引一路，我们一般称其为“给水泵中间抽头”，作为锅炉再热器的减温水。给水泵出口引一路作为过热器减温水。每台给水泵出口均设置有最小流量再循环管，经汽动给水泵再循环调门回到除氧器，用以保证泵的最小流量。同时由于汽动给水泵再循环调门漏流大，在调门前设置电动门，运行中处于关闭状态。从给水母管上引出一路供机组高压旁路减温水。

两台容量为50％的汽动给水泵前置泵由6kV交流电动机驱动。前置泵入口进水由除氧器水箱提供，进口管道设置有电动隔离阀、滤网和安全阀。因给水系统温度较高，且除氧器工作在饱和温度，汽前泵也容易出现汽化现象。为避免出现这一现象，除氧器一般布置在汽轮机运转层的最高处，并且从除氧器至前置泵的管道设计也比较简单，在管道上应尽量减少弯头，并且拥有较大的管径。

给水泵汽轮机电液控制系统（MEH系统）具有控制两台给水泵汽轮机的作用。运行人员可以通过操作员站直接控制两台给水泵汽轮机。给水泵汽轮机从冷态启动至遥控投入转速阶段，给水泵汽轮机调门控制信号由MEH系统直接给出，待给水泵汽轮机控制主信息栏中“远方遥控请求”变红，运行人员按下“遥控投入”按钮，将给水泵汽轮机切至“遥控”，给水泵汽轮机转速控制由MEH系统切至给水控制。此时MEH系统可根据锅炉用水量的多少自动控制给水泵汽轮机调门开度，实现给水流量与蒸汽流量的平衡。

此外，给水泵汽轮机还设置有一个主汽门，高低压汽源各有一只调门。给水泵汽轮机控制油由EH油系统供给，作为给水泵汽轮机调节系统的液压部分。给水泵汽轮机控制油系统向给水泵汽轮机的主汽门、高低压调门的执行机构及液压跳闸系统供油。

每台给水泵汽轮机排汽系统通过排汽蝶阀与凝汽器相连，通过凝汽器建立并维持真空。

空冷机组给水泵汽轮机排汽的冷却水采用机组循环水。排汽冷凝后的凝结水通过给水泵汽轮机凝结水泵打至汽轮机排汽装置，给水泵汽轮机凝汽器设有给水泵汽轮机真空泵，不断抽出给水泵汽轮机凝汽器中的不凝结气体。

（一）给水泵汽轮机润滑油系统

给水泵汽轮机润滑油系统的主要作用是润滑给水泵汽轮机的两个支持轴承、推力轴承和泵组的两个支持轴承，并将各轴承由于摩擦而产生的热量带走，保证给水泵汽轮机的正常启停与运行。

（1）给水泵汽轮机润滑油系统由以下几部分组成：

1）润滑油箱；

2）两台容量为100%的交流润滑油泵，满足供油量；

3）一台直流油泵，直流油泵容量较小，只能保证给水泵组安全停车，无法保证正常运行；

4）润滑油滤网、冷却器各两套。

（2）系统的主要流程如下：

润滑油箱→润滑油泵→冷油器→润滑油滤网→轴承→润滑油箱。

（二）给水泵汽轮机控制系统功能

（1）启动功能。

1）在DCS给水泵汽轮机控制画面上按下“给水泵汽轮机挂闸”按钮，给水泵汽轮机挂闸；

2）在DCS给水泵汽轮机控制画面上按下“开启速关阀”按钮后，给水泵汽轮机速关阀开启，给水泵汽轮机具备冲转条件；

3）给水泵汽轮机控制投自动后，设定好目标转速和升速率并执行后，给水泵汽轮机DEH自动控制转速；

4）暖机时间依据给水泵汽轮机启动曲线确定。

（2）跳闸保护功能。

(3) 在线实验功能，该系统能实现实际超速实验的控制功能。

(三) 系统启动

给水泵汽轮机启动前需做很多准备工作。主要有：

(1) 给水泵汽轮机润滑油系统的投入。

(2) 给水泵汽轮机机械密封水投入。

(3) 给水泵汽轮机轴承冷却水投入。

给水泵汽轮机的启动步骤可简单叙述为：

(1) 系统注水。

(2) 投轴封，给水泵汽轮机抽真空。

(3) 给水泵汽轮机油系统投入。

(4) 前置泵启动。

(5) 供汽汽源具备，一般冷态启动要求辅汽或四抽至速关阀前温度大于规定温度并有一定的过热度。

(6) 给水泵汽轮机冲转。给水泵汽轮机冲转一般采取 MEH 自动控制，调门投自动，但冲转目标转速、升速率与暖机转速需自行设定。此时应遵从给水泵汽轮机启动曲线在规定转速时按要求暖机，待转速升至投遥控转速后可切至遥控控制。

(四) 给水泵汽轮机系统连锁及保护

1. 汽动给水泵组跳闸保护及定值

(1) 汽动给水泵推力轴承温度大于跳闸值（4 取 2)。

(2) 汽动给水泵进水端径向轴承温度大于跳闸值（2 取 2)。

(3) 汽动给水泵出水端径向轴承温度大于跳闸值（2 取 2)。

(4) 汽动给水泵进水端密封水温度大于跳闸值（2 取 2)。

(5) 汽动给水泵出水端密封水温度大于跳闸值（2 取 2)。

(6) 给水泵汽轮机转速大于规定值且主汽阀未全关时汽前泵停止运行。

(7) 泵故障停给水泵汽轮机（3 取 2)。

(8) MEH 故障停给水泵汽轮机（3 取 2)。

(9) 给水泵汽轮机润滑油母管压力小于跳闸值（3 取 2)。

(10) 给水泵汽轮机推力轴承温度高于跳闸值（6 取 2)。

(11) 给水泵汽轮机前轴承振动大于跳闸值与另一方向振动大于报警值并达规定延时。

(12) 给水泵汽轮机后轴承振动大于跳闸值与另一方向振动大于报警值并达规定延时。

(13) 给水泵汽轮机轴向位移大于跳闸值（3 取 2)。

(14) 给水泵汽轮机真空小于跳闸值（3 取 2)。

(15) 给水泵汽轮机超速（电转速与机械超速)。

2. 前置泵跳闸条件

(1) 汽前泵运行规定时间后，汽前泵入口阀开到位信号消失，且关到位信号来。

(2) 汽前泵运行规定时间后，再循环阀未开且汽前泵流量低于规定值并达规定延时。

(3) 汽前泵电动机驱动端轴承温度大于跳闸值（2 取 2)。

（4）汽前泵电动机非驱动端轴承温度大于跳闸值（2取2）。

（5）除氧器水位低低（3取2）达规定延时且模拟量水位低于规定值。

（6）除氧器水位低低（3取2）达规定延时且模拟量水位两测点全部坏点。

三、电动给水泵系统

（一）系统简介

电动给水泵组系统的功能是将除氧水箱内的给水经前置泵和电动给水泵增压后，依次经过各高压加热器，最后进入锅炉省煤器。对于直流锅炉，电动给水泵组是启动用给水泵组，一般用于机组启动和停机，正常运行中因其出口压力较低，无法满足直流锅炉上水要求。

（1）电动给水泵系统的基本流程为：除氧水箱→电动给水泵前置泵→电动给水泵→高压加热器→锅炉省煤器。

（2）电动给水泵组的组成：电动给水泵组由电动给水泵、电动机、电动给水泵前置泵、1台辅助油泵、液力耦合器、油箱、工作油和润滑油冷油器等组成。

（二）设备介绍

1. 电动给水泵及前置泵

电动给水泵及前置泵共用一台电动机驱动。前置泵出口与电动给水泵入口之间有一流量孔板与滤网，并设计了放空气与放水。前置泵与电动机直接相连，转速不可调，为调节主泵流量，电动机与主泵通过液力耦合器相连。

2. 液力耦合器原理

利用一对叶轮即泵轮（驱动轮）、涡轮（从动轮）之间液力油能量的传递来实现无级调速。在正常运行中，通过调整勺管位置以改变驱动轮、从动轮之间的工作油量实现。

3. 润滑油系统

电动给水泵系统润滑油系统由一台液力耦合器主动轴驱动的主润滑油泵、一台交流辅助润滑油泵、一台润滑油冷却器组成。只有主电动机运行时主油泵才可供油，电动给水泵备用时，辅助油泵运行，以便电动给水泵随时可以启动并投入运行。润滑油压力应在规定范围内。

（三）连锁保护

1. 电动给水泵辅助油泵连锁保护

（1）电动给水泵润滑油泵的连锁启动条件：

1）润滑油压小于跳闸值且电动给水泵运行；

2）电动给水泵反转；

3）电动给水泵停运达规定延时。

（2）电动给水泵润滑油泵的连锁停止条件：润滑油压大于规定值且电动给水泵在运行。

2. 电动给水泵连锁保护

（1）电动给水泵允许启动条件：

1）电前泵入口1号（或2号）滤网出入口电动门开启；

2）电动给水泵再循环阀全开；

3）除氧器水位高于低报警值；

4）电动给水泵润滑油压大于允许值；

5）电动给水泵出口阀关且耦合器勺管在<5%位置或电动给水泵在备用；

6）电动给水泵不反转。

（2）电动给水泵跳闸条件：

1）电动给水泵进水端径向轴承温度（顶部）大于跳闸值（2取2）；

2）电动给水泵出水端径向轴承温度（顶部）大于跳闸值（2取2）；

3）电动给水泵推力轴承（主推力瓦）温度大于跳闸值（2取2）；

4）电动给水泵推力轴承（辅推力瓦）温度大于跳闸值（2取2）；

5）电动给水泵润滑油冷却器出口油温度大于跳闸值（2取2）；

6）电动给水泵工作油冷却器入口温度大于跳闸值（2取2）；

7）电动给水泵耦合器#1（B1）径向轴承温度大于跳闸值（2取2）；

8）电动给水泵耦合器#2（B2）径向轴承温度大于跳闸值（2取2）；

9）电动给水泵耦合器#3（B3）径向轴承温度大于跳闸值（2取2）；

10）电动给水泵耦合器#4（B4）径向轴承温度大于跳闸值（2取2）；

11）电动给水泵耦合器#5（B5）径向轴承温度大于跳闸值（2取2）；

12）电动给水泵耦合器#6（B6）径向轴承温度大于跳闸值（2取2）；

13）电动给水泵耦合器#7（B7）径向轴承温度大于跳闸值（2取2）；

14）电动给水泵耦合器#8（B8）径向轴承温度大于跳闸值（2取2）；

15）电动给水泵耦合器#9（B9）径向轴承温度大于跳闸值（2取2）；

16）电动给水泵耦合器#10（B10）径向轴承温度大于跳闸值（2取2）；

17）电动给水泵电动机绕组温度A相大于规定值（3取2）（手动停泵）；

18）电动给水泵电动机绕组温度B相大于规定值（3取2）（手动停泵）；

19）电动给水泵电动机绕组温度C相大于规定值（3取2）（手动停泵）；

20）电动给水泵运行规定时间后，电动给水泵最小流量阀不开且电动给水泵流量低（小于跳闸值），达规定延时；

21）电动给水泵运行规定时间后且电动给水泵润滑油压低于跳闸值，达规定延时（3取2）；

22）除氧器水位低低（3取2）达规定延时且模拟量水位信号任一个低于规定值；

23）除氧器水位低低（3取2）达规定延时且模拟量水位两测点全部坏点。

（四）电动给水泵投运步骤

（1）检查泵组油位正常，辅助油泵运行。

（2）调整液力耦合器勺管开度置于零位。

（3）电动给水泵出口门关闭。

（4）电动给水泵再循环电磁阀开启。

（5）确认条件满足，启动电动给水泵。

（6）逐渐增大勺管开度，使转速上升至规定转速以上。

（7）确认润滑油压正常，辅助油泵联停。

（五）电动给水泵备用运行方式

正常运行时电动给水泵再循环开启，出口电动门开启，辅助油泵运行，勺管跟踪机组负荷，如达到连锁启动条件，电动给水泵带负荷启动，在备用状态可直接带负荷启动电动给水泵。

第二节　系　统　检　查

一、给水系统检查

（一）除氧器投运前检查

（1）确认除氧器检修工作已结束，保温完整。

（2）确认除氧器各仪表、安全门完好，就地及远方水位计、压力表已投入，并指示准确。

（3）确认辅汽系统已投入运行，辅汽压力、温度符合要求。

（4）确认凝结水系统已投入运行。

（5）除氧器水位连锁保护试验已合格。

（6）开启除氧器排氧门。

（7）确认电动给水泵、汽前泵入口电动门、除氧器底部放水手动门、紧急放水电动门及溢流电动门、四段抽汽电动总门、四抽至除氧器电动门、辅汽至除氧器压力调门关闭。

（二）除氧器正常运行检查项目

（1）除氧器正常运行中应监视除氧器压力小于允许值，温度不大于规定值。

（2）除氧器应在要求的滑压范围内运行，当机组负荷变化时，监视除氧器压力、温度与当时工况相适应。

（3）DCS上除氧器水位与就地水位计指示要一致，并每班校对一次。

（4）除氧器水位控制投入自动，在规定范围内运行。

（5）除氧器正常运行中辅汽作为备用汽源，辅汽至除氧器压力调门及前后电动门、旁路电动门关闭，门前疏水器前后手动门全开，疏水旁路门及至无压疏水门全关。

（6）除氧器投加热汽源或倒汽源时，要充分疏水、缓慢投停，并派专人就地检查操作，严防除氧器或管路振动。

（7）根据溶氧量控制排氧门开度，在确保溶氧合格（小于规定值）的情况下，正常运行时使用排氧电动门旁路小手动门进行控制，减少汽水损失。

（三）电动给水泵启动前的检查

（1）确认电动给水泵检修工作结束，工作票收回。

（2）电动给水泵的各项连锁保护试验合格，投入各热工表计、就地表计。

（3）检查电动给水泵油箱油位应为1/2～2/3，油质合格，油温不低于规定值。

（4）启动一台交流润滑油泵，检查润滑油压正常，滤网差压不超限，各轴承油流良好，电动给水泵电动机两侧轴承供油压力正常。

（5）通知点检确认电动给水泵及电动机各轴承供油门开度合适、供油良好，电动给水泵具备启动条件。

（6）关闭泵组及其系统管道各放水门。

（7）关闭电动给水泵中间抽头电动门。

（8）开启电动给水泵机械密封水磁性过滤器进、出口阀，关闭旁路阀；开启自动排气阀前手动门，确认空气排尽后无水流出，如有水流出将自动排气阀前手动门关闭。

（9）开启电动给水泵机械密封冷却器闭式水供水门，注水放气后开启出口门；投入电动给水泵轴承冷却水。

（10）投入电动给水泵电动机冷却水。

（11）电动给水泵出口电动门关闭。

（12）开启电动给水泵再循环调门前电动门、后手动门，再循环调门全开。

（13）检查除氧器水箱水位在规定值以上，水质合格，投入电动给水泵入口滤网，稍开电动给水泵入口电动门。

（14）向电动给水泵及管道充水排空气，空气门见水后关闭。充水放气完毕，全开入口电动门并停电。

（15）电动给水泵电动机测绝缘良好送电。

（四）电动给水泵运行检查项目

（1）倾听电动给水泵、电前泵及电动给水泵电动机无异声，检查电动给水泵电动机电流、密封水温度、各轴承振动、温度不超限。

（2）电动给水泵入口滤网差压不报警，泵壳无泄漏，油系统无漏油。

（3）检查电动给水泵润滑油压应在规定范围内，电动给水泵及电动机各轴承回油良好，电前泵两端轴承进油压力应在规定范围内。

（4）电动给水泵润滑油冷油器入口油温、出口油温、工作冷油器入口油温、工作油冷油器出口油温、各轴承回油温度均在正常范围内。

（5）电动给水泵径向轴承温度、推力轴承温度，前置泵轴承温度，电动给水泵耦合器各轴承金属温度、电动给水泵电动机绕组温度均应不大于报警值，达跳闸值保护动作应跳闸，否则手动停运。

（6）电动机风温小于规定值，机械密封水回水温度不大于允许值。密封泄漏量不大于规定值，如果密封泄漏量大于报警值，则密封件损坏，须更换。

（7）根据需要开启中间抽头门、加药门及取样门。

（8）若给水管道需要注水，可稍开电动给水泵出口电动门，向给水管道及高压加热器注水排空气。

（五）给水泵汽轮机启动前检查

（1）确认汽动给水泵组检修工作结束，各设备传动、试运正常，各连锁保护传动试验合格并投入。

（2）新安装或大修后的首次启动，应将给水泵汽轮机与给水泵、前置泵的对轮解开，做给水泵汽轮机超速试验合格后，连接好对轮。

（3）确认辅机循环水系统投运。

（4）确认给水泵汽轮机凝结水系统具备投入条件。

（5）检查给水泵汽轮机油箱已注入合格油，油位在允许值以上。启动一台交流润滑油泵，检查润滑油压正常，各轴承回油正常，将另一台交流油泵和事故油泵投入备用；启动一台油箱排烟风机，维持油箱允许负压。

（6）通知点检确认给水泵汽轮机、汽动给水泵及前置泵各轴承供油门开度合适、供油良好，具备启动条件。

（7）启动 EH 油系统，检查给水泵汽轮机 EH 油供油压力、油温均正常；确认给水泵汽轮机 EH 油蓄能器预充氮压力正常后，投入给水泵汽轮机 EH 油蓄能器。

（8）确认汽轮机凝结水系统已投运，确认汽轮机排汽缸喷水节流阀后压力调整到正常范围。

（9）冷油器一台投入运行，另一台备用。

（10）润滑油滤网一组投入运行，另一组备用。

（11）开启汽前泵机械密封水磁性过滤器进、出口阀，关闭旁路阀；开启自动排气阀前手动门，确认空气排尽后无水流出，如有水流出将自动排气阀前手动门关闭。

（12）开启汽前泵机械密封冷却器供水门，注水放气后开启出口门；投入汽前泵轴承冷却水。

（13）确认汽动给水泵密封水已投入，调整调门后密封水压力高于汽动给水泵入口压力达规定值。

（14）检查汽动给水泵再循环调门及其前电动门、后手动门全开，汽动给水泵出口电动门关闭。

（15）检查除氧器水位在正常范围。

（16）关闭泵组及其系统管道各放水门。

（17）稍开前置泵入口门，前置泵及主给水泵、管路注水排空气，见水后关闭各放气门。

（18）全开前置泵入口门。

（19）确认给水泵预暖均匀，泵壳上下筒体温差小于规定值，给水品质合格。

（20）启动给水泵汽轮机盘车，确认盘车转向正确，盘车投入和甩开试验正常；检查转子偏心不大于原始值±0.03mm；倾听通流部分无摩擦声。

（21）确认辅汽系统已投运。开启给水泵汽轮机轴封系统所有疏水器前后手动门、旁路门。稍开辅汽至给水泵汽轮机轴封供汽电动门，轴封母管暖管疏水。

（22）轴封母管暖管疏水完毕后，全开辅汽至给水泵汽轮机轴封供汽电动门，开启给水泵汽轮机轴封供汽调门前后手动门，开启给水泵汽轮机高、低压侧轴封供汽手动门，稍开给水泵汽轮机轴封供汽调门，给水泵汽轮机轴封系统进行暖管疏水，确认系统中疏水排尽，关闭各疏水器旁路门，调整给水泵汽轮机轴封压力正常，投入给水泵汽轮机低压轴封减温水并调整温度正常。

(23) 启动给水泵汽轮机真空泵，关闭给水泵汽轮机凝汽器真空破坏门，给水泵汽轮机抽真空至规定值以上。

(24) 开启给水泵汽轮机阀门、汽缸和管道上所有疏水门，开启门杆漏汽手动门，并注意真空变化。

(25) 负荷大于10%额定负荷，稍开四抽至给水泵汽轮机进汽电动门，疏水暖管。

(26) 确认辅汽联箱温度、压力不低于规定值，稍开辅汽至给水泵汽轮机进汽电动门，疏水暖管。(辅汽冲转时)

(27) 冷再温度大于规定值后，稍开冷再至给水泵汽轮机进汽电动门疏水暖管。

(28) 各汽源至给水泵汽轮机供汽管道充分疏水暖管后，确认管道无积水排出、所有疏水温度均大于规定值后将各供汽门全开。

(29) 确认给水泵汽轮机主汽门前进汽温度大于规定值，过热度大于规定值。

(30) 检查给水泵汽轮机启动允许条件具备。

(六) 给水泵汽轮机正常运行检查项目

(1) 给水泵汽轮机各轴承温度、轴承回油温度、各轴承振动低于报警值。

(2) 给水泵汽轮机油箱油位正常，若油位低于2/3时及时补油。

(3) 检查给水泵汽轮机油系统网差压无高报警，若有报警时及时切换滤网并联系维护处理。

(4) 给水泵汽轮机真空正常，给水泵汽轮机排汽温度大于报警值时排汽缸喷水连锁投入，小于规定值时连锁退出。

(5) 汽动给水泵周围清洁无杂物，无汽、水、油等泄漏。

(6) 检查给水泵汽轮机转速在工作转速之间，当给水泵汽轮机转速降至低于最低工作转速时，应采用开启汽动给水泵再循环和调整锅炉上水调门方法来调整给水量。

(7) 若汽动给水泵组轴振、轴承温度、轴位移异常增大，在查找原因的同时，应适当降低机组负荷并降低给水泵汽轮机转速。

(8) 检查汽动给水泵密封水最大泄漏量不大于规定量。

(9) 任一主要参数达到跳闸值汽动给水泵组应跳闸，否则手动打闸；对于未设置连锁保护的重要参数达到停机值时，在确认测点显示正确后手动打闸。

(10) 检查冷再、辅汽至给水泵汽轮机供汽管道疏水器投入，管道无振动。

(11) 检查给水泵汽轮机油箱排烟风机运行正常，确保给水泵汽轮机油箱微负压运行。

(12) 负荷变化时注意调整密封水压力，确保汽动给水泵密封水压力高于汽动给水泵入口压力规定值，密封水温升不超过允许值，回水温度不超过规定值。

(13) 给水泵汽轮机运行期间将给水泵汽轮机主油箱电加热器停电。

二、给水泵汽轮机油净化系统

(一) 给水泵汽轮机油净化系统投运前检查

(1) 确认系统检修工作全部结束，系统无泄漏。

（2）油净化装置各项连锁试验合格。

（3）检查给水泵汽轮机油箱内油位正常，油位不低于 2/3。

（4）系统所有放油门关闭。

（二）给水泵汽轮机油净化器投入步骤

（1）确认储油箱输送泵至待投运给水泵汽轮机油箱补油门关闭。

（2）关闭另一给水泵汽轮机油箱至给水泵汽轮机油净化装置手动门。

（3）关闭给水泵汽轮机油净化装置回油至另一给水泵汽轮机油箱手动门。

（4）开启待投运给水泵汽轮机油箱至给水泵汽轮机油净化装置手动门。

（5）开启给水泵汽轮机油净化装置回油至待投运给水泵汽轮机油箱手动门。

（6）确认给水泵汽轮机油净化装置供油电磁阀后手动门开（正常时，已调整好，不需操作）。

（7）检查给水泵汽轮机油净化装置齿轮箱润滑油透明（油位在玻璃罩中线位置偏上一点）。

（8）确认给水泵汽轮机油净化装置排污手动门开，制动装置松开。

（9）检查给水泵汽轮机油净化装置控制柜面板上控制电源开关、油泵开关、分离机开关、电加热开关均置于关闭状态。

（10）稍开给水泵汽轮机油净化装置回油压力调整手动门（正常时，已调整好，不需操作）。

（11）合给水泵汽轮机油净化装置电源总开关。

（12）将给水泵汽轮机油净化装置控制电源开关打至“合闸”，检查给水泵汽轮机油净化装置温控表有显示。

（13）将给水泵汽轮机油净化装置油泵电动机开关打至“启”，将给水泵汽轮机油净化装置分离机开关打至“启”，若分离机出现强烈振动，立即按紧急停机按钮进行停机，然后制动。

（14）待进油处压力表有压力后，说明加热器中充满油，将给水泵汽轮机油净化装置加热开关打至“合闸”。

（15）当给水泵汽轮机油净化装置分离机电流达到规定值时，打开水封注水阀门注水至分离机排污口有油水流出，停止注水。

（16）当给水泵汽轮机油净化装置油温达到规定温度时，将给水泵汽轮机油净化装置供油电磁阀开关打至“合闸”，调节给水泵汽轮机油净化装置压力，调整手动门到压力表至工作范围，将给水泵汽轮机油净化装置报警开关打至“合闸”。

（三）给水泵汽轮机油净化装置运行检查

（1）检查各主油箱的油位正常，严防跑油、漏油现象发生。

（2）检查油净化装置电加热温度、电动机电流正常。

（3）油净化装置运行时，定期检查其齿轮箱油位在玻璃罩中线位置偏上。

（4）油净化装置运行中发生异常时，应立即将其停运，关闭给水泵汽轮机油箱至油净化装置进油手动门、回油手动门，将给水泵汽轮机油箱与油净化装置完全隔离。

（5）定期做油净化装置模拟跑油试验。

第三节　常见操作及注意事项

一、单台泵检修注意事项

对给水系统最常进行的操作就是单台给水泵的检修。由于给水泵为高温高压设备，操作不当很容易造成设备损坏，系统的隔离措施不到位也可能造成人身伤害。因此在操作中一定要把握好其中的关键点。下面以A汽动给水泵检修为例作介绍：

（1）首先应退出机组给水RB，如不先退出将会造成给水泵汽轮机打闸时机组RB动作。

（2）若给水泵汽轮机系统未投盘车，应在A给水泵汽轮机打闸后尽快破坏A给水泵汽轮机真空。此操作过程中，首先需注意将A给水泵汽轮机排汽蝶阀手动校严，防止影响主机真空，并当给水泵汽轮机真空到零后停止轴封供汽。汽前泵停止运行后需检查汽动给水泵系统是否倒转，确认汽动给水泵出口压力下降后方可关闭前置泵入口电动门。

（3）按要求关闭汽动给水泵前置泵入口门、汽动给水泵出口门、再循环手动门与中间抽头电动门，并均校严后方可进行系统放水。进行系统放水时要全开放水管道一道门，用放水管道二道门调节放水流量，防止阀门冲刷造成内漏。系统压力下降至0.1MPa左右可开启系统中各放空气门。

（4）为防止主泵与前置泵机封损坏，应确认系统最低可见放水点处的放水一、二道门已全开且无水流出时，方可停止主泵与前置泵密封水供水。如还需停止油系统运行，应首先确认各轴承温度下降且系统最少停转规定时间后方可进行。

二、A汽动给水泵检修完毕投入运行

给水泵检修完毕，重新运行的操作相比于给水泵退出检修的操作要安全。但是在向汽动给水泵系统注水时，容易出现前置泵和主泵机械密封水泄漏的问题。产生这一问题的根本原因就是给水泵系统没有专用的注水系统，而汽前泵入口电动门尺寸太大，摇门注水的过程中很难控制电动门开度，导致每次注水时间过短。在系统注水时需掌握以下关键点：

（1）系统检修完毕注水前必须先投入汽动给水泵前置泵与汽动给水泵密封水。防止泵体在无密封水的情况下导致泵内进水从而损坏机封。

（2）对给水泵注水前先投入油系统。

（3）对给水泵注水时可不将所有放水门全部关闭，保留汽动给水泵前置泵出口放水门与汽动给水泵出口放水二道门较小开度。当前置泵入口门打开后，给水通过放水门流出，进而可适当起到暖泵效果。并且还可通过放水量大小判断汽动给水泵注水量的大小，以方便控制。

（4）汽动给水泵系统注满水后可开启给水泵再循环管道，防止除氧器内的蒸汽和水通过给水泵再循环管道向泵系统充水升压。

（5）系统注满水后可开启前置泵入口电动门，此操作要求必须派专人就地检查电动门开度。

（6）在启动A汽动给水泵前需将A汽动给水泵汽轮机抽真空。开启抽真空手动门时须缓慢进行，防止B汽动给水泵汽轮机的真空大幅度下降。

（7）A汽动给水泵启动后，提高A汽动给水泵出口压力至稍低于给水母管压力时可开启A汽动给水泵出口门。若汽动给水泵出口压力太高则易造成打开汽动给水泵出口后，汽动给水泵直接并入给水系统造成给水流量突增，使得汽包水位难以控制；若汽动给水泵出口压力太低则易造成出口门前后差压太大，使得汽动给水泵出口门开启困难，严重的可能造成门杆损坏。

（8）A汽动给水泵并入给水系统后及时投入给水RB。

三、给水泵汽轮机冲转

（一）给水泵汽轮机冲转前操作

（1）检查确认给水泵汽轮机油系统投入正常、水泵注水完毕，确认汽动给水泵再循环调整门开启。

（2）启动前置泵。

（3）确认主机轴封系统投入正常，稍开主机轴封母管至给水泵汽轮机轴封管道疏水器旁路门及前、后手动门。

（4）轴封母管暖管疏水。

（5）轴封母管暖管疏水完毕后，关闭主机轴封母管至给水泵汽轮机轴封管道疏水器旁路门，开启给水泵汽轮机轴封供汽管道疏水手动门、气动门，检查给水泵汽轮机轴封回汽手动门开启，开启给水泵汽轮机轴封进汽手动门，控制给水泵汽轮机轴封压力在5～8kPa（暖管10min左右）。

（6）关闭给水泵汽轮机凝汽器真空破坏门，开启给水泵汽轮机排汽蝶阀旁路门、给水泵汽轮机抽真空泵。

（7）开四抽至给水泵汽轮机电动门前、止回门后疏水门。

（8）稍开四抽供给水泵汽轮机进汽电动门，疏水暖管。

（9）开启辅汽供两台给水泵汽轮机供汽手动门前疏水一道门、稍开二道门疏水暖管（使用辅汽汽源时）。

（10）稍开辅汽至给水泵汽轮机供汽手动总门，辅汽至两台给水泵汽轮机供汽管道充分疏水暖管后全开（使用辅汽时）。

（11）稍开辅汽供给水泵汽轮机供汽手动门，给水泵汽轮机低压汽源管道疏水暖管后全开（使用辅汽汽源时）。

（12）开启给水泵汽轮机平衡管疏水手动门、气动门。

（13）开启给水泵汽轮机本体高压缸疏水手动门、气动门。

（14）开启给水泵汽轮机本体低压缸疏水手动门、气动门。

（15）上述疏水开启时，注意给水泵汽轮机真空变化。

(16) 给水泵汽轮机轴封供汽管道暖好后调节给水泵汽轮机轴封压力正常。

(17) 给水泵汽轮机汽源暖管结束后，全开四抽至给水泵汽轮机供汽电动门，或全开辅汽至给水泵汽轮机供汽电动门。

(18) 确认给水泵汽轮机低压主汽门前进汽蒸汽温度不小于规定值，过热度大于规定值。

(19) 检查给水泵汽轮机启动允许条件具备。

（二）给水泵汽轮机冲转操作

(1) 确认给水泵汽轮机真空高于规定值。

(2) 确认给水泵汽轮机启动允许条件具备，复位给水泵汽轮机跳闸条件首出。

(3) 进入给水泵汽轮机控制画面，按下“给水泵汽轮机挂闸”按钮，检查操作界面“已跳闸”变为“已挂闸”。

(4) 检查“允许给水泵汽轮机启动”变红，按下“开启速关阀”按钮，就地检查确认速关油压建立，检查速关阀开启。

(5) 确认给水泵汽轮机控制画面上“手动”灯亮，激活“给水泵汽轮机转速控制”窗口，按下“AUTO”按钮，由手动状态切换到自动状态。

(6) 在“升降速率”空格内输入规定值，再按下“输入”按钮。

(7) 在“目标转速”空格内输入转速目标转速，再按下“输入”按钮。

(8) 按下“执行”按钮，并密切监视给水泵汽轮机振动变化趋势。

(9) 当给水泵汽轮机振动小于 50μm 且稳定不继续下降后，在“目标转速”空格内输入暖机目标转速，再按下“输入”和“执行”按钮。

(10) 在升速过程中应注意实际转速应上升，认真倾听给水泵汽轮机内部声音正常，当振动大时，按下“保持”按钮停止升速，继续暖机，暖机结束后，按“执行”按钮继续升速。

(11) 当转速升至设定值时，检查顶轴油泵联停。

(12) 当给水泵汽轮机转速达暖机转速时进行中速暖机。

四、电动给水泵启动试验

电动给水泵启动试验操作的主要关注点是测量电动给水泵绝缘的电气操作，首先应注意选用适当的绝缘电阻表，并且注意测量时间等要点；电动给水泵启动试验的热机操作则在于启动前检查电动给水泵油系统各供油阀是否开启，电动给水泵是否倒转，再循环门是否开启等。操作完毕并停止电动给水泵运行时，需首先启动辅助油泵，停运电动给水泵后需及时投入电动给水泵备用。

五、给水憋压阀主旁路切换注意事项

(1) 由于机组启动初期给水流量小、给水憋压阀主路调门与电动门均存在较大程度的漏流，因此负荷在规定负荷以下时均使用旁路门调节，待机组负荷升至规定负荷以上时需要将主路开启以满足机组运行需求。停机时操作则正好相反。

（2）此操作的危险点在于开启主路电动门时易造成给水系统流量突升，而关闭主路电动门时易造成给水系统流量突减，导致锅炉断水。对此，一般要求就地点动主路电动门，同时密切注意给水系统流量的变化，并及时作出调整。如在DCS进行操作则需要派人就地观察主路电动门是否正常动作。

（3）在旁路切换至主路的操作中，正确的做法是先开启主路电动门，待给水系统差压下降且给水流量上升时关小旁路调门开度，维持给水系统差压和给水流量基本保持不变。

（4）主路向旁路切换的操作中，正确的做法是先调节旁路调门开度至较大经验开度，再关闭主路电动门，及时注意调整调门开度控制给水系统差压与给水流量稳定。某厂曾出现先关闭主路电动门待给水差压上升时才开启旁路调门，造成锅炉因断水灭火。这是因为主路电动门在关闭过程中，前面大部分行程都不会造成节流，一旦差压上升则意味着电动门已接近完全关闭，此时操作旁路调门已经来不及。

六、电动给水泵油泵切换注意事项

（1）在测量备用油泵绝缘值时必须首先核对设备编号正确。

（2）启动备用油泵前必须首先核实油泵出口门已完全开启。

（3）启动备用油泵后必须确认备用油泵工作正常，待供油压力上升后方可停止原运行油泵运行。

七、润滑油滤网切换注意事项

切换给水泵汽轮机润滑油滤网的危险点在于进行润滑油滤网切换时，可能会造成润滑油系统的油压波动，进而造成给水泵汽轮机跳闸。因此切换润滑油滤网时，应首先对备用滤网进行注油。判断滤网是否注满油的方法是测量备用滤网放空气管温度是否升高。进行切换滤网操作时要缓慢，并随时保持和操盘人员的联系。一旦发现异常应及时汇报。

八、给水泵汽轮机冷油器切换操作

（1）检查备用冷油器良好，底部放油阀关闭。

（2）微开冷油器充油阀和备用冷油器出口管高点放气阀，对备用冷油器进行充油放气。

（3）全开冷油器充油阀，对备用冷油器升压，观察有无泄漏。

（4）开启备用冷油器冷却水进、出水门。

（5）转动冷油器切换手柄少许，观察备用冷油器工作情况。

（6）继续缓慢转动切换手柄。每转动少许，应停留观察片刻，逐渐投入备用冷油器，直至全部切换至原备用冷油器运行位置。注意油温、油压变化情况。

（7）关闭冷油器充油阀，逐渐关闭原运行冷油器进水门至微开，出水门全开转入备用或根据需要做措施。

九、给水泵汽轮机超速保护试验

给水泵汽轮机危急保安器解体或调整后及给水泵汽轮机新安装或大修后应做超速保护

试验。

（一）试验条件

（1）确认给水泵汽轮机与给水泵对轮已脱开。

（2）做超速试验前，进行就地、集控室手动打闸试验并正常。

（3）试验前给水泵汽轮机按启动要求完成给水泵汽轮机暖机。

（4）超速试验前联系设备部点检人员到场。

（二）给水泵汽轮机电超速保护试验方法

（1）联系热工断开前置泵跳闸联跳给水泵汽轮机及给水泵的跳闸保护，投入给水泵汽轮机低油压、低真空保护、电超速保护。

（2）按正常启动要求将给水泵汽轮机冲转至规定较低转速，手动脱扣一次，检查速关阀、调节阀迅速关闭。

（3）在 MEH 画面上按下“电超速试验”键。

（4）设定给水泵汽轮机目标转速，观察给水泵汽轮机实际转速开始上升，同时注意调节油压变化。

（5）当给水泵汽轮机转速达目标转速时，电超速保护动作，给水泵汽轮机脱扣，转速连续下降。

（6）当给水泵汽轮机转速下降到规定转速 以下后，可重新挂闸冲转，恢复至正常转速。

（7）退出给水泵汽轮机电超速试验按钮。

（三）给水泵汽轮机机械超速保护试验方法

（1）给水泵汽轮机机械超速试验可紧接着电超速试验进行。

（2）按给水泵汽轮机“机械超速试验”按钮，设定目标转速，将给水泵汽轮机升速，当转速接近目标转速后，观察飞锤动作，并记录飞锤的动作转速。

（3）机械超速试验进行两次，两次动作转速差值不得大于规定值。

（4）超速试验完毕退出给水泵汽轮机“机械超速按钮”，检查 MEH 系统恢复至正常运行方式。

（5）给水泵汽轮机机械超速试验完毕，停止给水泵汽轮机运行。

第四节 运行中常见故障及处理方法

一、给水泵汽轮机低压调门卡涩（以 A 给水泵汽轮机为例）

1. 现象

（1）给水流量下降或升高。

（2）水煤比偏离正常范围。

（3）机组主汽压力、负荷降低或升高。

（4）两台汽动给水泵转速出现偏差。

（5）A给水泵汽轮机低调门指令与反馈偏差大，A给水泵汽轮机转速控制跳手动。

2. 处理要点

（1）根据给水流量与水煤比带负荷。

（2）做好负荷变化的监视与调整。

（3）监视好两台汽动给水泵的运行情况，防止汽蚀或过负荷。

（4）通知热工、汽机人员到位检查。

（5）检查EH油系统运行情况，检查至A给水泵汽轮机供油是否正常，检查供油手动门开启情况，化验EH油油质，监督蒸汽品质。

（6）降负荷至50%，做好降负荷检查，用B汽动给水泵调整好水煤比。

（7）将A给水泵汽轮机低调门供汽电动门逐渐关闭，防止A给水泵汽轮机超速。

（8）A给水泵汽轮机打闸后做好连锁检查。

（9）布置检修措施，通知检修处理。

（10）做好B汽动给水泵异常的事故预想。

二、给水泵汽轮机润滑油管路漏油（以A给水泵汽轮机为例）

1. 现象

（1）A给水泵汽轮机润滑油压下降。

（2）A给水泵汽轮机油箱油位下降。

（3）A给水泵汽轮机各轴承温度、回油温度升高。

（4）A给水泵汽轮机各轴承振动可能增大。

（5）备用润滑油泵和直流油泵可能联启。

（6）润滑油压低保护动作可能造成给水泵汽轮机跳闸。

2. 处理要点

（1）监视A给水泵汽轮机运行情况，根据轴承温度及振动上升情况控制A给水泵汽轮机出力，控制机组负荷。

（2）对A给水泵汽轮机油箱进行补油，注意化验补油品质。

（3）就地对A给水泵汽轮机油系统进行全面检查，检查是否有漏点，取样、放油是否误开。

（4）必要时切换冷油器。

（5）通知检修人员对漏点进行处理。

（6）改变漏点泄漏方向，及时清理积油，防止漏入保温和热力管道，做好防火措施。

（7）对A给水泵汽轮机参数进行监视，若无法维持正常运行可能造成设备损坏，应紧急或尽快停运。

（8）若管路泄漏在线无法处理，降负荷至50%停运A给水泵汽轮机。

（9）做好降负荷检查，用B汽泵调整好水煤比。

（10）A给水泵汽轮机停运后根据泄漏情况决定是否投入盘车，对A给水泵汽轮机焖缸，规定时间后停运油系统，做好安全措施进行处理。

三、给水泵汽轮机冷油器泄漏（以A给水泵汽轮机A冷油器为例）

1. 现象

（1）A给水泵汽轮机润滑油压力下降。

（2）A给水泵汽轮机油箱油位下降；

（3）A给水泵汽轮机各轴承温度、回油温度升高。

（4）A给水泵汽轮机各轴承振动可能增大。

（5）备用润滑油泵和直流油泵可能联启。

（6）润滑油压力低，保护动作可能造成给水泵汽轮机跳闸。

2. 处理要点

（1）监视A给水泵汽轮机运行情况，根据轴承温度及振动上升情况控制A给水泵汽轮机出力，控制机组负荷。

（2）对A给水泵汽轮机油箱进行补油，注意化验补油品质。

（3）就地对A给水泵汽轮机油系统进行全面检查，检查是否有漏点，取样、放油是否误开。

（4）检查外部无明显漏点，对冷油器进行切换。

（5）冷油器切换顺序为：先对油侧注油排空气，之后水侧注水排空气后投入水侧，最后对油侧进行缓慢切换。

（6）切换完毕后关闭注油门，检查润滑油压力恢复，油位不再下降。

（7）完成检修措施，通知检修人员处理。

（8）恢复机组负荷。

四、给水泵汽轮机（汽动给水泵）支持（推力）轴承磨损（以A给水泵汽轮机支撑轴承磨损为例）

1. 现象

（1）A给水泵汽轮机某一支持轴承温度不正常升高，轴承回油温度升高。

（2）A给水泵汽轮机对应轴承振动增大。

2. 处理要点

（1）检查润滑泵运行情况，检查润滑油压力、润滑油温度。

（2）启动备用润滑油泵，增加润滑油量。

（3）降负荷、降低A给水泵汽轮机出力，控制轴承温度升高。

（4）就地检查轴承供回油。

（5）通知化验班化验油质。

（6）就地检查给水泵汽轮机机械连接、地脚、联轴器对中及轴封供汽（推力轴承磨损，注意检查给水泵汽轮机真空，给水泵汽轮机是否超出力）。

（7）通知检修人员到位配合检查。

（8）给水泵汽轮机相关参数达保护动作值保护应动作跳闸，做好相关预想。

(9) 降负荷至50%，做好降负荷的检查与调整，用B汽动给水泵调整好水煤比。

(10) 将A给水泵汽轮机退出系统后打闸，做好连锁检查。

(11) A给水泵汽轮机焖缸，禁投盘车。

(12) 做好安全措施，通知检修人员处理。

(13) 做好B汽动给水泵异常的事故预想。

五、汽动给水泵进口滤网堵（以A汽动给水泵为例）

1. 现象

(1) 给水流量下降，水煤比减小。

(2) 负荷下降、主汽压力下降。

(3) A给水泵流量下降可能摆动，转速升高可能摆动，与B汽动给水泵出现偏差。

(4) A汽前泵电流减小。

(5) A汽动给水泵入口滤网差压增大。

2. 处理要点

(1) 调整好水煤比，根据给水流量降低机组负荷。

(2) 监视两台给水泵汽轮机运行情况，防止给水泵汽轮机转速超限。

(3) 防止A汽动给水泵流量过低导致汽蚀，开启再循环。

(4) 降负荷至50%额定负荷，做好降负荷检查调整，用B汽动给水泵调整好水煤比。

(5) A给水泵汽轮机停运后停止汽前泵运行。

(6) 做好安全措施，通知检修人员处理。

(7) 做好B汽动给水泵异常的预想。

六、给水泵出口母管（高压加热器前）泄漏

1. 现象

(1) 给水流量下降，水煤比减小。

(2) 机组负荷下降、主汽压力下降。

(3) 过热汽温、壁温升高。

(4) 给水流量低可能达保护值造成灭火跳机。

(5) 各高压加热器水位下降，疏水调门关小。

(6) 给水管道泄漏，就地有泄漏点。

2. 处理要点

(1) 快速降负荷维持汽水平衡。

(2) 防止给水泵超速。

(3) 通知检修人员到位，就地设好隔离带，防止人员烫伤，防止电气设备受潮。

(4) 故障停机。

(5) 停机后布置检修措施，通知检修人员处理。

七、给水泵反转

1. 现象

(1) 给水泵转速降至零后又回升，就地检查转子反向转动，泵内有不正常声音。

(2) 运行泵出口压力降低，倒转泵入口压力升高。

(3) 轴承振动大。

(4) 轴向位移反方向增大。

(5) 前置泵出口压力高。

(6) 除氧器压力、水位上升。

2. 处理要点

(1) 发现给水泵反转后，立即关闭给水泵出口电动门，若发现该泵出口电动门卡涩或失电，应立即手动关闭。

(2) 经上述处理无效，故障停机。停止运行给水泵，关闭其出口电动门。

(3) 关闭主给水主路、旁路电动门，关闭高压加热器出口及旁路电动门，截断锅炉上水。

(4) 关闭反转给水泵中间抽头门，开启给水泵最小流量阀。

(5) 反转时前置泵入口门严禁关闭。

(6) 要注意给水泵润滑油系统运行正常。

八、给水泵汽轮机水冲击

1. 现象

(1) 给水泵汽轮机主汽门及调门门杆、给水泵汽轮机轴封、汽缸接合面等处冒白汽。

(2) 给水泵汽轮机金属温度急剧下降，上、下缸温差增大。

(3) 给水泵汽轮机内部有水击声。

(4) 汽动给水泵流量摆动。

(5) 给水泵汽轮机轴向位移有明显变化，推力瓦温度及回油温度升高。

(6) 给水泵汽轮机振动增加，严重时发生强烈振动。

以上现象不一定同时出现。

2. 原因

(1) 给水泵汽轮机供汽温度突降，或过热度不够，蒸汽带水。

(2) 给水泵汽轮机缸体积水或疏水进入汽缸。

(3) 轴封系统蒸汽汽源温度过低、减温器调节失常、疏水不良，轴封进水。

(4) 给水泵汽轮机凝汽器水位过高。

3. 处理要点

(1) 立即将给水泵汽轮机打闸停机。

(2) 检查 RB 动作，否则手动降负荷，用另一台汽动给水泵调整好水煤比。

(3) 降负荷至 50%额定负荷，做好降负荷检查与调整。

(4) 开启停运给水泵汽轮机供汽管道、汽缸本体及轴封母管等系统的疏水。

(5) 惰走过程中，仔细倾听机内声音，监视各瓦温度及回油温度、轴位移、汽缸膨胀、机组的振动情况等。

(6) 记录惰走时间，若惰走时间明显缩短，瓦温、振动、轴弯曲值超限或机内有异声，禁止立即启动。

(7) 做好安全措施，通知检修人员处理。

(8) 做好另一台汽动给水泵异常的事故预想。

思考题

1. 除氧器的工作原理是什么？
2. 除氧器的正常维护项目有哪些？
3. 除氧器的组成有哪些？
4. 除氧器的作用是什么？位置在哪？
5. 除氧器发生“自生沸腾”现象有什么不良后果？
6. 除氧器溶氧量大如何处理？
7. 除氧器事故放水管和溢流管通向哪里？
8. 除氧器水位高如何处理？
9. 除氧器投加热的操作步骤是怎样的？
10. 除氧器运行中有哪些调整操作？
11. 除氧器正常运行有哪些注意事项？
12. 除氧循环泵的电源取自何处？
13. 除氧循环泵的作用是什么？
14. 电动给水泵允许启动条件有哪些？
15. 电动给水泵发生汽蚀的现象有哪些？
16. 电动给水泵发生汽蚀如何处理？
17. 电动给水泵机械密封水温高的原因有哪些？
18. 电动给水泵启动前有哪些准备工作？
19. 电动给水泵运行检查时注意哪些检查项目？
20. 电动给水泵组运行中的检查项目有哪些？
21. 发生哪些情况应手动紧急停泵？
22. 给水泵汽轮机冲转前如何操作？
23. 给水泵汽轮机启停有哪些注意事项？
24. 给水泵汽轮机正常运行检查有哪些？
25. 给水泵汽蚀的原因有哪些？
26. 简述给水加药、取样门位置及作用。
27. 锅炉给水为什么要除氧？

28. 简述除氧循环泵的概况。
29. 简述热力除氧的基本条件。
30. 液力耦合器的工作原理是什么?
31. 紧急停止电泵如何操作?
32. 汽动给水泵和电动给水泵入口电动门、安全门作用是什么?
33. 汽动给水泵和电动给水泵再循环作用、中间抽头作用是什么?
34. 汽动给水泵注水操作需注意哪些事项?
35. 前置泵、主泵启动前有哪些检查项目?
36. 请说出采用变频凝结泵与除氧器上水调整门调整除氧器水位的调整原理。
37. 请说出除氧器水位的定值,连锁控制逻辑。
38. 请说出除氧器水位升高的处理方法。
39. 请说出运行中的除氧器为什么要保持一定的水位。
40. 热力除氧的工作原理是什么?
41. 如何启动电动给水泵?
42. 如何切换除氧器加热汽源?有何注意事项?
43. 如何停止电动给水泵运行?
44. 如何为运行中的除氧器降压、消缺做措施?
45. 为什么机组启动时要启动锅炉上水泵给除氧器补水?
46. 为什么设电前泵,电前泵(汽前泵)为什么在0m?
47. 给水泵汽轮机油净化装置运行检查有哪些?
48. 与除氧水箱连接的汽、水管道有哪些?
49. 与除氧头连接的汽、水管道有哪些?

第四章
凝 结 水 系 统

第一节 系 统 概 述

凝结水系统指由凝汽器（排汽装置）至除氧器之间与凝结水相关的管路与设备。凝结水系统的主要作用是利用低压加热器加热凝结水，并将凝结水从凝汽器热井送至除氧器。为了提高给水品质，还要对凝结水进行精处理。此外，凝结水系统还对凝汽器热井水位和除氧器水箱水位进行必要的调节，以保证整个系统安全可靠运行。同时，凝结水管路还引出多路分支，在运行过程中提供有关设备的减温水、密封水和冷却水。由于热力循环中有一定流量的汽水损失，在凝结水系统中必须给予补充，补充水源来自化学除盐水。

一、凝结水系统设备组成

凝结水系统主要包括凝结水补充水箱、凝结水输送泵、锅炉上水泵、凝汽器（排汽装置）、两台100％容量的凝结水泵、凝结水精处理装置、轴封加热器、低压加热器、除氧器上水调节门及旁路电动门、凝结水再循环系统，凝结水杂项母管及其管道、阀门等配套部件。凝结水系统如图 4-1 所示。

二、凝结水系统设备布置

凝结水泵布置在凝汽器（排汽装置）热井以下 0.5～1.0m 的泵坑内，使之在凝结水泵入口处形成一定的倒灌高度，利用倒灌水柱的静压提高水泵进口压力，使水泵进口处的水压高于其所对应水温的饱和压力，以防止凝结水泵入口汽化。凝泵入口设有滤网，能防止热井中可能积存的残渣进入泵内。

轴封加热器一般布置在汽轮机 0m 或 6.8m、低压加热器一般布置在汽轮机 6.8m 或 13.7m。5 号低压加热器出口放水门位于汽轮机 0m 或 6.8m 的南侧，主要用于机组启动时，凝结水水质不合格或凝汽器水位高时放水用。在轴封加热器之后的主凝结水管道上设有返回凝汽器的凝结水再循环管道。再循环调门一般设在汽轮机 0m 或 6.8m。

凝结水系统设有多个压力、温度、流量测点，可对凝结水系统运行状态进行实时监测，判断凝结水系统各设备运行是否正常。

三、凝结水系统主要设备介绍

1. 凝汽器

凝汽器（排汽装置）的主要作用是在汽轮机的排汽部分建立低背压，使蒸汽最大限度

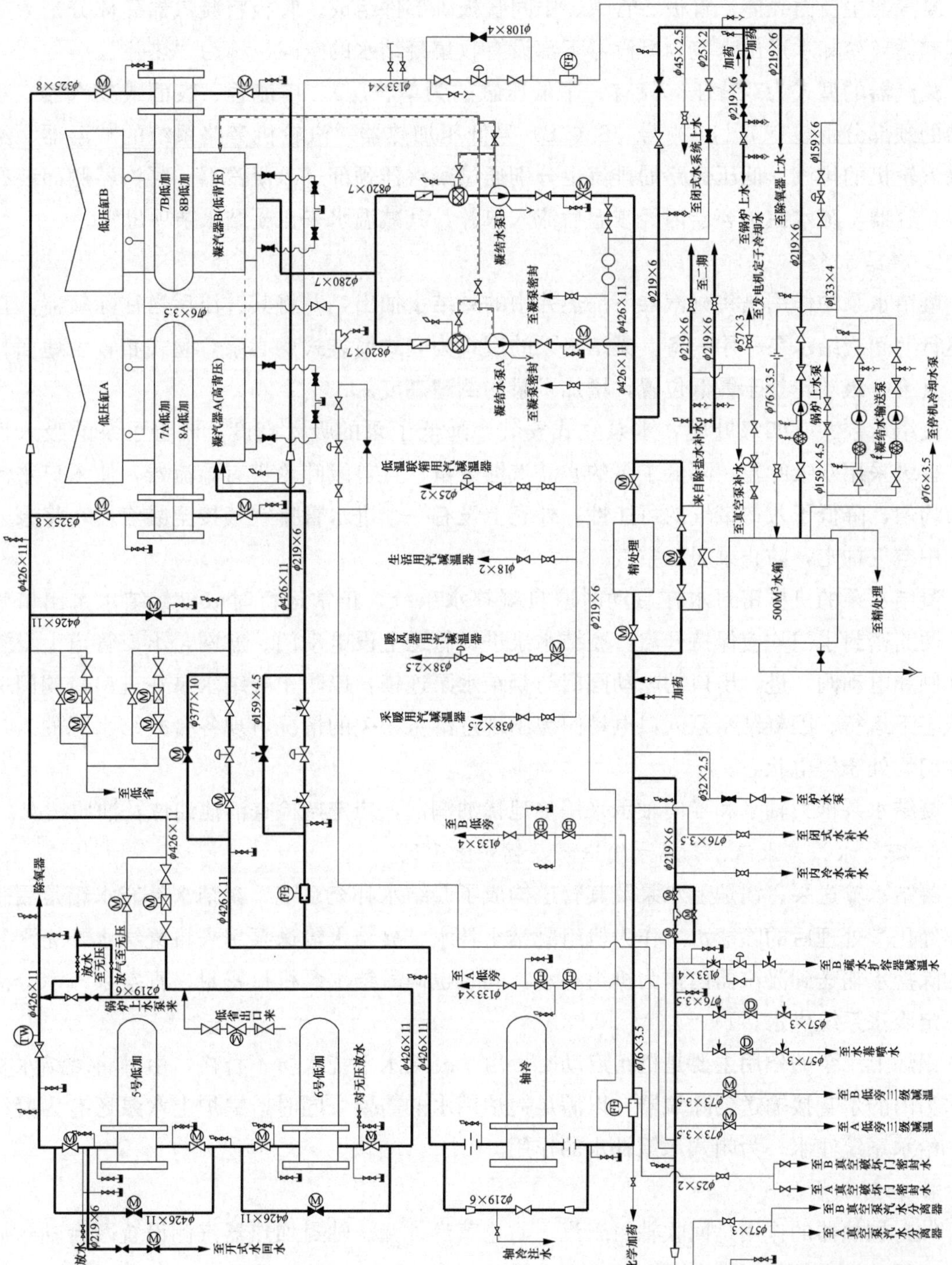

图 4-1　凝结水系统示意图

地做功，然后冷却下来变成凝结水，并予以回收。凝汽器的这种功能是由抽真空系统和循环冷却水系统（空冷风机系统）共同完成的。

凝汽器主要由壳体、管板、管束、中间管板等部件组成。管板将凝汽器壳体分割为凝结区和循环冷却水进出水室；凝汽器下部设有收集凝结水的空间，称为“热井”。

凝汽器的型式为双背压（只有一个低压缸的为单背压）、单流程、表面式凝汽器。凝汽器的颈部分别装有7（7A）号、8（7B）号低压加热器、汽轮机旁路系统的减温器、给水泵汽轮机的排汽、低压旁路的排汽也分别通过凝汽器颈部进入凝汽器。凝汽器侧面装有疏水扩容器，疏水在扩容器内经减温后流入热井，其减温水来自凝结水杂项母管。

2. 凝结水泵

凝结水泵的作用是将凝汽器下部热井中的凝结水抽出，并将其升压后送往除氧器。正常运行期间凝结水泵一用一备。凝结水泵的型式为立式筒袋式离心泵，立式布置占地面积小，且第一级叶轮处于最低位置，增加了泵的倒灌高度。

凝结水泵共有四级叶轮，水泵立式安装，降低了泵的吸入高度，改善了泵的吸入性能；首级采用双吸叶轮，降低了泵的必需汽蚀余量，且首级叶轮带有导流器，使入口水流分布均匀，降低了入口带气的可能性；外壳上设有一个进水管排空气接至凝汽器，将泵入口水中空气抽走，防止泵吸入空气。

凝结水泵的机械密封水在启动时取自凝补水系统，正常运行时取自凝结水泵出口管道，两路密封水门均应保持开启。凝结水泵进口管道上设电动门、滤网，出口管道上设置止回阀和电动阀，进、出口的电动阀门与凝结水泵连锁，以防止凝结水泵在进出口阀门关闭状态下运行。因凝结水泵入口电动门曾出现过淋水误关的情况，现各台凝结水泵的入口电动门均处于停电状态。

凝结水泵推力轴承和导向轴承采用油池稀油润滑，应定期检查油池油位及油质情况。

3. 凝结水补充水箱、凝结水输送泵及锅炉上水泵

凝结水输送泵、锅炉上水泵及其管道构成了凝结水补充系统。凝结水补充水箱是用来储存经化学处理后的除盐水，作为机组凝结水补水。凝结水输送泵用来将凝结水补充水箱内的除盐水输送到凝汽器内作为机组补水，同时也向凝结水泵机械密封、真空泵汽水分离器、定冷水系统供水。

锅炉上水泵的作用主要是机组启动时，由于凝结水系统水质不合格，由其将凝结水补充水箱内的水直接输送到除氧器，以满足锅炉用水的需要，同时，锅炉上水泵还有为凝结水、给水系统注水，为闭式水箱补水的作用。

4. 轴封加热器

轴封加热器的作用是回收轴封乏汽，防止蒸汽外漏。轴封加热器汽侧设置两台轴封风机，以保持轴封加热器的微负压状态；水侧设置旁路门，用以调节通过轴封加热器的凝结水量。凝结水再循环管接于轴封加热器水侧出口管道，以保证机组启停机和低负荷时轴封加热器仍有足够的冷却水。轴封加热器汽侧疏水经多级水封后自流至凝汽器，并设有紧急疏水装置，可在事故时将疏水及时排至地沟。

5. 杂项母管

在凝结水精处理装置后设有凝结水杂项母管，为系统用户提供水源，包括低压缸喷水、凝汽器水幕保护喷水、轴封减温水、给水泵密封冷却水、辅汽减温水、疏扩减温水、闭式水补水、低压旁路减温水、轴封加热器多级水封注水和真空破坏门注水等。

6. 低压加热器

凝结水系统设有4台低压加热器。7、8号低压加热器（7A、7B低压加热器）安装在凝汽器喉部，水侧采用大旁路系统；5、6号低压加热器采用小旁路系统。当低压加热器切除时旁路电动门全开后，入、出口电动门开始关闭，以确保凝结水不会中断。5号低压加热器出口电动门前设有凝结水外排管道，在机组启动凝结水水质不合格时可由此对凝结水系统进行换水。

在轴封加热器后或5号低压加热器后设有除氧器上水调门及其旁路电动门。可以通过调节除氧器上水调门开度和变频方式运行的凝结水泵转速控制除氧器水位。正常运行时尽量保持除氧器上水调门开度保持最大，通过调节凝结水泵转速来调节除氧器水位。但凝结水泵转速下限为1000r/min，当机组负荷降低，凝结水泵转速自动降到1000r/min时，应关小除氧器上水调门控制除氧器水位。在除氧器上水调门前设有凝结水再循环调门及其旁路门，在启动和低负荷时使用，保证通过凝结水泵的凝结水量不小于最小流量，同时可以冷却机组轴封回汽和门杆漏汽并防止凝结水泵汽蚀。

第二节　凝结水系统检查

凝结水系统的检查包括凝结水系统投运前的检查以及正常运行时的检查。

一、凝结水系统投运前的检查项目

（1）确认凝结水系统所有检修工作已结束，工作票收回，各连锁保护传动正常并投入。

（2）检查凝结水系统各阀门开关正确，表计齐全，泵与电动机连接完好，控制气源投入，各调整阀门动作正常。

（3）确认闭式冷却水系统运行正常。

（4）联系化学人员向凝补水箱补水至正常水位，化验水箱水质合格。

（5）关闭凝结水系统各杂项用户供水门。

（6）关闭凝结水至除氧器上水电动门、调整门及旁路电动门。

（7）检查凝结水系统至凝补水箱调整门前后手动门及旁路门已关闭。

（8）开启轴封加热器入、出口门，开启轴封加热器旁路门至1/3开度。

（9）关闭凝结水系统所有放水门。

二、凝结水泵启动前的检查项目

（1）开启凝汽器补水调整门前、后截门，开启凝汽器补水调整门补水，启动凝补水泵，给凝汽器补水至正常水位，确认凝汽器底部放水门无漏水。

(2) 开启凝结水泵入口门。

(3) 启动首台凝结水泵时，关闭凝结水泵出口门，防止系统出现水锤现象。

(4) 开启泵体抽空气门。

(5) 开启凝结水泵电动机轴承冷却水供、回水门，检查闭式水压力正常。

(6) 检查凝结水泵电动机推力轴承油位正常，油质合格。

(7) 开启凝结水泵再循环门前、后手动门，关闭旁路门及再循环调整门（再循环调门位于 0m 的机组在启泵前开启再循环调门后，会导致凝结水系统内注好的水流入凝汽器，凝结水泵启动时系统内有空气而发生水锤）。

(8) 凝结水泵各项连锁保护试验合格，凝结水泵电动机绝缘合格送电。

(9) 启动第一台凝结水泵前启动凝结水输送泵，开启凝结水输送泵至凝结水泵密封水门，投入凝结水泵密封水，检查压力正常，保持凝结水泵机械密封处有水溢出，但无喷向上方轴承室现象；开启锅炉上水泵至凝结水系统注水门，开启凝结水系统各放空气门，见水后关闭。

(10) 确认凝结水输送泵出口压力正常，凝汽器补水调整门在自动位，凝汽器水位正常。

三、凝结水系统正常运行时的检查项目

(1) 启动凝结水泵（启动首台凝结水泵时先检查出口门联开，否则立即手动开启；凝结水再循环调门关闭的，立即开启凝结水泵再循环调门，建立凝结水系统通路），检查凝结水泵电流、振动、轴承温度等不超限值，运行声音等正常。

(2) 若凝结水泵在变频方式下启动，投入低压旁路时，适当提高凝结水泵转速以控制低压旁路后温度不超限，汽轮机切缸完成，低压旁路全关后投入变频自动方式运行；检查汽动给水泵密封水压力正常，防止汽动给水泵轴承室进水。

(3) 机组启动时注意监视除氧器水位、凝汽器水位、凝补水箱水位。机组长时间停运或检修后启动时，凝结水水质往往不合格，为了对系统进行充分的冲洗，并使凝结水水质尽快合格，一般通过锅炉上水泵直接给除氧器上水，而凝结水则通过 5 号低压加热器出口外排方式对凝结水系统进行冲洗，期间为了保护精处理系统，可以将其旁路，待水质合格后准备向除氧器上水时再投入。

(4) 凝结水压力建立后，开启两台凝结水至凝结水泵密封水门，保持凝结水泵机械密封处有水溢出但无剧烈喷溅。凝结水泵的机械密封结构位于出水端，泵备用时为负压状态，极易吸入空气，因此备用泵机械密封水严禁退出；泵运行后可根据机械密封泄漏量的大小适当调整机械密封供水量，以机械密封处有少量水溢出即可。凝结水泵机械密封水应按照先投后停原则，尤其注意必须先于抽空气门开启，迟于抽空气门关闭。

(5) 检查备用凝结水泵入、出口门及凝结水泵密封水门、轴承冷却水门开启，将凝结水泵投入备用，检查泵不倒转。

(6) 检查两台凝结水泵抽空气门开启。凝结水泵抽空气管设在凝结水泵外筒体顶部端

盖上，作用是将凝结水泵各处漏入的空气抽入凝汽器，避免进口积聚空气，一方面防止运行泵汽蚀，另一方面防止备用泵启动后不打水。凝结水泵抽空气管必须在机械密封水投入后、凝结水泵入口门开启前开启，凝结水泵运行和备用时严禁关闭，凝结水泵检修时必须在凝结水泵入口门关闭后才能关闭抽空气门。

（7）检查凝结水泵出口压力正常，电流不超额定值。

（8）检查两台凝结水泵推力轴承室油位正常，油质颜色合格。

（9）检查凝结水系统无泄漏，泵体周围无吸气。

（10）检查凝结水泵、电动机无异声，电动机上、下部轴承振动小于0.05mm。

（11）检查凝结水泵轴承温度、电动机线圈温度正常。

第三节 凝结水系统主要操作

凝结水系统中比较常见的操作有：①第一台凝结水泵启动；②凝结水泵切换；③单台凝结水泵检修退备；④凝结水泵检修完毕投入运行；⑤最后一台凝结水泵的停止；⑥除氧器上水调门检修；⑦凝结水补充水箱在机组运行中隔离。

一、第一台凝结水泵启动注意事项

（1）第一台凝结水泵启动前需确认开式水系统、闭式水系统已投入运行。凝结水泵一般采用变频方式启动，以满足低流量、小冲击要求，并可节约厂用电。在启动凝结水泵前，凝结水系统要用锅炉上水泵或除盐水系统注水排气，注水期间应关闭凝结水再循环调门，否则凝结水系统压力很难上升且易造成凝汽器水位不断升高。

（2）凝结水系统注水排气完毕，变频方式启动凝结水泵并立即开启凝结水再循环调门，并注意凝结水泵出口电动门联开正常，凝结水压力正常。

（3）停止锅炉上水泵，如在启动凝结水泵前停止锅炉上水泵，可能在凝结水泵启动升压过程中，造成另一台凝结水泵由于凝结水压力低联启。在机组启动低压旁路投入前，凝结水泵转速控制在1000r/min运行，投入低压旁路时，应适当提高凝结水泵转速以控制低压旁路后温度正常，汽轮机切缸完成低压旁路全关后，随着负荷上升及时调整凝结水泵转速和除氧器上水调门开度，以维持除氧器水位正常。

（4）凝结水系统必须先于轴封系统投运。一方面可以冷却轴封回汽，确保轴封系统畅通；另一方面也避免在凝结水系统未运行情况下轴封加热器水侧积水被轴封回汽长时间加热而造成管道振动。

二、凝结水泵切换注意事项

（1）两台凝结水泵共用一台凝结水泵变频器，下面假设在1号凝结水泵变频运行，2号凝结水泵工频备用的情况下进行凝结水泵的切换操作。

（2）将2号凝结水泵停电测绝缘合格后送电，将1号凝结水泵转速升至工频转速，并将上水调门关至适当开度后，启动2号凝结水泵，停止1号凝结水泵。

(3) 将1号凝结水泵由变频方式切为工频方式，工频方式启动1号凝结水泵，停止2号凝结水泵。

(4) 将2号凝结水泵由工频方式切为变频方式，变频方式启动2号凝结水泵。将2号凝结水泵加至工频转速，然后停止1号凝结水泵。之后可根据机组负荷决定是否全开凝结水上水调门，投入凝结水变频自动。

(5) 在启动第二台凝结水泵前应通知凝结水精处理值班员，注意监视凝结水精处理运行情况，两台凝结水泵同时运行时，注意凝结水泵出口压力不超压，并检查出口管路无泄漏。在凝结水泵启动前应按照启动前检查项目进行全面检查。

三、单台凝结水泵检修退备注意事项

(1) 当凝结水泵有故障或凝结水泵入口滤网堵塞需检修清理时，首先应将该凝结水泵切至另一台泵运行，停止需要检修的凝结水泵，并将该泵停电，关闭凝结水泵出口电动门并校严停电，关闭凝结水泵入口电动门校严停电，关闭凝结水泵及入口滤网抽空气门，关闭凝结水泵密封水门，注意观察凝结水泵入口压力表指示逐渐升高至0kPa，方可开启检修凝结水泵入口滤网放空气门及放水门。

(2) 要严密监视运行凝结水泵入口压力、流量及电流是否正常，防止由于检修凝结水泵入口门不严，造成空气被吸到运行凝结水泵的入口，而造成运行凝结水泵因进入空气而不打水，影响机组安全运行。凝结水泵入口滤网清扫做措施时，曾发生过此种情况，应引起注意。

四、凝结水泵检修完毕投入运行注意事项

(1) 凝结水泵检修完毕恢复时，应严格按照操作顺序进行，首先应投入凝结水泵密封水，关闭滤网放水放气门及凝结水泵出口电动门前放水门，然后方可开启凝结水泵及入口滤网抽空气门。

(2) 待凝结水泵入口压力接近凝汽器内压力时，方可稍开凝结水泵入口门注水，并严密监视运行凝结水泵的运行情况。

(3) 注水完毕凝结水泵入口压力稍高于凝汽器内压力（水的静压），且不再变化时，方可全开入口电动门，并将凝结水泵出口门及凝结水泵送电，开启出口电动门，投入凝结水泵及电动机冷却水，恢复凝结水泵备用。

五、最后一台凝结水泵的停止注意事项

(1) 最后一台凝结水泵的停止，应在停机后，凝结水各用户均不需要凝结水时，且至凝汽器的所有疏水均已隔离。

(2) 排汽缸温度低于50℃时，方可停止凝结水泵，停泵前应通知凝结水精处理值班员将精处理切为旁路，防止停泵时造成精处理跑树脂。

(3) 停止变频凝结水泵时，应将另一台凝结水泵切至就地或退出连锁，以防停泵过程中，造成备用凝结水泵联启。

六、除氧器上水调门检修

除氧器上水调门出现异常需要隔离时，需要切为旁路运行，操作方法及运行注意事项如下。

（1）维持机组负荷稳定，将除氧器上水调门解手动，将凝结水泵变频转速解手动控制，就地手动缓慢开启除氧器上水旁路电动门，同时调节上水调门，维持除氧器水位稳定。

（2）调节过程中密切监视凝结水流量，发现流量大幅变化时及时调整旁路电动门和凝结水泵转速。

（3）将除氧器上水调门全关后，关闭调门前电动门，关闭时注意凝结水流量变化情况。（如果除氧器上水调门卡涩无法动作，可以手动关小上水调门前电动门，操作方法同上）

（4）除氧器上水倒至旁路运行后可将旁路电动门停电，以防止误动，除氧器上水调门检修期间加强对凝结水流量和除氧器水位的监视。

七、凝补水箱在机组运行中隔离

凝补水箱在运行中可能出现管道堵塞、泄漏等故障，因此需在机组运行中将其隔离，操作及运行注意事项如下：

（1）隔离前准备：隔离机组至高辅供汽、停止锅炉吹灰、停止连续排污、将机组凝汽器上至高水位，直至高水位报警来，同时检查闭式水箱水位正常、定冷水箱水位正常，不下降。

（2）检查汽轮机真空泵分离器液位正常，确认机组没有明显的汽水损失现象。

（3）将凝结水补充水泵、锅炉上水泵和等离子冷却水泵隔离。将凝汽器补水系统及其相关系统隔离。

（4）凝补水箱放水，当水位 2m 以下时注意汽轮机真空变化，当发现真空下降时立即恢复水箱补水。凝补水箱隔离期间，凝汽器液位下降至正常运行水位时，联系检修人员尽快结束工作，确保在凝汽器水位低报之前恢复机组补水。

（5）加强闭式水箱水位和定冷水箱水位监视，若有异常下降应立即查找并处理，同时及时补水，并通知检修人员尽快结束工作。

（6）若凝汽器水位下降过快，短时间无法补水时，应立即降低机组负荷，并将给水泵汽轮机汽源由四抽倒至辅汽。

第四节 系统常见故障与处理

一、凝结水泵汽化

1. 现象

凝结水泵入口处发出噪声，同时凝结水泵入口的真空表、出口的压力表、流量表和电流表摆动下降。凝结水上水流量下降，除氧器水位下降。备用凝结水泵可能联启。

2. 原因

凝汽器水位低，凝结水泵入口真空快速提高，凝结水泵入口漏入空气，凝结水入口滤网堵，凝结水密封水中断。

3. 处理

(1) 如果是凝汽器水位低，应立即加大凝汽器的补水，尽快恢复凝汽器水位，此时最好应解除备用泵连锁，尽量避免备用泵联启。

(2) 如果是凝结水泵入口滤网堵造成凝结水汽化出力不足，应启动备用凝结水泵，停止原运行泵。注意检查凝结水泵出力是否正常。监视调整好凝汽器及除氧器水位。

(3) 如果是凝结水密封水中断，应立即恢复凝结水泵密封水，同时检查凝结水泵是否能恢复正常，如无法恢复，应启备用泵停故障泵。

(4) 如凝结水泵入口真空快速升高引起凝结水泵汽化，应减缓凝结水泵入口真空的变化，观察凝结水泵的运行情况，如无法恢复正常，应启备用泵停故障泵。空冷机组在调节风机转速时，应缓慢进行，不应全部风机均大幅度提高转速，以免造成凝结水泵汽化。

二、凝结水泵跳闸（假设A凝结水泵运行）

1. 现象

光字报警，凝结水系统异常，凝结水压力、流量快速下降，B凝结水泵联启。

2. 处理

(1) A凝结水泵跳闸，首先应检查B凝结水泵自启，否则手启，如B凝结水泵启动不成功，检查A凝结水泵若无明显故障，跳闸前无电流冲击，就地无保护报警信号，可强行再启动一次A凝结水泵。B凝结水泵启动后检查电流是否正常，出口门是否联开，凝结水压力是否正常，检查A凝结水泵出口门是否已联关，有无倒转现象。

(2) 检查凝汽器、除氧器水位是否正常，汽动给水泵密封水压力是否正常，若凝汽器水位高，可开大除氧器上水调门向除氧器上水，同时通知化学人员检查精处理运行是否正常。

(3) 如两台凝结水泵均无法启动时，应故障停机。

(4) 凝结水系统投运时，在启动凝结水泵前，一定要用锅炉上水泵向系统注水排气，且应保证凝结水系统充水完全，空气排尽；否则，凝结水泵启动时，特别是凝结水泵工频启动，将造成凝结水管路产生很大的冲击，严重时可能造成凝结水管路损坏。

三、凝结水溶氧高

凝结水溶氧含量应≤30μg/L，如果凝结水溶氧超标会加速凝结水管道设备腐蚀及炉前热力系统铁垢的产生，降低回热设备的换热效率，同时还会影响机组的真空。

1. 造成凝结水溶氧高的原因

(1) 除盐水溶氧量高或系统补水量大。除盐水制水系统存在异常或除盐水箱密封效果不好则会造成除盐水中溶氧较高；凝结水补水系统有泄漏，如凝结水输送泵机械密封、管道法兰等不严密，会导致空气漏入系统，造成补水溶氧高。系统大量补水时，凝汽器除氧能力不足也会造成凝结水溶氧高。

(2) 凝结水泵机械密封、阀门和法兰等漏空气。凝结水泵入口管道为负压状态，若系统有不密封会导致空气漏入；凝结水泵备用时机械密封水中断或压力不足会造成机械密封吸入空气；凝结水泵机械密封损坏间隙变大，也会造成空气漏入。

(3) 凝结水泵机械密封水供水方式影响。当凝结水泵机械密封水采用凝结水输送泵供给时，会使除盐水进入凝结水泵，而除盐水溶氧较高，会导致凝结水溶氧上升。正常运行时，凝结水泵机械密封水取自凝结水母管，但凝结水输送泵启动后可能会造成除盐水也进入凝结水泵机械密封。

(4) 凝汽器疏水氧量大。排入凝汽器疏水主要有高压加热器和低压加热器疏水、轴封加热器疏水、暖风器疏水、辅汽联箱疏水、采暖疏水等。这些疏水排入凝汽器中，如果排入位置选择不当、参数不当，会造成凝结水溶氧超标。疏水系统上若存在漏点漏入空气，也会造成溶氧升高。

(5) 凝结水存在过冷度时溶于水中的气体含量增加，会使溶氧升高。

2. 处理方法

(1) 排除除盐水制水系统故障；检查除盐水箱浮顶密封是否良好，必要时增加浮顶塑料小球数量，以增大密封面积；若系统中存在泄漏，应及时隔离或涂胶密封；机组检修时应检查凝结水补水雾化喷头，必要时可进行改造，以达到出水均匀、雾化良好，加大凝结水补水和蒸汽的接触面，这样可以利用凝汽器真空除氧原理达到凝结水补水除氧效果。

(2) 对真空系统阀门、法兰的密封垫或填料老化、损坏造成的漏气应及时隔离更换，凝结水泵机械密封损坏时及时更换，对松动的部位及时紧固。凝结水泵运行或备用时机械密封水不得关闭，一路水源有故障时，立即投入另一路，机械密封水压力应控制机械密封处有少量溢出为宜。

(3) 凝结水母管压力正常后，及时将凝结水泵机械密封水切至凝结水供给，运行中无特殊情况不使用凝结水输送泵供给。凝结水输送泵启动时凝结水溶氧升高，一方面可能是补水量过大或补水雾化不好，另一方面可能是除盐水进入凝结水泵机械密封，应对凝结水泵机械密封水检查，必要时适当关小凝结水输送泵来机械密封水门。

(4) 如果有进入凝汽器疏水溶氧高，应先外排冲洗，待水质合格后再回收。如果凝结水溶氧随负荷降低而升高，可能是由于低负荷时负压区增大，而该区域存在漏点，可以对低压加热器汽侧及疏水系统、加热器事故疏水系统等进行检查。

(5) 凝结水过冷度应不超过 2℃，尤其冬季循环水温较低，循环水量过大会导致过冷度增大，应注意减少循环水量或提高循环水温，维持最佳真空。凝汽器水位过高也会导致过冷度增加，运行中应注意维持正常凝汽器水位。

四、凝结水断水

1. 凝结水断水原因

主要包括上水调门误关、精处理操作不当、低压加热器投退不当等。

2. 凝结水断水处理

(1) 检查凝结水泵运行是否正常，凝结水再循环门是否开启，5号低压加热器出口放水门是否开启，凝结水至除盐水箱门是否开启，检查凝结水流量测点是否正常。

(2) 检查是否为运行泵跳闸，备用泵未联启，手动启动备用泵一次，若不成功，检查跳闸泵若无明显损坏，跳闸前无电流冲击，就地无保护报警信号可强启跳闸泵一次。

(3) 检查除氧器上水调门、低温省煤器憋压调门、低压加热器入出口门、凝结水泵出口门等是否误关，若误关立即开启或开启旁路门。

(4) 通知化学人员检查精处理运行是否正常，若有泄漏，切至旁路运行；若为精处理切除，精处理出入口门已关闭，电动旁路门未开启，迅速去就地手动开启精处理手动大旁路。

(5) 如果发现凝结水系统有漏点，应确认能否隔离，同时注意监视除氧器及凝汽器水位，根据水位调整机组负荷，注意防止人身伤害，防止漏水至电气设备，做好防护措施。无法隔离时做好停机前准备，有主要参数无法维持时紧急停机。若为管路大量泄漏，解除凝结水泵连锁，防止凝结水泵联启导致泄漏增大。

(6) 检查轴封加热器液位变化，轴冷风机、轴封回汽是否正常，若轴封加热器液位急剧增长，立即开启轴封加热器事故放水，若水位不下降且轴封加热器回汽温度开始大幅下降，已确认轴封加热器水侧泄漏应紧急停机，同时立即停止两台凝结水泵并关闭凝结水泵出口门，关闭7、8号低压加热器入口门、旁路门，开启管路放水将轴封加热器水侧泄压，防止冷水通过轴封系统进入汽轮机。

(7) 凝结水中断短时无法恢复，除氧器水位下降较快时，可关闭锅炉上水泵至闭式水箱补水门，开启锅炉上水泵至除氧器手动门，启动锅炉上水泵，快速降低机组负荷至50MW，维持机组运行。此时凝汽器水位会快速上升，应注意监视，同时也应注意除氧器是否振动。若凝结水系统长时间无法恢复，凝汽器水位过高导致机组真空快速下降到保护值，应停机处理。

危险点：

(1) 备用凝结水泵试运时由于精处理操作不当出现过凝结水断水事件，因此所有运行人员都应知道精处理旁路门的具体位置，紧急情况下应能就地手动操作。

(2) 锅炉上水泵过电流，采用锅炉上水泵上水时应注意控制好锅炉上水泵电流，防止速度过快导致锅炉上水泵跳闸，另外也要防止大量低温凝结水进入除氧器导致除氧器振动大。

五、凝汽器冷却水管泄漏

1. 现象

凝汽器水位上升、补水量下降，凝结水电导率增大、钠离子含量增大、硬度升高等。

2. 处理

(1) 检查凝汽器水位上升，检查凝汽器补水门开度正常，除氧器上水调门开度正常，凝结水电导率上升，泄漏侧出口温度升高，检查汽轮机振动正常，排除汽轮机断叶片引起。

(2) 通知检修人员分别对凝汽器两侧循环水加锯末(以便确定哪侧泄漏),通知化学人员及时化验水质,严禁精处理退出运行。

(3) 开启5号低压加热器出口放水,开大锅炉连排,适当增大凝汽器补水,加强凝汽器换水,改善水质。

(4) 若持续泄漏,应隔离单侧凝汽器。无法判断哪侧凝汽器泄漏时,应分别隔离观察凝汽器水位情况和凝结水水质情况,以确定泄漏侧。

(5) 水质按照三级原则处理。

危险点:

(1) 汽轮机真空下降。凝汽器单侧隔离前需降低负荷至70%以下,隔离时若真空无法维持,应持续降低机组负荷直至真空稳定为止。

(2) 汽水共腾。凝汽器水质恶化会导致锅炉水质恶化,因此应开大锅炉连排,加强排污,并在锅炉中加入磷酸盐以降低硬度,防止汽水共腾。

(3) 汽轮机振动大,凝汽器单侧隔离后,可能会导致低压转子轴承振动大,因此应加强监视。

(4) 凝汽器冷却水管损坏,凝汽器单侧隔离前应保持单台循环水泵运行,防止单侧隔离后运行侧循环水超压。

六、凝汽器冷却水管堵塞

1. 现象

循环水压力升高,循环水流量降低,冷却水管出入口差压增大,凝汽器冷却水出口温度升高,胶球系统收球率下降;堵塞严重时真空下降,影响机组带负荷。

2. 处理

(1) 发现凝汽器冷却水管堵塞不严重时可启动备用循环水泵,投入胶球系统。同时加强对凝结水电导率监视,防止冷却水管泄漏,观察凝汽器真空及循环水压力变化情况。派人就地检查循环水塔前池滤网有无杂物,联系化学人员化验循环水水质。

(2) 若凝汽器冷却水管堵塞严重,为防止凝汽器超压应避免两台循环水泵运行,应查找原因,并按照凝汽器单侧隔离步骤将凝汽器隔离清扫。

思考题

1. 凝结水系统投入前检查项目有哪些?
2. 凝汽器补水如何操作?
3. 凝结水泵启动前检查项目有哪些?
4. 凝结水泵启动如何操作?
5. 凝结水泵运行检查项目有哪些?
6. 凝结水泵切换如何操作?

7. 凝结水泵停运如何操作？
8. 凝结水泵允许启动条件有哪些？
9. 凝结水泵跳闸条件有哪些？
10. 凝结水泵的隔离措施有哪些？
11. 凝结水泵隔离后如何恢复备用？
12. 凝结水系统故障如何处理？
13. 机组运行中补充水箱水位低有何危害？
14. 凝汽器为什么要有热井？
15. 使用凝结水的用户有哪些？
16. 凝结水泵出口再循环管的作用是什么？
17. 凝结水泵抽空气管的作用是什么？
18. 机组运行中凝汽器水位高是否可以用凝结泵入口放水管放水？为什么？
19. 凝汽器水位过高有什么害处？
20. 凝结水过冷度概念及维持正常值的意义是什么？
21. 凝汽器端差的概念及维持正常值的意义是什么？
22. 凝汽器冷却水管轻微泄漏如何堵漏？
23. 凝结水产生过冷却的主要原因有哪些？
24. 凝结水泵在运行中发生汽化的现象有哪些？
25. 凝汽器运行状况好坏的标志有哪些？
26. 凝汽设备的任务有哪些？
27. 轴封加热器为什么设置在凝结水再循环管路的前面？

第五章

抽汽系统及回热设备

第一节　系　统　概　述

抽汽系统的主要作用是将汽轮机的抽汽送至低压加热器、除氧器、高压加热器，以加热凝结水和给水，提高机组效率。同时抽汽系统也向给水泵汽轮机、辅汽系统提供汽源，满足给水泵汽轮机正常运行以及辅汽系统各用户的用汽需求。

一、抽汽系统及回热设备组成

抽汽回热系统主要包括高压加热器（简称“高加”）及其疏水系统、除氧器、低压加热器（简称“低加”）及其疏水系统、抽汽管道及其阀门、给水泵汽轮机供汽管道及其阀门等设备和配套部件。抽汽系统组成如图 5-1 所示。

二、抽汽系统及回热设备布置

7 号、8 号低压加热器布置在凝汽器的颈部，其抽汽管道上无电动隔离阀和抽汽止回阀，在抽汽管道临近抽汽口的位置上装有抽汽压力、抽汽温度测点，其正常疏水及事故疏水阀门均布置在汽轮机运转层 0m。

5 号、6 号低压加热器及 5、6 号抽汽电动门、止回门均布置在汽轮机运转层 6.8m。在 5、6 号抽汽管道上布置有抽汽压力、温度测点，在抽汽止回门前水平管道上下均布置了一对温度测点，用以监视抽汽管道上下壁温，以判断抽汽管道是否进水，运行中汽轮机抽汽管道上下壁温差不超过 50℃。

除氧器布置在汽轮机运转层 26m，以提高给水泵前置泵入口压力，防止前置泵入口汽化。四抽止回门及电动总门布置在汽轮机运转层 6.8m。

1～3 号高压加热器均布置在汽轮机运转层 13.7m。1 号、3 号高压加热器抽汽止回门、电动门布置在汽轮机运转层 6.8m，2 号高压加热器抽汽止回门、电动门布置在汽轮机运转层 13.7m，高排止回门布置在汽轮机运转层 0m 半空中。在 1～3 号高压加热器抽汽管道止回门前水平管道上下分别布置了一对温度测点来监视抽汽管道上下壁温，以判断抽汽管道是否进水，汽轮机抽汽管道上下壁温差不得超过 50℃。在止回门前的管路上还装有抽汽压力、抽汽温度测点。高压加热器水侧三通阀及出口电动门均布置在汽轮机运转层 13.7m。

三、抽汽系统及回热设备

（一）抽汽电动门及抽汽止回门

在 1～6 段抽汽管道上均设有抽汽电动门和抽汽止回门。抽汽电动门和止回门一般布

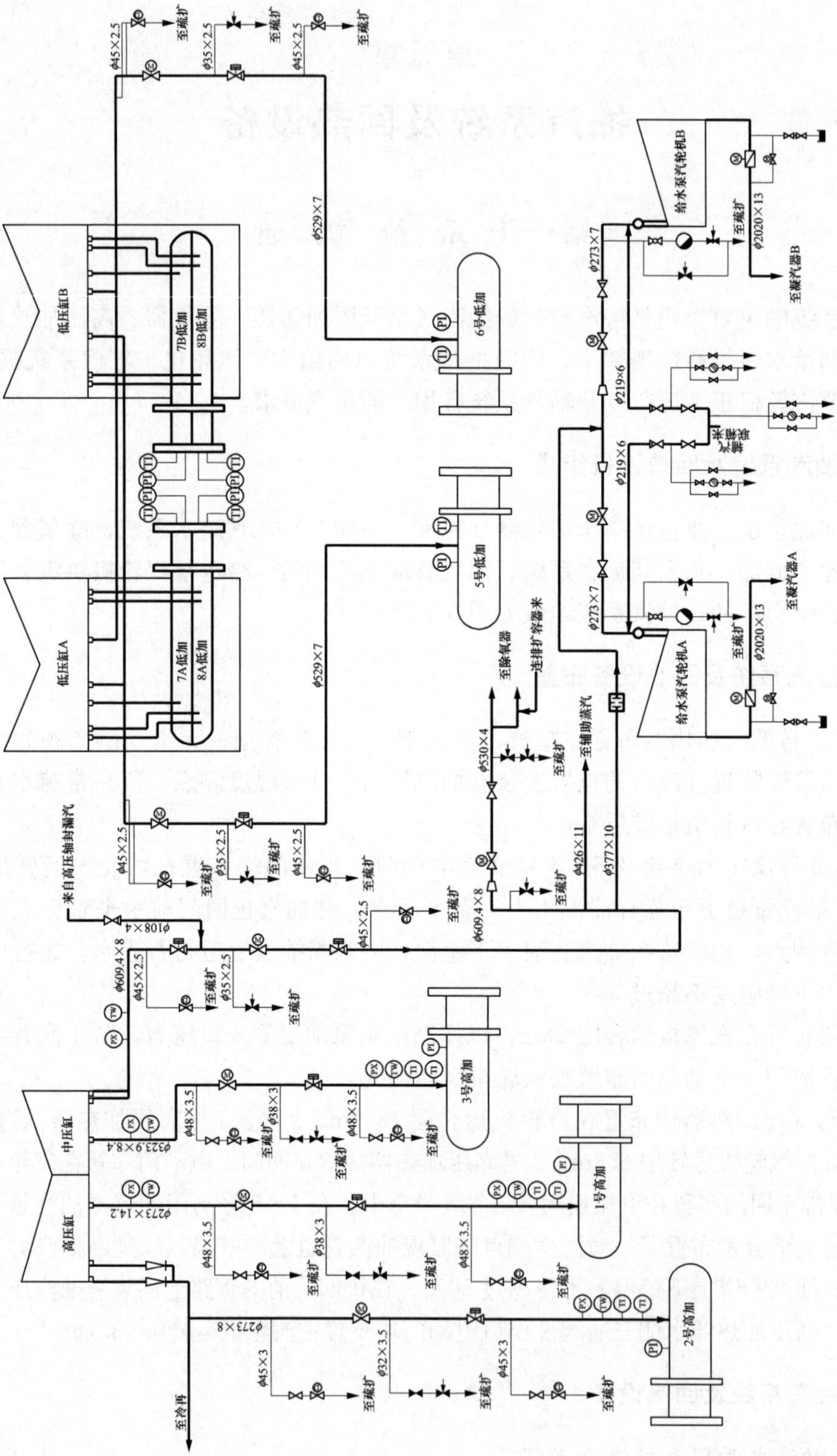
低压缸B
低压缸A
7B低加
8B低加
7A低加
8A低加
6号低加
5号低加
3号高加
1号高加
2号高加
中压缸
高压缸
给水泵汽轮机B
给水泵汽轮机A
至凝汽器B
至凝汽器A
至除氧器
连排扩容器来
至辅助蒸汽
来自高压轴封漏汽
至冷再
至疏扩
φ529×7
φ273×7
φ219×6
φ2020×13
φ530×4
φ426×11
φ377×10
φ609.4×8
φ108×4
φ45×2.5
φ35×2.5
φ48×3.5
φ38×3
φ323.9×8.4
φ273×14.2
φ273×8
φ45×3
φ32×3.5

图 5-1 抽汽系统示意图

置在靠近抽汽口位置，目的是减小中间容积和管道上存储的能量。在汽轮机跳闸后快速关闭抽汽止回门以避免管道中的蒸汽倒灌，防止汽轮机超速。抽汽管道上的电动门及止回门作为汽轮机防进水保护的一条措施，以防止加热器和除氧器满水倒入汽轮机。抽汽止回门前后及电动门后均设有疏水管路，用于抽汽管路暖管疏水用，同时也有防止汽轮机进水的作用。

1. 抽汽止回门结构特点

抽汽止回门门杆与门芯为非固定式，门芯在阀体内为自由状态，在门杆打开时，依靠介质正向流动的压力将门芯打开；依靠门杆或反向流动的压力将门芯关闭。抽汽止回门及高排止回门均装配有顶装式汽缸，汽缸的驱动杆与阀门的阀板之间没有硬连接，汽缸配有空气过滤减压器、两位三通电磁阀（可选装手动试验按钮）、快速泄放阀等附件。操纵门杆开启的动力为压缩空气，取自 6.8m 的抽汽止回门专用压缩空气储气罐，该储气罐与供抽汽止回门供汽管路之间有一个压缩空气换向阀，受汽轮机调节保安系统保安油控制，当汽轮机保安油失去（即机组跳闸时）切断供气，接通放气，使各抽汽止回门的气源失去，抽汽止回门依靠自身弹簧的力自动关闭，确保汽轮机不超速。抽汽止回门具体结构如图 5-2 所示。

抽汽止回门门芯采用双偏心阀座面，通过巧妙的几何设计使阀瓣在摆起瞬间脱离同阀座的接触，大大减少密封面磨损。双偏心锥形密封面的设计使阀门关闭后形成可靠的线密封提高了阀门的密封性能。

2. 抽汽止回门配置要求

根据保护汽轮机的要求，抽汽/高排止回门要求在系统正常时（机组运行正常，控制系统正常，仪表气源正常）阀门开启，在有异常状况时要求阀门趋于关闭，即控制系统收到机组运行异常的信号时或控制系统自身异常（供电、供气异常等）时，汽缸排气，汽缸推杆依靠弹簧向下使阀板趋于关闭。

基于以上要求，所配电磁阀为常带电型，即机组正常运行时电磁阀带电动作，气源巡图 5-2（b）所示路径进入汽缸，将汽缸弹簧压缩，汽缸驱动杆上升；机组运行异常或控制系统自身异常时，电磁阀断电或气源失气，汽缸失去气源供应从而受弹簧压缩，汽缸推杆下行，使阀门趋于关闭，如图 5-3 所示。

（二）高、低压加热器

高、低压加热器均为表面式“U”形管式加热器，全部采用卧式结构。高压加热器内部分为过热蒸汽冷却段、蒸汽凝结段、疏水冷却段；低压加热器内部分为蒸汽凝结段、疏水冷却段，以合理利用热能，尽可能减小加热器端差，提高加热器的效率。

1. 过热蒸汽冷却段

由于供给高压加热器的蒸汽一般带有较高的过热度，热交换在过热蒸汽和给水之间进行时，给水就被加热到高于或等于蒸汽的饱和温度，这样就改进了传热效果。过热蒸汽冷却段布置在给水出口流程侧，用包壳板、套管和遮热板将该段管子封闭，内设隔板使蒸汽以一定的流速和方向流经传热面以达到良好的传热效果，又避免过热蒸汽与管板、壳体等直接接触，降低热应力，并使蒸汽保留有足够的过热度，以保证蒸汽离开该段时呈干燥状

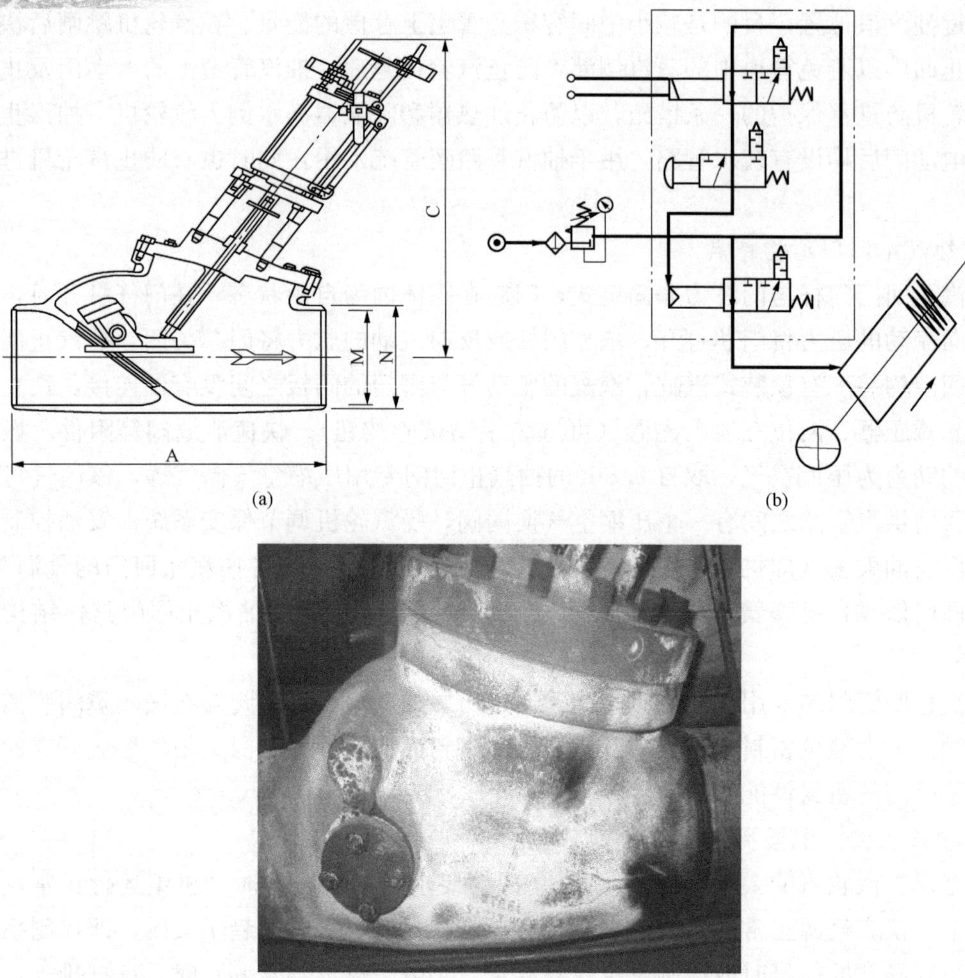

图 5-2　抽汽止回门具体结构

（a）抽汽止回门装配结构；（b）抽汽止回门供气回路；（c）抽汽止回门的整体外形图

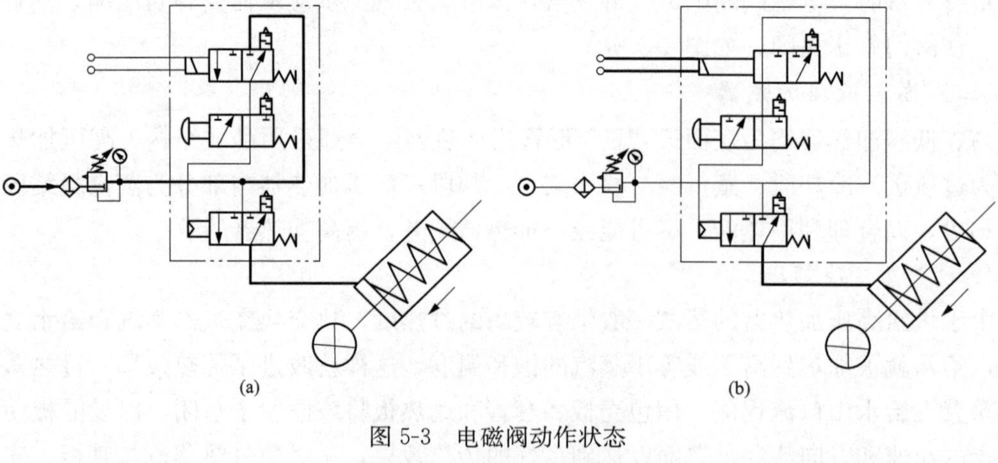

图 5-3　电磁阀动作状态

（a）电磁阀掉电状态；（b）气源异常状态

态，防止湿蒸汽冲蚀管子，它利用具有一定过热度的加热蒸汽的显热加热较高温度的给水，当给水吸收了蒸汽部分的过热热量，其温度就可升高到接近或等于、甚至超过加热蒸汽压力下的饱和温度。

2. 蒸汽凝结段

由于过热蒸汽来的饱和蒸汽在此段和给水进行热交换，通常该段的换热面积最大。蒸汽凝结段是用蒸汽凝结时放出的汽化潜热加热给水。加热蒸汽从两侧沿整个管系向心流进整个凝结段管束。不凝结气体由管束中心部位的排气管排出，排气管是沿整个凝结段设置的，确保不凝结气体及时有效地排出高压加热器，以防止降低传热效果。冷凝的疏水和上一级高压加热器来的疏水聚积在壳体的最低部位，不断地流向疏水冷却段。

3. 疏水冷却段

疏水由加热器壳体较低处的疏水进口通过虹吸的作用进入该段，在一组隔板的引导下流经管束，继续冷却放出热量来加热给水，使其温度降至饱和温度以下，继续提高机组热效率，最后从位于该段顶部上的壳体侧面的疏水口流出。

高、低压加热器的疏水采用逐级自流方式。加热器正常疏水从压力较高的上一级加热器引入至压力较低的下一级加热器。高压加热器疏水最终汇至除氧器，低压加热器疏水最终汇至凝汽器。加热器水位高时，加热器事故疏水将联开，并且将疏水直接导入凝汽器，可防止加热器满水引起汽轮机进水。

加热器的启动排汽及连续排汽指的是将加热器抽汽及疏水在冷却过程中释放的不凝结气体排出。高压加热器启动排汽在高压加热器汽侧投入时使用，并最终排至大气；低压加热器启动排汽则排至凝汽器；高压加热器连续排汽排至除氧器，低压加热器连续排汽则排至凝汽器，如图 5-4 所示。

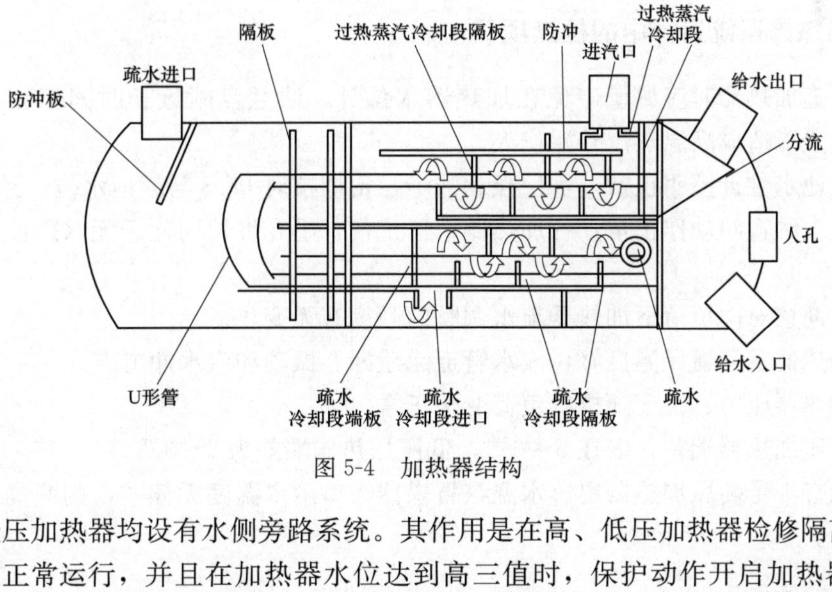

图 5-4　加热器结构

高、低压加热器均设有水侧旁路系统。其作用是在高、低压加热器检修隔离时，可以保证机组的正常运行，并且在加热器水位达到高三值时，保护动作开启加热器水侧旁路门，关闭加热器水侧出入口门，保证不中断给水及防止汽轮机进水的作用。高、低压加热器汽、水侧均设有安全阀，用以防止加热器汽、水侧超压，保护设备安全。

高压加热器给水三通阀的入口和旁路位于同一阀壳中，共用一个阀碟，二者合并起来成为三通阀。三通阀装在3号高压加热器给水入口连接管上，出口电动门装在1号高压加热器给水出口连接管上。开启三通阀后，给水通过高压加热器流入锅炉；关闭三通阀后，给水通过旁路流向锅炉，此时高压加热器解列。

第二节　系统检查及运行注意事项

加热器系统的检查包括加热器系统投运前的检查以及正常运行时的检查。

一、加热器系统投运前的检查项目

（1）确认加热器及其管道冲洗合格，有关试验合格。

（2）确认系统各气动门控制气源投入正常。

（3）确认各疏水阀动作正常。

（4）投入所有表计、液位开关、变送器，疏水调节系统和液位报警系统工作正常。

（5）确认加热器充氮保护系统隔离，加热器所有放水门关闭。

（6）稍开低压加热器启动放气至排汽装置门，确认低压加热器连续放气至排汽装置一、二次门关闭。

（7）确认高压加热器连续排气至除氧器门关闭。

（8）稍开高压加热器启动排气门。

（9）确认加热器正常疏水阀前后截门开启，事故疏水阀前后截门开启。

（10）确认抽汽止回门关闭，抽汽止回门前后疏水阀开，抽汽电动门关闭，抽汽电动门后疏水开启。

二、加热器系统运行中的检查项目

就地检查加热器时应尽量避免在加热器水位计、法兰盘附近长时间停留，以免水位计、法兰盘泄漏造成高温蒸汽外漏伤人。

（1）就地水位计照明正常，水位显示清晰，定期校对DCS与就地水位一致。

（2）疏水调整门动作正常，各加热器水位正常，不允许长期处于无水位或最低水位线以下运行。

（3）定期核对同负荷下加热器疏水调整门开度有无变化。

（4）加热器及管道保温良好，汽水管道无泄漏、振动和汽水冲击声。

（5）加热器压力、温度随机组负荷变化正常。

（6）高压加热器端差一般在5～6℃，低压加热器端差为2～3℃。

（7）检查1号高压加热器出口水温与省煤器入口给水温度无偏差，判断高压加热器旁路是否内漏。

三、加热器系统各参数变化原因及其影响

1．疏水水位

加热器正常运行时，应控制其疏水水位在正常范围内。若加热器水位过高，其传热面

会被水淹没，使传热面积减少，传热效果下降，蒸汽不能及时凝结，造成加热器汽侧压力升高，给水温度下降，从而影响机组的安全经济运行。若加热器水位过低，将引起疏水带汽，蒸汽流入下一级加热器中放出潜热，排挤低压抽汽，从而降低了机组的热力经济性。

2. 汽侧压力和出口水温

在运行中，如加热器内的汽侧压力比抽汽压力低得多时，加热器出口水温就会下降，回热效果降低，其原因一般是进汽阀或止回阀未开足，造成抽汽管道上节流损失增大。

3. 加热器负荷

加热器不允许超负荷运行，因为超负荷运行会使流过管束的蒸汽和水的流速大大增加，对加热器传热面的冲刷加剧，并使管束振动而导致损坏。对于高压加热器还应注意负荷和疏水调节阀之间的关系。当负荷未变而疏水调节阀的开度增加时，管束就有可能出现轻度泄漏，此时要停运高压加热器，以防止压力水对邻近管束的冲刷。

四、加热器异常运行注意事项

（一）加热器泄漏运行注意事项

（1）加热器泄漏可能会引起加热器水位升高、正常疏水及事故疏水调门开大、加热器入口水流量增加、出口水流量减小、入口水流量大于出口水流量等现象。泄漏加热器的出口水温降低，根据泄漏部位的不同，疏水温度可能降低，也可能升高。

（2）加热器泄漏时，应及时停止其运行。停运漏泄加热器前应适当降低机组负荷，同时注意调整凝汽器、除氧器、汽包水位至正常。如加热器泄漏，导致水位上升无法控制时要立即将加热器的汽侧及水侧解列，同时密切注意抽汽管上下壁温测点的变化、汽轮机上下缸温差及振动变化情况。若确定汽轮机进水发生水冲击，立即按照有关规定作紧急停机处理。加热器严重满水时可能对汽轮机造成水冲击，可能会导致汽轮机断叶片、大轴弯曲等事故的发生。所以发现加热器泄漏时应及时停运，避免泄漏突然增大造成加热器满水，引起汽轮机水冲击事故的发生。

（3）泄漏加热器停运时，只有确认水侧完全隔离后，才允许隔离汽侧疏水。隔离加热器水侧，加热器水侧倒旁路时，应就地确认阀门状态，同时注意给水或凝结水流量的变化，防止断水事故的发生。

（4）加热器检修前必须就地确认加热器出入口电动门及抽汽电动门确已完全关闭，然后断开各电动门的电源开关，加热器的汽水侧至有压放水门应关闭校严，至无压放水、放空门应全开且已无汽水流出，汽水侧温度降至85℃以下时方可检修，以免由于措施不到位，汽水未放尽，造成检修人员烫伤。

（二）加热器阀门故障

加热器的阀门故障一般包括疏水调门卡涩、给水三通阀阀芯脱落以及阀门不能开关到位等。

1. 疏水调门卡涩

疏水调门卡涩一般可根据加热器水位及调门的指令与反馈的偏差综合判断，调门卡涩时应就地确认调门气源是否正常，并解除自动，手动进行活动。若活动无效，应联系检修人员进行检查处理，同时将调门指令与反馈置为一致，防止调门误动作。此时可用加热器事故疏水来控制水位。

2. 给水三通阀阀芯脱落

给水三通阀阀芯脱落可根据加热器出口水温与省煤器入口水温的偏差来进行判断。若阀芯脱落将造成一部分给水不经过高压加热器，而直接经过旁路进入锅炉，导致省煤器入口水温明显低于高压加热器出口水温。同时由于进入加热器的给水量减少，导致冷却能力下降，凝结蒸汽量减少，加热器疏水调门相应关小。给水三通阀故障时，应尽快申请停机处理，以免此时高压加热器泄漏时，水侧无法隔绝，如泄漏量较大，加热器疏水不能及时排出，将造成高压加热器满水，处理不及时，将造成汽轮机水冲击或加热器汽侧超压爆破的严重事故，威胁人身及设备安全。

3. 阀门不能开关到位

如遇阀门不能开关到位时，应就地确认其实际开度，不能盲目操作，以免造成主旁路切换时断水事故的发生。加热器检修完毕水侧注水一定要排尽空气，同时要控制好进水速度和加热器的出口温度变化率，防止产生过大的热应力，只有在加热器内确已充满水，水侧压力升至正常后方可全开加热器出入口门，否则将造成严重的汽水冲击，引起管路及加热器强烈振动，造成设备损坏。

第三节 系统主要操作

常见的操作有：①高、低压加热器投运；②高、低压加热器停运；③抽汽止回门活动试验。

一、加热器禁止投入条件

（1）加热器泄漏。

（2）抽汽止回门卡涩不能正常开关。

（3）加热器水位保护动作不正常。

（4）加热器水位控制不正常。

（5）加热器就地水位计、水位开关、水位变送器故障。

二、加热器投停运原则

（1）新安装或检修后的加热器安全门，需经校验合格方可投入运行。

（2）加热器投运时，先投水侧再投汽侧；停运时，先停汽侧再停水侧。低压加热器在凝结水系统注水时投运水侧，高压加热器在锅炉上水时投入水侧，完成低压下注水投运。

（3）低压加热器进、出口门开启，当全开后，关闭旁路门，低压加热器水侧投入。

（4）高压加热器水侧进、出口门全开后，高压加热器水侧投入。

（5）高、低压加热器水侧停运步骤与投运步骤相反。

（6）中压缸启动时低压加热器在机组冲转至1500r/min时随机滑启，高压加热器在机组切缸后投入。高压缸启动时，高、低压加热器随机滑启。投高压加热器时应遵循从低压到高压的原则，停时相反。

（7）加热器投停过程中应严格控制低压加热器出水温度变化率小于2℃/min，高压加热器出水温度变化率小于1.15℃/min。以防由于热应力过高使换热管与管板连接处的焊接头及管板边缘处产生裂纹。

三、高、低压加热器投运注意事项

首先，投运高、低压加热器水侧。关闭加热器水侧所有放水门，然后进行加热器水侧注水排气。如是正常启机时投运水侧，低压加热器可以用除氧器上水调门控制注水速度；如是加热器检修后投运，应稍开加热器水侧入口门进行注水排气。

当水侧压力达到正常值后，关闭加热器正常疏水及事故疏水调门。根据加热器汽侧水位变化情况，判断加热器有无泄漏，确认无泄漏后，方可全开加热器水侧入口、出口门，关闭水侧旁路门。在加热器水侧投运的过程中，必须缓慢注水排气，同时控制好加热器出口水温变化率。

其次，投运高、低压加热器汽侧。检查疏水调门前后手动门均开启正常，汽侧所有放水门关闭，关闭正常疏水调门，将事故疏水调门投入自动用以控制加热器水位，开启所投加热器的抽汽止回门，稍开所投加热器的抽汽电动门暖加热器，同时控制好加热器出口水温变化率。

当抽汽电动门全开后，关闭抽汽管路疏水，投入正常疏水调门自动，设定正常水位，将事故疏水自动设定值适当提高到接近加热器水位高一值。在投运高压加热器汽侧时，虚假水位的存在将容易导致加热器水位高保护动作。

（一）运行中低压加热器的投入

（1）稍开低压加热器水侧入口门，开启低压加热器水侧管道放空气门见水后关闭，水侧压力达到凝结水压力检查低压加热器无泄漏后，全开低压加热器水侧入口、出口门，关闭水侧旁路门，检查凝结水流量无变化。

（2）关闭正常疏水调整门，事故疏水调整门投入自动，设定水位至正常值，开启所投低压加热器抽汽止回门，稍开所投低压加热器抽汽电动门暖低压加热器，控制低压加热器出水温度变化率小于2℃/min。

（3）逐渐全开低压加热器抽汽电动门，关闭抽汽管道疏水门。开启连续排气门，关闭启动排气门。检查低压加热器水位正常，正常疏水调整门投自动，设定水位至正常值，提高事故疏水水位设定值，检查正常疏水调整门逐渐开启，事故疏水调整门自动关闭，注意排汽装置真空的变化。

（二）运行中高压加热器的投入

（1）开启高压加热器水侧注水一道门，缓慢开启高压加热器水侧注水二道门高压加热器注水，控制高压加热器出入口水温变化率不大于1.15℃/min，开加热器管道水侧放空气门见水后关闭，水侧压力达到给水压力时检查高压加热器无泄漏后，全开高压加热器水侧出口门，后开联程阀，检查给水流量无变化，关闭注水二道门、一道门。

（2）关闭正常疏水调整门，事故疏水调整门投入自动，开启投运高压加热器的抽汽止回门，稍开投运高压加热器的抽汽电动门暖高压加热器，严格控制高压加热器出水温度变化率不大于1.15℃/min。

（3）逐渐全开投运高压加热器的抽汽电动门，关闭抽汽管道疏水门。开启连续排气门，关闭启动排气门。检查高压加热器水位正常，正常疏水调整门投自动，设定水位至正常值，提高事故疏水水位设定值，检查正常疏水调整门逐渐开启，事故疏水调整门自动关闭，关闭高压加热器事故疏水电动门，检查除氧器、排汽装置水位调整正常。

四、高、低压加热器停运

首先，停运加热器汽侧。停运前，按"加热器解列限负荷"的要求降低机组负荷，以防止汽轮机通流部分过负荷。应按照抽汽压力由高到低的顺序逐个停用。将加热器疏水倒至凝汽器，逐渐关闭加热器抽汽电动门，检查抽汽管道疏水联开正常，控制好加热器出口水温变化率。待抽汽电动门全关后关闭抽汽止回门，此时可关闭加热器正常、事故疏水调门进行加热器查漏。

其次，停运加热器水侧。首先开启加热器水侧旁路门，然后关闭其进、出口门。如需停运高压加热器水侧，必须先将三台高压加热器的汽侧停运，方能关闭高压加热器水侧入口联程阀及高压加热器出水门。

加热器停运检修，对加热器水侧进行放水消压时，应先开有压放水，待水侧压力接近于零且不再下降时，关闭有压放水，开启加热器水侧的无压放水门，将加热器内存水放尽。此时可开启加热器水侧放空气门，以确认加热器水侧确已无水无压。

加热器汽侧放水开启前，应关闭加热器进汽电动门后疏水门、加热器事故疏水手动门（低压加热器正常及事故疏水手动门均应关闭）、防止开启汽侧放水时造成机组真空下降，若发现真空下降立即关闭汽侧放水门及放空气门。检查加热器汽水侧均无汽、水且加热器壳体及管道最高温度小于85℃后方可检修。

（一）高压加热器停运

（1）高压加热器停运前，按主机规程中"加热器解列限负荷"的要求降低机组负荷。

（2）开启高压加热器事故疏水电动门，降低上一级高压加热器事故疏水调整门水位设定值，检查其开启，上一级高压加热器正常疏水自动关闭后解手动。

（3）降低停运高压加热器事故疏水调整门水位设定值，检查其开启，停运高压加热器正常疏水自动关闭后解手动。

（4）逐渐关闭高压加热器抽汽电动门，检查抽汽管道疏水联开正常，高压加热器出水温降速度不大于1.15℃/min。

（5）抽汽电动门全关后关闭抽汽止回门。

（6）根据情况将高压加热器各疏水调门关闭，进行高压加热器查漏。

（7）如需停运高压加热器水侧，将三台高压加热器汽侧停运后，关闭高压加热器水侧入口联程阀，关闭高压加热器出水门，注意高压加热器水位变化。

（二）若高压加热器因故障需检修

若高压加热器因故障需检修时，则在高压加热器停运后应该：

（1）关闭停运高压加热器正常疏水门、事故疏水门及前后截门，关闭停运高压加热器启动排气及连续排气门。

（2）关闭高压加热器进汽电动门后疏水门。

（3）开启汽、水侧放水门消压，注意机组真空变化。汽、水侧压力降到零后，关闭至有压管道放水门，开启无压放水门，检查无汽、水且高压加热器壳体及管道最高温度小于85℃后通知检修人员。

（三）低压加热器停运

（1）低压加热器停运前，按主机规程中“加热器解列限负荷”的要求降低机组负荷。

（2）降低上一级低压加热器事故疏水调整门水位设定值，检查其开启，上一级低压加热器正常疏水自动关闭后解手动。

（3）降低停运低压加热器事故疏水调整门水位设定值，检查其开启，停运低压加热器正常疏水自动关闭后解手动。

（4）逐渐关闭低压加热器抽汽电动门，检查抽汽管道疏水联开正常，低压加热器出水温降速度不大于3℃/min。

（5）抽汽电动门全关后关闭抽汽止回门。

（6）根据情况将低压加热器正常、事故疏水调门关闭，进行低压加热器查漏。

（7）开启停运低压加热器水侧旁路门，关闭其出、入口门。

（四）若低压加热器因故障需检修

若低压加热器因故障需检修时，则在低压加热器停运后应该：

（1）关闭停运低压加热器正常疏水门、事故疏水门及前后截门，关闭停运低压加热器启动排气及连续排气门。

（2）关闭低压加热器进汽电动门后疏水门。

（3）开启汽、水侧放水门消压，注意机组真空变化。汽、水侧压力降到零后，关闭至有压管道放水门，开启无压放水门检查无汽、水且低压加热器壳体及管道最高温度小于85℃后通知检修人员。

（五）加热器紧急停运条件

（1）加热器汽水管道及阀门等爆破，危急人身及设备安全时。

（2）加热器水位升高，处理无效，达到保护动作值时。

（3）所有水位指示均失灵，无法监视水位时。

（六）低压加热器紧急停运操作

（1）关闭低压加热器进汽电动门及抽汽止回门，检查抽汽管道疏水门联开。

（2）开启低压加热器旁路门，关闭进水门和出水门，检查凝结水流量正常。

（3）若低压加热器因泄漏停运后，水位仍不下降，立即校严水侧出、入口门。

（七）高压加热器紧急停运操作

（1）关闭高压加热器进汽电动门及抽汽止回门，检查抽汽管道疏水门联开。

(2) 关闭高压加热器入口联程阀和出水门，检查给水流量正常。

(3) 关闭3号高压加热器疏水至除氧器调整门。

(4) 若高压加热器因泄漏停运后，水位仍不下降，立即校严水侧出、入口门。

五、抽汽止回门活动试验

在机组长时间正常运行，抽汽用户也一直正常的情况下，抽汽止回阀将长时间处于开启位置不动，为了检查执行器是否动作，可以人为地从控制系统给出一个关闭信号（电信号）或切断阀门空气过滤减压器前的关断阀，即抽汽止回门活动试验，同时派人在现场查看执行器是否有动作。（注意，在正常运行时，即使有关闭信号，由于内部阀板受到蒸汽的推力大于执行器所提供的压力，执行机构也无法将阀门完全关闭，只能看到推杆略微向下移动，即有关闭阀门的趋势。）高排止回门也有相似的结构和运行原理。

抽汽止回门活动试验是按照定期试验要求对各抽汽止回门进行活动性试验，以保证事故状况下能迅速关闭。试验时机组负荷一般控制在90%负荷以下，每一抽汽止回门应分别试验，压力由低到高。试验时要迅速，以免影响机组热力系统的运行稳定。试验时应有专人在就地检查止回门动作情况，试验过程中应监视好加热器的水位变化，防止造成加热器切除。一至三段抽汽压力较高，抽汽止回门活动试验时，可能关不到位，就地确认止回门确已动作即可。

一般情况下，抽汽止回门关闭后马上开启，时间很短对加热器影响不大。但由于四抽带给水泵汽轮机做功，做四抽止回门试验时，很容易造成给水泵汽轮机转速失控，影响汽包水位，所以一般情况下四抽止回门活动试验在机组运行时不做。

思考题

1. 加热器禁止投入条件有哪些？
2. 加热器投停操作原则有哪些？
3. 加热器投运前检查项目有哪些？
4. 运行中低压加热器的投入如何操作？
5. 运行中高压加热器的投入如何操作？
6. 加热器运行检查项目有哪些？
7. 低压加热器停运如何操作？
8. 高压加热器停运如何操作？
9. 加热器紧急停运条件有哪些？
10. 低压加热器紧急停运如何操作？
11. 高压加热器紧急停运如何操作？
12. 抽汽止回门活动试验有何要求及注意事项？
13. 高压加热器为什么要设置水侧自动旁路保护装置？其作用是什么？对保护有何要求？

14. 高压加热器管束泄漏应如何处理?
15. 试述高压加热器汽侧安全门的作用。
16. 表面式加热器的疏水方式有哪几种?高压加热器疏水是如何布置的?
17. 高压加热器为什么要装注水门?
18. 低压加热器的疏水是如何布置的?
19. 机组正常运行中低压加热器水侧旁路门未关严有什么影响?
20. 低压加热器汽侧连续排气门有什么作用?
21. 简述高压加热器的结构组成。
22. 什么是高压加热器的上、下端差?
23. 高压加热器水位高三值时，保护动作内容有哪些?
24. 机组运行中，低压加热器全部解列，对机组运行有什么影响?
25. 高压加热器水侧管道发生泄漏有哪些现象?
26. 高压加热器水位过低运行有何坏处?
27. 高压加热器满水的现象有哪些?
28. 高压加热器满水的危害有哪些?
29. 高压加热器满水时如何处理?
30. 影响加热器正常运行的因素有哪些?
31. 高压加热器水侧投用前为什么要注水?如何判断其是否正常?
32. 高、低压加热器退出运行时对机组负荷有何要求?
33. 机组高负荷投高压加热器注意事项有哪些?
34. 机组高负荷事故解列高压加热器注意事项有哪些?

第六章

轴　封　系　统

第一节　轴封系统概述

一、系统简介

大型机组都采用具有自动调节装置的闭式轴封蒸汽系统，不同机组的轴封蒸汽系统各不相同，但其设计原理基本一致。按供汽的方式可分为外来汽源供汽及自密封供汽两种形式。1000MW 机组上广泛采用自密封轴封蒸汽系统，即在机组正常运行时，由高、中压缸轴端汽封的漏汽经喷水减温后作为低压轴封汽封供汽的汽轮机轴封系统，多余漏汽经溢流站溢流至低压加热器或凝汽器。

该系统由轴端汽封的供汽、漏汽管路，主汽阀和主汽调节阀的阀杆漏汽管路，中压联合汽阀的阀杆漏汽管路以及相关设备组成。

轴封供汽采用三阀系统，即在汽轮机所有运行工况下，供汽压力通过三个调节阀即主蒸汽供汽调节阀、辅助汽源供汽调节阀和溢流调节阀来控制，使汽轮机在任何运行工况下均自动保持供汽母管中设定的蒸汽压力。此外，为满足低压缸轴封供汽温度要求，系统中设置了温度控制站，即在低压轴封供汽母管上设置了一台喷水减温器，通过温度控制站控制其喷水量，从而实现减温后的蒸汽满足低压轴封供汽要求。

为了保证主蒸汽供汽站、辅助汽源供汽站在机组正常运行中始终处于热备用状态，在调节阀前设有带节流孔板的旁路。

该系统还设置了一台轴封冷却器及两台轴抽风机，用于抽出最后一段轴封腔室漏汽，并维持该腔室微负压运行。

为了防止杂质进入轴封，各供汽支管上设有 Y 形蒸汽过滤器。系统供汽母管还设有一只安全阀，以防止汽封供汽母管压力过高。

轴封系统的作用主要有：

（1）防止汽缸内蒸汽和阀杆漏汽向外泄漏，污染汽轮机房环境和轴承润滑油油质。

（2）防止机组正常运行期间，高温蒸汽流过汽轮机大轴，使其受热从而引起轴承超温。

（3）防止空气漏入汽缸的真空部分。在机组启动及正常运行期间，保证凝汽器抽真空效果及真空度。

（4）回收汽封和阀杆漏汽，减少工质和能量损失。

如图 6-1 所示，轴封蒸汽系统有二路汽源：一路来自辅助蒸汽系统，作为机组冷态启动时向轴封系统供汽；另一路由主蒸汽经调节阀降压后对轴封系统进行供汽，作为机组热

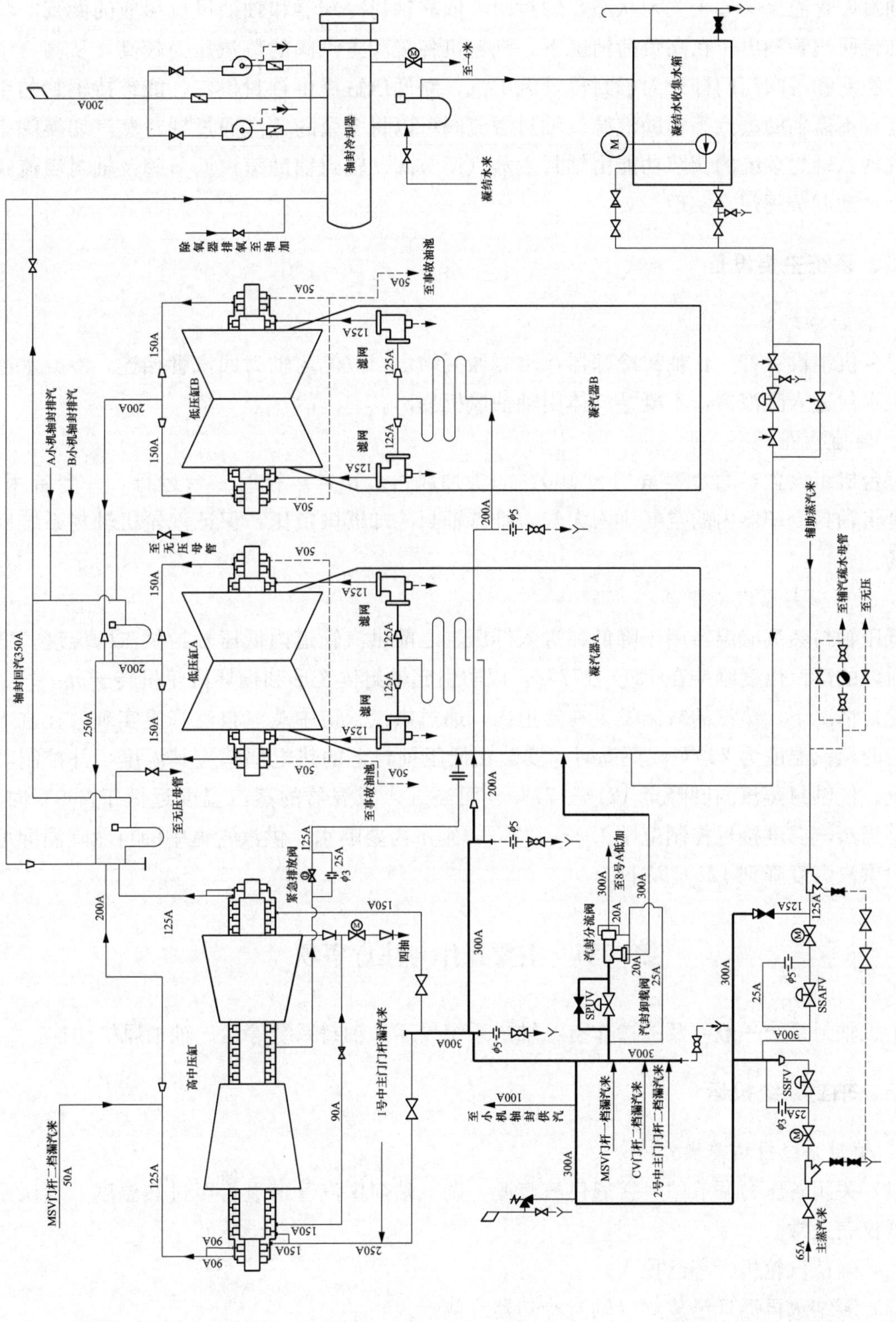
轴封冷却器
凝结水收集水箱
凝结水来
至-4米
除氧器排氧至轴加
低压缸B
低压缸A
凝汽器B
凝汽器A
高中压缸
轴封回汽350A
A小机轴封排汽
B小机轴封排汽
至无压母管
至事故油池
滤网
紧急排放阀
四抽
汽封分流阀
至8号A低加
汽封卸载阀
SPUV
SSAFV
SSFV
辅助蒸汽
主蒸汽
至辅汽疏水母管
至无压
MSV门杆二档漏汽来
1号中主门门杆漏汽来
MSV门杆一档漏汽来
CV门杆二档漏汽来
2号中主门门杆二档漏汽来
至小机轴封供汽

图 6-1　轴封系统示意图

态启动时轴封供汽。

在机组启动初期或低负荷运行阶段，轴封蒸汽压力由各压力调节阀控制在恒定值。此时，轴封母管溢流阀处于关闭状态，轴封回汽依靠轴封冷却器和轴抽风机形成的微真空状态经轴封回汽管抽出。在高负荷情况下，汽轮机各级和主汽阀的蒸汽压力较高，从高、中压轴封腔室和各阀门门杆处向轴封母管倒供汽，对低压缸提供轴封供汽，能维持轴封的用汽平衡，不需辅助蒸汽等辅助汽源。轴封溢流阀可以将多余的蒸汽通过轴封蒸汽切换阀排至凝汽器。轴封系统的调节功能由轴封主蒸汽调节阀、轴封辅助蒸汽调节阀及轴封溢流阀这三个自动调节阀门来实现。

二、系统主要设备

1. 轴封冷却器

每台机组设置有一台轴封冷却器，水侧通凝结水，汽侧与轴封回汽管相连，冷凝水通过多级水封进入凝汽器，不凝结气体由轴抽风机抽出。

2. 轴抽风机

每台机组设置有两台容量均为100％的轴抽风机。正常运行时一台运行，一台备用。作用是将轴封冷却器内的空气排入大气，维持轴封冷却器微负压，保证汽轮机轴封系统回汽通畅。

3. 低压轴封蒸汽减温器

低压轴封蒸汽减温器用于降低在进入低压缸之前供汽管道内低压轴封供汽的温度。低压轴封内的蒸汽温度维持在121～177℃，以防引起轴封体变形和损坏汽轮机转子。

正常情况下，蒸汽的减温发生在管道内，通过供汽管道中蒸汽自然降温实现。在进入减温器的蒸汽温度为260℃或更高时，安装在低压轴封上的热电偶感应其温度，并控制喷水系统，使轴封蒸汽温度降至121～177℃。而当进入减温器的蒸汽温度远低于260℃时，特别是当蒸汽温度接近控制范围121～177℃，则不需要喷水。供汽管道中的自然降温即可使轴封供汽温度降到121℃以下。

第二节　主要操作与注意事项

主机轴封系统一般涉及的操作有：轴封系统投运、轴封系统停运、轴抽风机切换。

一、轴封系统投运

1. 轴封系统投运前操作

(1) 关闭各压力调节站，接通供汽汽源，调节站前供汽管道暖管至过热温度，确认系统仪器仪表正常。

(2) 确认汽轮机盘车已投入。

(3) 凝结水再循环已建立（轴封冷却器水侧投入)。

(4) 打开各压力调节阀及温度调节阀前后的手动和电动截止门。

（5）接通气动调节阀供气气源，以及相应的供电电源。

（6）开启轴抽风机及其进汽管路手动蝶阀，风机正常投入运行，汽封回汽腔室维持负压。

2. 启动及正常运行规定

启动阶段，汽封系统采用辅助汽源站供汽，辅助汽源蒸汽参数：冷态启动时温度为180～260℃，热态启动时温度为300～371℃。开启辅助汽源供汽站调节阀管路上的电动截止阀，供汽系统正常投入，并按下述步骤自动运行：

（1）盘车、冲转及低负荷阶段。汽封供汽来自辅助汽源，由辅助汽源供汽调节阀控制供汽母管压力。

（2）自密封阶段。随着机组负荷增加，高中压缸轴端漏入供汽母管的蒸汽量将超过低压缸轴端汽封所需的供汽量。供汽站的调节阀自动关闭，溢流站调节阀自动打开，将多余的蒸汽通过溢流控制站排至汽轮机侧末级低压加热器。

（3）若末级低压加热器发生事故或停运，可将多余蒸汽排至凝汽器。至此，汽封系统进入自密封状态。

3. 机组甩负荷时注意事项

机组甩负荷时，分以下两种情况处理：

（1）若机组辅助汽源蒸汽温度达到300～371℃要求，汽封供汽母管压力降至正常值以下时，溢流调节阀关闭，汽封供汽由辅助汽源站供给。

（2）若机组辅助汽源参数达不到要求，此时必须关闭辅助汽源站调节阀前的电动截止阀。当汽封供汽母管压力降至正常值以下时，溢流调节阀早已自动关闭，主蒸汽供汽调节阀自动打开，供汽由主蒸汽供汽站供给。

温度调节站的投运。在所有运行工况下，温度调节站均自动维持低压汽封腔室处的温度在121～177℃范围内。

4. 旁路阀的投运注意事项

当辅助汽源供汽调节阀的节流压力低于额定值的25%时或汽封磨损后启动汽轮机时，为了获得足够的蒸汽流量来密封汽轮机，则开启辅助汽源站旁路阀以补充蒸汽，当节流压力高到能自动保持汽封用汽时，旁路阀关闭。如果旁路阀仍开启着，剩余蒸汽将通过溢流阀自动排入低压加热器或凝汽器。这种情况对汽轮机运行无任何影响，但将使电厂效率略有降低。

二、轴封系统停运

机组停运后由于汽缸内无蒸汽，将造成轴封系统用汽量急剧增加，监视不到位可能造成轴封压力大幅下降，因此机组停运过程中应注意：

（1）机组停运过程中应适当提高辅汽至轴封系统供汽量，适当提高轴封母管压力，防止轴封母管压力大幅下降。

（2）真空到零后方可停止轴封系统供汽。

（3）停止轴封系统供汽前需手动校严轴封减温水门。

三、轴封系统投停注意事项

（1）投轴封前选择轴封供汽温度与汽缸金属温度相匹配：冷态为150～260℃；热态为208～375℃。冷态启动由辅汽供轴封，热态启动时，主汽过热度大于50℃，由主汽供轴封，若由辅汽供时，辅汽温度尽可能接近高中压缸排汽金属温度。

（2）投轴封前，必须对供汽管道进行充分疏水暖管，使疏水排尽。

（3）禁止在转子静止状态下送轴封。若盘车故障，转子停转后，应破坏真空，停运轴封系统。

（4）汽轮机热态启动时，必须先送轴封，后抽真空。

（5）汽轮机真空到零后，方可停止轴封系统。

（6）启停机过程中，重点监视轴封压力、温度，防止汽轮机进冷汽、冷水。

（7）温态、热态启动送轴封前关闭高中压缸前后轴封供汽手动门，轴封供汽母管温度大于208℃后方可开启。

四、轴抽风机切换

因系统设计原因，长期备用后的轴抽风机出口管道会有大量积水。在启动时经常出现过电流跳闸的情况，因此定期切换风机时要求先关闭备用风机入口门，待启动正常，轴抽风机电流下降至空载值时，再开启入口门，避免启动失败。

第三节　轴封供汽系统检查及异常处理

一、轴封供汽系统检查

（1）轴封供汽母管压力、温度正常，低压轴封供汽温度正常。

（2）轴抽风机运行正常，调整轴抽风机入口门开度维持微负压状态，使汽轮机各端部汽封不因吸气导致真空严密性不合格且汽轮机各端部汽封不冒汽。

（3）检查轴封供汽联箱温度正常，有一定的过热度。

（4）机组在盘车状态，轴封系统投运期间轴封母管最低点疏水门应稍微开启，防止轴封母管积水。

（5）停炉后，若轴封系统仍投运时，当主汽过热度小于50℃前关闭主汽至轴封供汽电动门。

二、轴封系统蒸汽压力异常

轴封系统比较常见异常有：轴封系统蒸汽压力异常、轴封系统蒸汽温度异常。

1. 压力过高易造成轴封蒸汽外泄

主要原因是轴封系统供汽压力太高、轴封回汽不畅（如轴封冷却器负压偏低、轴封回汽阀未全开等）。轴封汽压力太高将有可能造成轴承箱进汽或进水，从而使润滑油受到污染。因此在巡检汽轮机油系统时要注意检查汽轮机回油观察窗是否有水，如发现油系统进水则应加强滤油。

2. 压力过低轴端吸入空气

主要原因是轴封系统供汽压力太低或轴封母管卸荷阀误动。在热态、极热态启机的低负荷阶段，低温的空气经高温轴封段而吸入汽缸，使高温轴封段急剧冷却、高温汽缸以较高温降速率进行冷却。这种冷却的后果有两方面：一是在转子高温轴封段将产生巨大的热应力，严重时会导致大轴弯曲；二是可能造成汽缸内外壁负温差及上下缸温差超限，使汽缸发生不同程度的变形。

在停机的低负荷阶段，空气内吸同样将使高温金属产生不同程度的热应力，使汽机寿命产生额外消耗。因此，无论在何种工况下，空气内吸均将导致高压缸、中压缸胀差的缩小。这在缸温较高的情况下应尤其注意；空气内吸还有可能将外部的杂物（如保温材料）吸入轴封腔室，吸入的杂物可能会嵌在动静间隙间引起机组的振动。

三、轴封系统蒸汽温度异常

轴封系统温度过高，对高、中压缸轴封而言（尤其是机组冷态启动），不仅会产生额外的热应力，而且可能对机组胀差控制造成困难。

轴封系统温度过低，对高、中压缸轴封而言是一个冷却过程，会产生热应力，同时使高、中压缸胀差缩小。在热态、极热态启动时应尤其注意。

轴封系统蒸汽温度过低时应分析温度低的原因。检查是否由疏水不畅或轴封回汽管堵塞等原因引起，应及时处理，以免造成汽轮机轴封骤冷，造成更严重的安全事故。

思考题

1. 轴封系统供汽联箱有哪几路汽源？在汽轮机运转层什么位置？
2. 低压轴封减温水投入后低压轴封温度不下降的原因有哪些？
3. 机组启动前向轴封送汽要注意什么问题？
4. 为什么规定转速、真空到零后才停止轴封供汽？
5. 轴封系统供汽带水对机组有何危害？应如何处理？
6. 投运轴封系统的具体步骤是什么？
7. 停运轴封系统的具体步骤是什么？
8. 投、停轴封系统有何注意事项？
9. 轴封冷却器的疏水如何布置？
10. 汽轮机轴封系统供汽压力高、低的危害有哪些？

第七章

汽轮机油系统

第一节　系统概述

一、汽轮机润滑油系统

润滑油系统的作用是为汽轮发电机组的各支承轴承、推力轴承及盘车装置提供润滑油，并带走轴承内摩擦产生的热量及转子传来的热量，为发电机氢气密封油系统提供密封油及启动用密封油、为汽轮机危机保安器提供复位及注油试验用油、为顶轴油系统提供工作用油。润滑油系统工作油压为0.137～0.176MPa，工作油温为40～46℃。润滑油系统中使用的油是高质量精练的矿物油。

机组润滑油系统包括由汽轮机主轴驱动的主油泵、油涡轮泵、冷油器、顶轴装置、盘车装置、排烟系统、主油箱、交流辅助油泵、直流事故油泵、滤网、油箱电加热器、油箱油位指示器、油位开关等以及各种脱扣、控制装置和连接管道、阀门、止回门、各种监测仪表等设备。

润滑油系统采用汽轮机主轴驱动的主油泵——油涡轮系统，润滑油管路为全套装式。汽轮机正常运行时，以主轴直接带动的主油泵（离心泵）排油作为动力油源。由主油泵的压力油驱动装在油箱上的油涡轮。润滑油系统还装有与油涡轮同轴的离心式升压泵，其排油可供主油泵吸油使用。当主油泵的压力油经过油涡轮之后压力降低，油涡轮的排油经冷油器被送至汽轮发电机组各轴承、发电机密封油系统以及盘车齿轮润滑装置等。

机组启动时，当汽轮机的转速达到90%额定转速之前，主油泵的排油不足以驱动油涡轮升压泵。因此，在润滑油系统中还设置有交流启动油泵、交流辅助油泵及直流事故油泵等辅助供油装置备用，可以在机组启停或在机组发生异常情况时持续向主油泵和各轴承供油。

汽轮机润滑油系统设备组成如图7-1所示。

1. 主油箱

机组配备一个方形卧式主油箱，由钢板焊成，用于储存油质合格的润滑油。油箱顶盖上安装有辅助油泵TOP、直流事故润滑油泵EOP、启动油泵MSP、排烟装置、油位指示计、漏氢测量装置等设备。油箱内装有滤网，过滤回油中的杂质并降低油的流速。油位指示计一个安装在滤网前，一个安装在滤网后，以便对照，确认滤网是否堵塞。底部倾斜以便将分离出来的水、沉淀物或其他杂质由最低点放掉。油箱顶部设置有人孔门，底部设置有事故排油口。

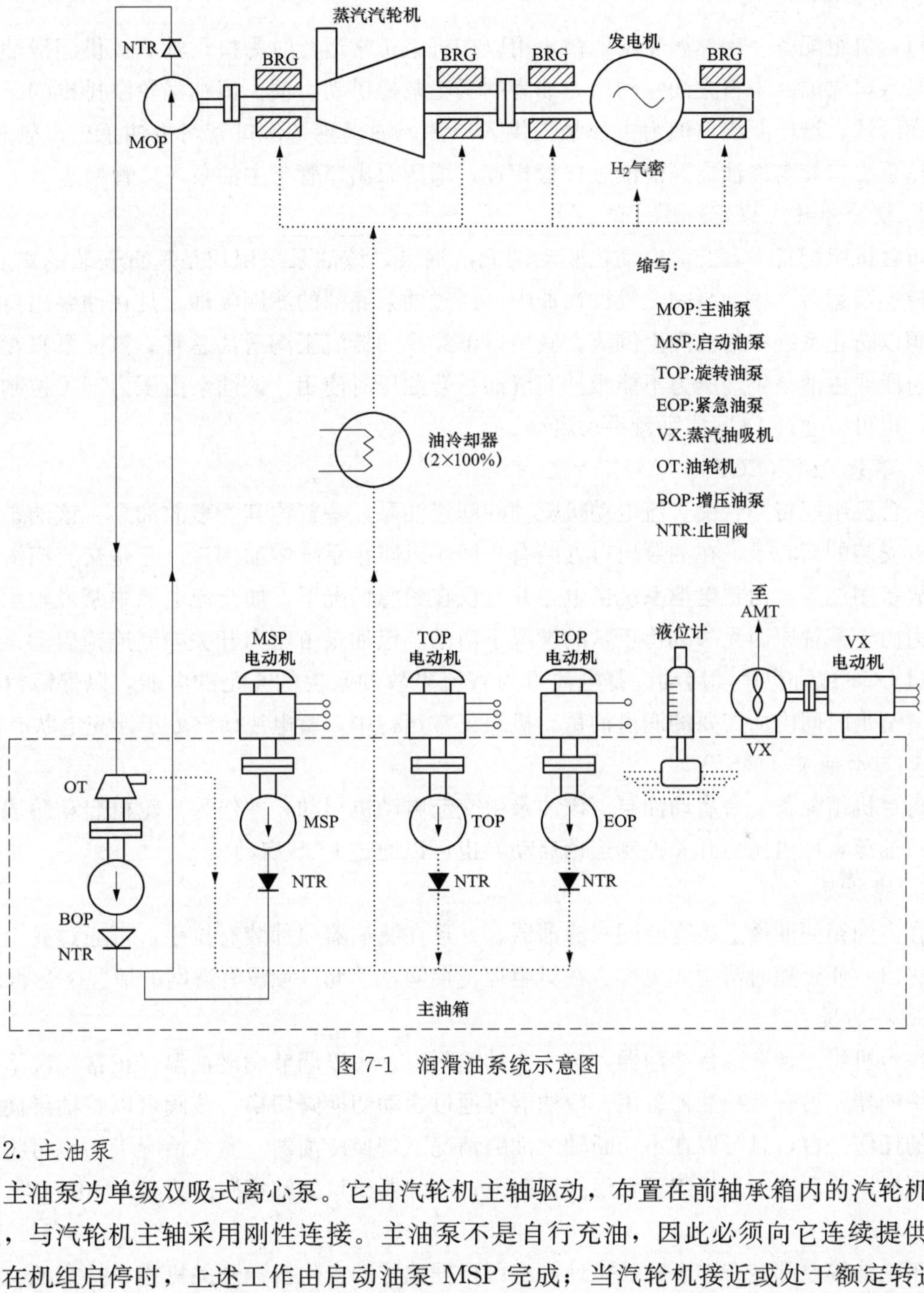

图 7-1　润滑油系统示意图

2. 主油泵

主油泵为单级双吸式离心泵。它由汽轮机主轴驱动，布置在前轴承箱内的汽轮机外伸轴上，与汽轮机主轴采用刚性连接。主油泵不是自行充油，因此必须向它连续提供压力油，在机组启停时，上述工作由启动油泵 MSP 完成；当汽轮机接近或处于额定转速时，由油涡轮增压泵完成上述工作。主油泵的进油管与油涡轮增压泵的出口及启动油泵出口管相连，主油泵出口压力油管与油涡轮进口管相连接。主油泵具有较大的容量和相对稳定的出口压头。当汽轮机接近或处于额定转速时，可以满足整个润滑油系统的用油要求。

当机组处于额定转速时，主油泵入口压力维持在 0.098～0.147MPa 之间，油泵出口压力维持在 1.37MPa 左右。

3. 油涡轮增压泵

每台机组配备一台油涡轮增压泵，用以在机组正常运行时为机组轴承提供润滑油及为主油泵入口供油。来自主油泵的压力油为油涡轮泵提供动力油。由油涡轮泵排出的乏油供主机润滑油、增压泵出口油为主油泵提供入口油。油涡轮泵入口管与主油泵出口管相连，油涡轮泵出口管与冷油器润滑油进口管相连，增压泵出口管与主油泵入口管相连。

4. 辅助油泵（TOP）

每台机组配备一台交流电动机驱动的润滑油泵。该油泵采用的是垂直安装的离心泵，可保持连续运行。该油泵完全浸没在油中，经过油泵底部的滤网吸油，且在油泵出口装有止回阀以防止系统中的油产生倒流。其出口油经冷油器流至润滑油总管。该油泵只在机组启停阶段或主油泵供油压力不能维持润滑油总管油压时使用。该油泵由压力开关控制连锁启动，也可以通过DCS或卧盘手动启动。

5. 事故油泵（EOP）

每台机组配备一台由直流电动机驱动的润滑油泵，一般称其为事故油泵。该油泵也采用垂直安装的离心泵。在油泵出口处装有止回阀以防止系统中油倒流。它是交流润滑油泵的事故备用油泵，由蓄电池系统供电，并且仅在紧急情况下，如交流电源中断或轴承润滑油压力由于某种原因无法维持正常的情况下启动。该油泵由压力开关控制连锁启动，也可以通过DCS或卧盘手动启动。蓄电池可为直流事故油泵提供充足的电能，以保障汽轮机在正常惰走时间内所需要的润滑油量。机组正常运行中，蓄电池始终处于浮充电状态。

6. 启动油泵（MSP）

每台机组配备一台启动油泵。该油泵由交流电动机驱动，并作为汽轮机启动阶段主油泵入口油源，可由压力开关控制连锁启动，也可以通过DCS启动。

7. 滤油器

在主油箱回油槽上装有滤网式滤油器。并且在滤油器顶部装有拉手，可通过其上方检修口提出，便于随时清洗或更换。在机组运行期间，不允许在没有滤网的情况下运行。

8. 冷油器

每台机组配备有两台冷油器，位于主油箱附近，用以调节润滑油温。正常工况下投入一台冷油器，另一台冷油器备用。冷油器可通过手动切换阀切换，该阀可以将油导向冷油器中的任何一台，且可以在不切断轴承油路情况下切换冷油器。紧急情况下，也可将两台冷油器投入并联运行。机组正常运行情况下，冷油器出口处轴承润滑油温为40～46℃。

9. 油位计

于主油箱顶部装有浮子式油位计。它可根据油位的变化接通开关机构，并在油位异常时发出油位高、低报警信号，并可以实现油位的就地监视；另有超声波油位指示器，位于净油区，可在机组运行时实现油位的连续测量。机组正常运行时，可将油箱最高油位与最低油位中间值定为0位，作为油位指示器的正常油位，油位应在正负100mm之内。

10. 排烟系统

排烟系统由阀门、管道、排烟装置等组成。风机、油烟分离器出口调整门及油烟收集装置设置于主油箱盖板上。排烟风机通过出口风门调节排烟量，并将聚集在主油箱内的油烟抽出经油烟分离器后排至大气，以维持主油箱内回油系统及各轴承箱回油腔室内形成微负压−1.5～−0.5kPa之间。

11. 顶轴装置（JOP）

在盘车投入前，应先投入顶轴装置，将轴颈顶起，离开轴瓦，以减小轴颈与轴承间的摩擦力。同时，投入顶轴装置可以减小盘车的启动力矩，使盘车装置顺利投入。机组运行时顶轴油囊压力代表该点轴承的油膜压力，是监视轴系标高变化、轴承载荷分配的重要参数之一。

系统配备两台由交流电动机驱动的顶轴油泵，该泵为恒压变量柱塞泵。正常工况下，一台顶轴油泵运行，另一台顶轴油泵备用。当机组转速降至2000r/min时，顶轴油泵连锁启动，并分别向汽轮机低压缸轴承和发电机轴承提供顶轴油；当机组转速升至2500r/min时，顶轴油泵连锁停运。

顶轴装置为开式供油系统，顶轴油泵吸油取自润滑油冷油器后。吸油经顶轴油泵入口过滤器，进入顶轴油泵吸油口。压力油进入分流器，经节流阀、单向阀进入各轴承。通过调整节流阀可控制进入各轴承的油量及油压（轴承的顶起高度大于0.02mm）。泵出口油压由溢流阀整定。

12. 盘车装置

在汽轮机启动、冲转前及停机后，由于汽轮机上下缸温差的存在，使汽轮机转子和轴封上下部分受热不均，易造成汽轮机转子产生弯曲变形。因此转子需要以一定的转速转动一段时间，以防止大轴弯曲。带动转子进行低速转动的装置称为盘车装置。

盘车装置采用由链条、复合减速齿轮、啮合齿轮组成的低速盘车装置。机组启动时可带动转子低速旋转，以使转子均匀加热，减小转子变形的可能性；同时也用于机组停机后的转子冷却阶段和检查转子时驱动转子低速转动。

盘车装置安装在汽轮机和发电机之间，由电动机和齿轮系组成。齿轮系由电动机通过一个无声链驱动。在齿轮箱中，可移动齿轮与套在汽轮机转子联轴器法兰上的齿圈啮合。冲转时，可移动齿轮立即脱开并闭锁，此后不再投入。当机组转速下降至零时，通过手动啮合将盘车装置投入。这时信号显示器将显示盘车装置运行。

盘车装置具有一系列控制连锁，以防止盘车装置在不具备投入条件下投入。盘车装置具备以下条件方可成功啮合：

（1）任一高压主汽门全关且任一中压主汽门全关；

（2）汽轮机转速至零；

（3）盘车电动机运行，延时10s。

盘车电动机启动条件为：

（1）盘车未在手动位置；

（2）轴承润滑油压高于低三值；

（3）顶轴油压正常；

（4）盘车电动机无电气故障。

13. 主油箱油净化系统

每台机组中，汽轮机设置有一套单独的润滑油净化装置，两台给水泵汽轮机设置有一套公用的润滑油净化装置。油净化装置要求持续除去油中的水分与杂质。在运行中，两台给水泵汽轮机定期切换系统并进行油净化，以保证系统安全、稳定运行。系统还设有润滑油输送泵，用于主油箱与储油箱之间润滑油的输送。为了加快润滑油的过滤效果，还可以增加外置式滤油机对杂质进行过滤。

二、汽轮机EH油系统

EH油系统的作用是直接向汽轮机高压主汽阀（MSV）、高压调节汽阀（CV）、中压主汽阀（RSV）、中压调节汽阀（ICV）等液力控制机构提供动力油源，同时还向汽轮机的保安系统提供安全油源。EH油系统使用磷酸酯抗燃油，具有润滑和抗燃烧性能，但具有一定的毒性。EH油系统流程及主要设备如图7-2所示。

（一）EH油系统组成

EH油系统主要由1个EH油箱、EH油箱电加热器、2台EH油泵，2台EH冷却/再生油泵、2组EH油冷却器、2组EH油硅藻土滤油器和精密滤器、6个高压储能器、滤网及其管路阀门等部件组成。

（二）EH油系统设备布置

EH油箱布置在汽机运转层0m，EH油泵及EH冷却/再生油泵布置在EH油箱下部。2台EH油泵出口均设有滤网，差压高时差压报警器显示红色，差压正常时为绿色。高压蓄能器布置在EH油箱附近，蓄能器通过阀门与EH油供油母管相连。在EH油母管上布置有EH油压模拟量测点及油压低压力开关测点，当EH油压低一值时，备用EH油泵联启；当EH油压力低二值时，汽轮机组跳闸。

（三）EH油系统设备介绍

1. EH油箱

EH油箱上设有就地液位计、油位高低开关和远传液位计。在EH油箱上还装设有就地EH油温度计和EH油远传温度计。油箱中装有EH油加热器，用于加热EH油。油箱中还设置有磁棒以吸附EH油中游离的磁性微粒等金属杂质。

2. EH油泵

EH油泵为变容量高压柱塞泵，正常运行时，两台EH油泵一台运行、一台备用。每台EH油泵入口处均设置有粗滤网，出口管上有精滤网，油经出口滤网进入高压蓄能器和与之相连接的高压母管，将高压抗燃油送到各执行机构和高压遮断系统。

3. 高压蓄能器

高压蓄能器组件安装在油箱底座上，每台机组共设置6组蓄能器。蓄能器采用丁基橡胶皮囊式蓄能器，EH油系统启动前应联系检修人员确认皮囊已充氮气至规定压力。高压蓄能器组件通过集成块与系统相连，集成块包括隔离阀、排放阀以及压力表等。高压蓄能器的作用是吸收油泵出口的高频脉动分量，稳定系统油压，并且当供油总管油压下降时，高压蓄能器释放压力，以维持系统压力稳定。

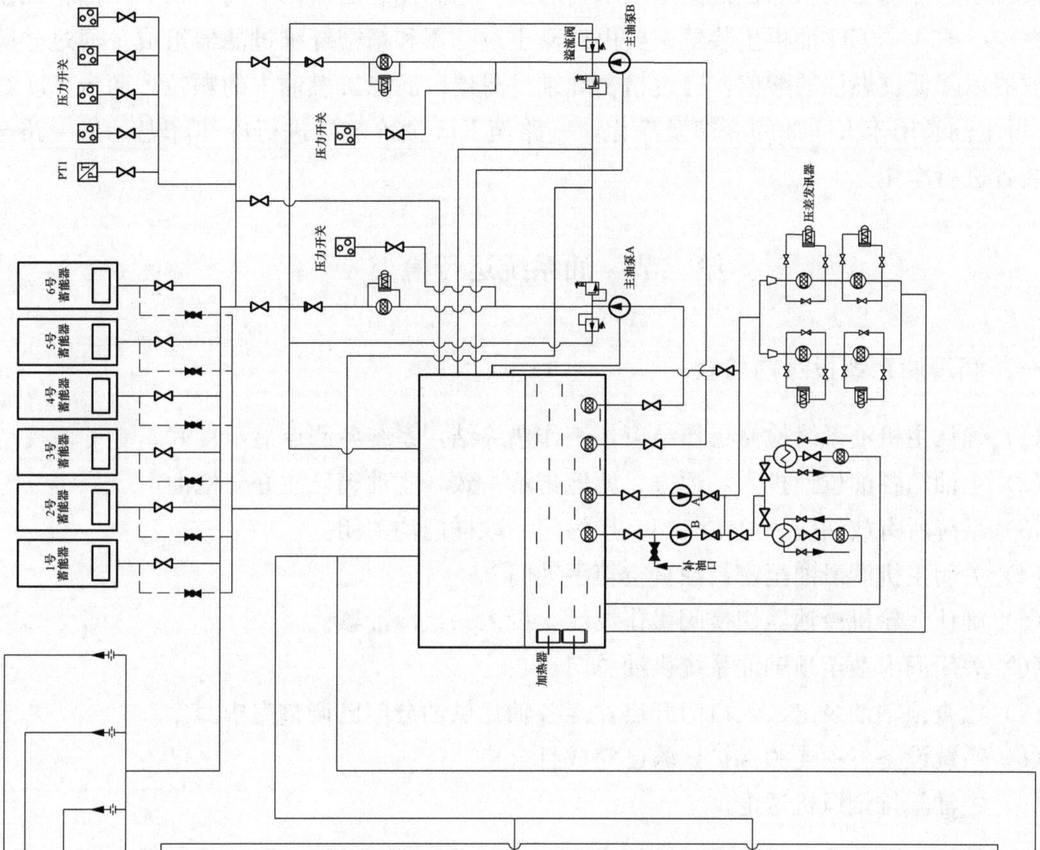

图 7-2 EH 油系统示意图

4. EH油冷却器及再生装置

EH油冷却器安装在油箱上部。运行时冷却水在管内流过，EH油在冷却器外壳内环绕管束流动。冷却器用水取自机侧闭式水，通过热电偶控制出口调节门，将EH油箱油温控制在40～50℃。EH油再生装置主要由硅藻土过滤器和精密纤维过滤器组成。通过硅藻土过滤器以降低抗燃油的酸值，通过精密纤维过滤器以滤除抗燃油中的颗粒。两台EH油冷却/再生油泵用于EH油的冷却及净化，一路至EH油冷却器进行冷却降温，另一路至再生装置进行净化。

第二节　油系统运行检查

一、润滑油系统投运前检查

(1) 确认主机油系统检修工作结束，工作票终结，系统各测点显示良好。

(2) 主油箱各油位计投入，远方、就地指示一致，主油箱已注好合格油。

(3) 系统所有放油门、放空气门、排污门、取样门均关闭。

(4) 关闭主机润滑油至密封油真空箱手动门。

(5) 确认汽轮机冷油器切换阀操作灵活，投入一组冷油器。

(6) 关闭润滑油至顶轴油系统供油总门。

(7) 检查顶轴油泵出、入口门开启，至各轴瓦供油分门已调整完毕。

(8) 系统设备各项连锁保护试验已完成且合格。

(9) 主油箱排烟风机送电。

二、润滑油系统运行检查

(1) 检查润滑油系统无泄漏现象。

(2) 检查主油箱油位维持－100～100mm。

(3) 检查主油泵出口压力不低于1.5MPa、入口压力不低于0.1MPa。

(4) 检查冷油器出口润滑油压力正常、冷油器出口温度为38～46℃。

(5) 检查各轴承回油观察窗回油连续稳定无水雾及杂物。

(6) 检查冷油器注油门开启，备用冷油器冷却水出口门全开，进口门稍开。

(7) 夏天特别检查冷油器冷却水调整门开度的变化，若冷却水门全开仍无法维持正常油温时，适当开启旁路，提高冷却水压力，若油温仍无法维持时投入两台冷油器。

(8) 检查油净化装置连续运行。

(9) 汽轮机盘车期间，按启停机记录本要求定期记录顶轴油母管压力及各瓦顶轴油压力。

(10) 发电机内有氢气存在时，主油箱排烟风机保持连续运行，负压维持－1.5～－0.5kPa，如排烟风机故障，应采取措施使主油箱内不积存氢气。

(11) 主油箱事故放油门、冷油器切换阀挂“禁止操作”标志牌，上述阀门操作时，必须经单元长同意方可进行。

三、EH油系统投运前的检查

(1) 确认EH油箱油位在最高油位（就地油位计指示在4/5位置以上），联系检修人员化验油质合格。

(2) 联系检修人员确认EH油蓄能器充氮压力正常。

(3) 检查EH油系统所有放油门关闭。

(4) 开启高中压主汽门、高中压调门EH油供油手动门。

(5) 联系热工人员检查所有测量表计投入。

(6) 确认EH油系统各项试验合格，各连锁保护投入。

(7) 确认闭式冷却水系统已投运。

(8) 开启EH油泵入口门、出口门，EH油泵充油排气。

(9) 开启EH油再循环冷却泵入口门、开启EH油冷却器出、入口门，充油排气结束后，投入一组冷却器，另一组投入备用，冷却水调整门前手动门开启。

(10) 开启EH油再循环冷却泵再循环门。

四、EH油系统运行中的检查

(1) 检查EH油箱油位正常（就地油位计指示在1/2位置以上），EH油泵出口压力正常，EH油循环泵出口压力正常。

(2) 检查EH油泵及电动机振动正常，轴承温度及电动机温度正常。

(3) 检查EH油系统运行正常，过滤、冷却系统运行正常，滤网差压无报警。

(4) 检查EH油箱温度在25～54℃。

(5) 定期化验EH油质合格，否则检查系统各滤网，必要时更换，油酸值和水分增大时，检查硅藻土滤芯是否失效，必要时更换滤芯。

第三节　系统主要操作

一、润滑油系统主要操作

润滑油系统比较常见的操作一般有：机组长期停机启动前主机润滑油系统投运；油系统停运；冷油器切换；润滑油系统各油泵启动试验。

1. 主机润滑油系统投运步骤

(1) 油系统投运前须联系点检确认润滑油质合格。油系统启动工作最重要的就是防止跑油。启动油系统之前应对系统进行全面检查，确认所有设备安装正常。

(2) 启动主油箱排烟风机并调整出口门开度，维持主油箱负压在－1.5～－0.5kPa。

(3) 启动空气析出箱排烟风机，调整出口门开度，维持风机入口负压在－3～－2kPa。

(4) 电动吸入油泵MSP、交流润滑油泵TOP送电并启动，全面检查系统无泄漏现象。

（5）如长时间停运油系统后启动还应对运行及备用冷油器油侧充油排气，投运冷油器时应先投入油侧再投水侧，防止冷油器有漏点造成油中进水。

（6）缓慢开启润滑油至顶轴油系统供油总门，顶轴油系统注油排空气后，将一台顶轴油泵送电，启动顶轴油泵，检查其振动、声音正常，顶轴油母管压力正常，各轴承顶轴油压力正常，顶轴油装置无泄漏，另一台送电，试转后备用。顶轴油泵启动后，未投盘车前检查汽轮机不转动。

（7）汽轮机投盘车前需投入顶轴油系统，升速至2500r/min时，检查顶轴油泵自停（顶轴油泵停运前禁止停运辅助油泵TOP），汽轮机停机时转速降至2000r/min时，检查顶轴油泵自启。

2. 油系统停运

油系统停运操作需注意以下事项：

（1）汽轮机调节级内壁金属温度小于180℃时，方可停运主机盘车运行。停止盘车前，将汽轮机大轴N—S极置垂直位。盘车正常停止后方可停运顶轴油系统。

（2）汽轮机调节级内壁金属温度小于150℃且盘车停运后，方可停运主机润滑油系统，若发电机内充氢时注意密封油系统自循环能正常运行。

（3）停运主机油系统前须确认油箱油位不大于0mm，因停止油系统运行后油箱油位会上升，注意检查主油箱油位上升情况，严防外溢。

（4）发电机气体置换为空气，润滑油系统停运后，主油箱内无油烟后方可停运主油箱排烟风机。

3. 冷油器切换操作

机组运行中切换冷油器是比较危险的工作，主要存在的危险有：①切换时轴瓦断油；②切换时造成汽轮机润滑油压低开关动作；③由于需要在油箱顶部操作，比较滑，需注意防止滑倒和高空坠落。操作需遵循以下步骤：

（1）检查冷油器充油门开启，开启备用冷油器放空气门，检查备用冷油器入口管路排气窗有油流过，冷油器注满油，用手触摸冷油器放空气管，确认与油温一致，证明确实有油流过。

（2）开启备用冷油器冷却水入口门至1/4，开启冷油器水侧放空气门，缓慢开启备用冷油器水侧出口门至全开，冷油器水侧放空气门见水后关闭。

（3）逆时针转动润滑油冷油器锁紧手轮（大手轮）720°至限位位置，松开锁紧手轮。

（4）按冷油器切换阀上所标的“至B（或A）冷油器”箭头方向，缓慢转动切换阀手轮（小手轮）90°，密切监视汽轮机润滑油压变化。

（5）监视冷却水调整门动作情况，逐渐开启备用冷油器冷却水入口门，关小原运行冷油器冷却水入口门，确认冷油器出油温度在38～46℃，且润滑油压力正常后，顺时针转动锁紧手轮（大手轮）至限位位置（全关位置），将切换阀锁紧。

（6）保持原运行冷油器冷却水入口门微开，原运行冷油器转入备用状态。

（7）运行中切换冷油器必须由机组长或机组长以上岗位人员监护。

（8）运行中冷油器切换时应缓慢，应注意润滑油压力、温度及主油箱油位的变化，切换过程中发生异常立即切回原冷油器运行。

4. 润滑油系统各油泵启动试验

每个月，机组会有各油泵试启动试验。通过 DCS 远方启动或卧盘启动按钮启动，启动后应注意检查无漏油现象，检查各油泵电流、压力正常，并与上次启动情况进行对比，防止泵内积空气或泵出力不足。

二、EH 油系统主要操作

1. EH 油再循环冷却泵投运步骤

（1）首先检查 EH 油箱油位在高油位，EH 油再循环冷却泵入口门开启，一组冷却器投运。EH 油再循环冷却泵系统各阀门开启。

（2）检查 EH 油再循环冷却泵送电正常。将 EH 油泵就地控制柜上 EH 油再循环冷却泵“投入/切除”把手打至“投入”位，方可就地或远方启动 EH 油再循环冷却泵，油泵启动后应进行测振、测温、倾听声音是否正常、管道系统无泄漏。

（3）关闭 EH 油再循环冷却泵再循环门。EH 油滤网充油放气结束后，关闭滤网旁路门。

2. EH 油系统投运步骤

（1）首先确认闭式冷却水系统已投运，EH 冷油器冷却水投入，温控阀投入正常，EH 油再循环冷却泵运行且在自动位。

（2）油箱油温在 25～54℃。就地油位计指示在 4/5 以上，确认 EH 油泵出、入口门开启，EH 油泵充油排空气结束，开启 EH 油再循环门。

（3）将一台 EH 油泵送电，另一台停电或电源开关切就地位，启动 EH 油泵，检查 EH 油泵启动正常，就地进行温度、振动测量，同时倾听声音，保证系统无漏油现象。

（4）缓慢关闭 EH 油再循环门，提高 EH 油压，检查泵出口压力逐渐升高至正常值，此时检查油箱油位应不低于 1/2，否则应补油。

（5）对 EH 油管道系统进行全面检查，防止漏油。将另一台 EH 油泵投备用。

3. EH 油泵切换

首先确认 EH 系统运行稳定。检查备用 EH 油泵出入口门开启，送电正常，DCS 上启动备用 EH 油泵，检查其振动、声音、出口压力等正常后，停止原运行泵。确认该泵停运后，检查出口母管压力是否正常，检查 EH 油系统运行是否正常。

4. EH 油系统停运

首先必须确认机组在停机并未挂闸状态。停止运行 EH 油泵前必须先将备用 EH 油泵退备或停电，停运运行 EH 油泵。EH 油泵停止后，确认电加热已停电，停运 EH 油再循环冷却泵，关闭冷油器冷却水进、出口门。

第四节　系统运行注意事项及常见故障处理

一、运行注意事项

（1）巡检中对油系统附近的高温热力管道（如主蒸汽管、热再热蒸汽管）和其他热体的保温应关注，确认完整并包了铁皮。

（2）加强油管道及相关设备的动火管理，严格履行审批手续和监护制度。禁止在油箱及油管道上进行焊接工作。在拆下的油管道上进行焊接时，必须事先将管子冲洗干净。

（3）汽轮机润滑油箱上两只距主油箱 5m 外的串联的钢质事故排油阀不允许加锁，但应挂有明显的“禁止操作”标志牌。

（4）机组油系统的设备及管道损坏发生严重漏油，凡不能与系统隔绝处理的，应立即停机处理。

（5）在油泵试转、切换和投切滤网、油净化装置、冷油器的操作时，应在指定人员的监护下按操作顺序（操作票）缓慢进行，严防操作过程中系统断油。

（6）油系统相关油泵的试验要求定期进行。

（7）油中进水容易使油质劣化，往往当轴封汽压过高、轴封回汽不畅及油冷却器管子泄漏时就会导致油中进水，要重点预防。判断油中是否进水一般通过取油样或者窥视窗看油流就可以大概知道进水的程度，如油呈乳白色或泡沫多，则油里含水量相对较多，一定要及时进行脱水、换油等操作。

（8）油系统设备自动及备用可靠，并严格执行定期试验制度。运行中的油泵或冷油器的投停切换应平稳谨慎，严防断油烧瓦。跳机后应确认交流油泵或直流油泵自启动运行正常。

（9）油净化装置运行正常，油质应符合标准。

（10）防止汽轮机进水、大轴弯曲、轴承振动及通流部分损坏。

（11）汽轮机发电机转子接地应可靠。

二、系统常见故障及处理

油系统比较常见的故障一般有：油挡漏油；冷油器冷却水调门故障；辅助油泵出口止回门不严；冷油器水压变化导致润滑油压波动；EH 油压下降；EH 油箱油位下降；EH 油温高。

1. 油挡漏油处理

（1）运行中汽轮机轴承油挡漏油时可能会在轴承附近出现冒烟现象，巡检发现油挡有漏油或冒烟现象时必须立即汇报单元长，并准备灭火器。

（2）可适当提高主油箱负压，减小漏油。汽轮机下方布置有高温管道，油若滴到管道保温层上后极易引起火灾，造成严重后果。

（3）单元长应立即通知消防队到达现场，同时通知检修人员处理。

（4）如漏油不严重可通过接住漏油的方式维持机组运行。一旦出现着火现象按油系统着火预案执行。

2. 冷油器冷却水调门故障处理

汽轮机正常运行中对油温要求极为严格，无论高低只要超出规定均会对设备安全造成严重危害，一旦出现冷油器冷却水调门卡涩油温无法调整而超限的情况，应立即到就地对油温进行调节，调节时应遵循以下原则防止油温大幅度变化危害机组安全：

（1）若大机润滑油冷油器冷却水调门卡涩，则及时将其切手动，调整指令和反馈一致，就地操作调门前（或调门后）截门、旁路门调整润滑油温。若调门有全开或全关的可能时，及时将其倒旁路运行，操作时就地缓慢关小调门前（或调门后）截门，缓慢开大旁路门。

（2）若大机润滑油冷油器冷却水调门突然全关，根据当时润滑油温立即在操作员站点动稍开旁路电动门（无电动旁路门的机组立即派人就地手动调整），同时要防止油温大幅度降低，并立即派人就地手动调整。

（3）若汽轮机润滑油冷油器冷却水调门突然全开，立即派人就地手动关小调门前（或调门后）截门控制润滑油温。

（4）冷却水温度、压力或机组负荷变化时，及时监视润滑油温变化情况并调整。

（5）就地调整阀门开度时，保持通信工具畅通，及时与主控室联系。操作时要缓慢且不得大幅度开关，每次操作后要观察5～10min，温度变化确实不大的情况，方可进行下一步操作。

（6）汽轮机启动冲转前，若润滑油温偏低，应就地手动关严汽轮机润滑油冷油器冷却水调门前（或调门后）截门及旁路门，防止阀门漏流大导致油温低，待油温升高后再缓慢投入冷却水。

（7）任何情况下，调整润滑油温时均不得大幅度波动。非紧急情况下，不得使用电动门远方点动操作。

3. 辅助油泵出口止回门不严

（1）出现辅助油泵出口止回门不严时，润滑油母管压力下降，辅助油泵可能倒转，此时应立即启动辅助油泵。

（2）运行中汽轮机辅助油泵或直流油泵联启时，在未查明具体原因前不得将联启泵停运。

（3）油系统油压、油箱油位变化时立即派人检查系统有无漏油。

4. 冷油器水压变化导致润滑油压波动

汽轮机冷油器采用板式换热器时，冷却水与润滑油间隔布置。当冷却水压力变化时将导致冷却水与润滑油通流截面变化，进而引起润滑油压波动。因此在进行开式水泵切换等可能影响润滑油冷却水压力的工作时，应密切监视润滑油压力变化，必要时启动辅助油泵。水塔水位不应过低，以防止循环泵汽化导致冷却水压力波动。

5. EH油箱油位下降

（1）现象。DCS发出EH油箱油位异常报警信号，就地油位计指示下降。

（2）原因。EH油系统泄漏或是滤油机跑油。

（3）处理。

1）当EH油箱油位下降至低报警值时，立即联系补油，并查找油位下降原因。

2）若EH油系统泄漏，应在确保EH油压不低于7.8MPa的前提下，隔离泄漏点，并防止人员受伤或接触到EH油。若泄漏点无法隔离油位继续下降且无法维持EH油泵运行时，应故障停机。

3）若EH油冷油器泄漏，应立即切换冷油器，隔离泄漏冷油器。

4）若滤油机跑油，立即停止其运行并隔离。

6. EH油压下降

（1）现象。DCS及就地压力表显示EH油压下降，光字报警。

（2）原因。EH油泵故障，卸载阀故障，EH油泵出口滤网堵。

（3）处理办法。

1）当EH油压降至低一值时，备用泵应联启，否则手动启动；油压降至7.8MPa时，保护动作停机，否则紧急停机。若EH油泵、卸载阀故障，出口滤网堵，应切换至备用泵运行，隔离运行泵。

2）再循环门误开。若再循环门误开，立即关闭。

3）EH油系统泄漏。若EH油系统泄漏，应在确保EH油压不低于7.8MPa的前提下，隔离泄漏点，并及时联系补油；若漏油严重不能隔离，应故障停机。

4）EH油箱油位低。若EH油箱油位低，按EH油箱油位低处理。

7. EH油温高

（1）现象。DCS发出EH油温度高报警信号。

（2）原因。EH油温度自动调节失灵，闭式水至EH油冷却器冷却水量少或中断，闭式水温度高，EH油泵故障，EH油循环冷却泵停运或故障，EH油泵在汽轮机未挂闸情况下长时间运行。

（3）处理。

1）若油温度自动调节失灵，应切至手动调整。

2）检查闭式水压力、温度正常，否则设法恢复。

3）若EH油泵故障，切换EH油泵。

4）检查EH油循环冷却泵运行正常，否则立即恢复其运行。

5）尽量避免EH油泵在汽轮机未挂闸情况下长时间运行。

思考题

1. 润滑油系统的组成包括哪些设备？

2. 润滑油系统的作用是什么？

3. 汽轮机主油泵的型式有哪些？

4. 交流润滑油泵的作用是什么？

5. 汽轮机主油泵的作用是什么？

6. 直流事故油泵的作用是什么？

7. 主油箱排烟风机的作用是什么？

8. 润滑油冷油器的作用是什么？

9. 盘车装置的作用是什么？

10. 顶轴油泵的作用是什么？

11. 润滑油系统正常控制参数有哪些？
12. 运行中对汽轮机主轴承需要检查哪些项目？
13. 润滑油系统的投运条件有哪些？
14. 润滑油系统的停运条件有哪些？
15. 润滑油系统投入步骤是怎样的？
16. 润滑油系统退出步骤是怎样的？
17. 如何进行润滑油冷油器的切换操作？
18. 汽轮机润滑油中进水的主要原因是什么？
19. 汽轮机轴承温度升高有哪些原因？
20. 汽轮机润滑油系统运行中检查哪些项目？
21. EH 油系统投运前检查哪些项目？
22. EH 油系统运行检查项目有哪些？
23. EH 油系统如何停运？
24. EH 油压下降原因及如何处理？
25. EH 油箱油位下降原因及如何处理？
26. EH 油温高原因及如何处理？
27. EH 油系统的组成有哪些？

第八章
空　冷　系　统

现代火力发电厂的汽轮机大多采用水冷的表面式凝汽器，但是随着机组的容量不断增大，电厂的耗水量大增。面对水资源日益紧缺的大趋势，如何利用有限的水资源与电力行业的持续发展成为突出的课题。尤其在我国北方大部分地区，水资源贫乏，建设空气冷却凝汽器系统（简称空冷系统）是解决问题的一条可行的有效途径，从已建成的电厂看也取得了很好的效果。

第一节　空冷系统的分类、原理及组成

一、空冷系统的分类

当前用于发电厂的空冷系统主要有间接空冷和直接空冷两大类，间接空冷又分为表面式（哈蒙式）和混合式（海勒式）。

1. 哈蒙式间接空冷系统

表面式凝汽器间接空冷系统又称哈蒙式间接空冷系统，由表面式凝汽器和空冷塔组成。其系统如图 8-1 所示，该系统类似于常规的湿冷系统，只是用空冷塔代替湿冷塔，散热器布置于自然通风冷却塔中，采用自然通风冷却的方式，散热器与凝汽器水侧形成密闭式循环冷却水系统。国内太原第二热电厂四期 2×200MW 机组采用了该类型。

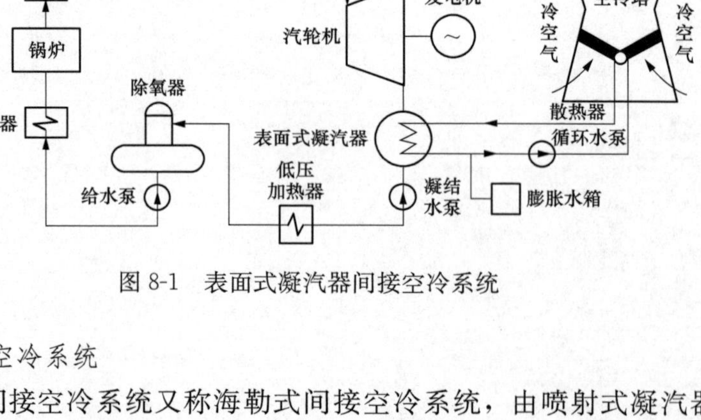

图 8-1　表面式凝汽器间接空冷系统

2. 海勒式间接空冷系统

喷射式凝汽器间接空冷系统又称海勒式间接空冷系统，由喷射式凝汽器和空冷塔组成。其系统如图 8-2 所示，散热器以缺口三角形立式布置于空冷塔底部外围，缺口处装有百叶窗，用来调节冷却风进风量。汽轮机排汽在喷射式凝汽器内与冷却水膜混合冷凝，冷

凝后的少量水进入机组凝结水系统，大部分凝结水由循环泵送入空冷塔散热器，与空气进行对流换热冷却，冷却后的水再进入喷射式凝汽器，进行下一个循环。国内大同第二发电厂 5、6 号机组采取了该类型。

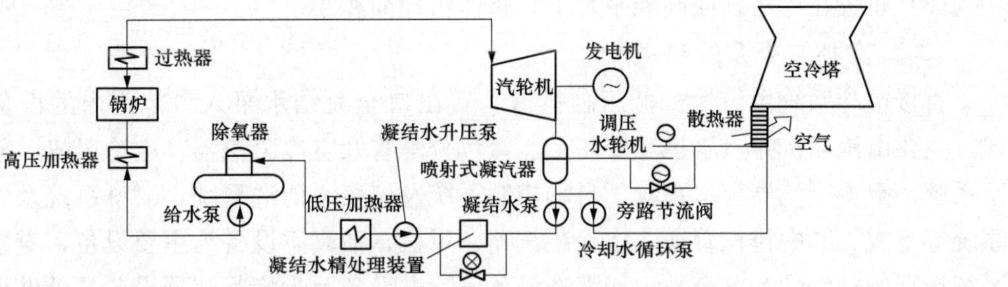

图 8-2 喷射式凝汽器间接空冷系统

3. 直接空冷系统

直接空冷系统如图 8-3 所示，汽轮机排汽通过大直径的排汽管道直接送入空冷平台上的空冷凝汽器内，空冷凝汽器下部的轴流风机使冷却空气由下而上流过空冷散热器外表面，使空气与汽轮机排汽进行热交换，将排汽冷凝成水，再由凝结水泵送回汽轮机回热系统。山西大同的云冈热电 1、2 号 2×200MW 机组是大型直接空冷机组在国内首次应用。

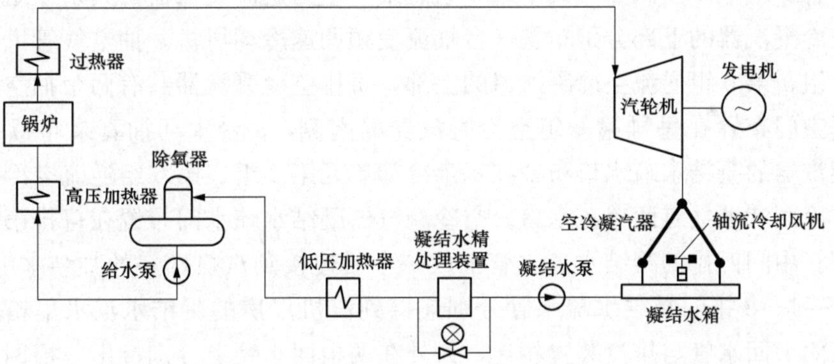

图 8-3 直接空冷系统

二、直接空冷系统原理及组成

直接空冷系统目前在国内发电厂中应用最为广泛，也是本教材主要介绍的内容（以 56 组空冷凝汽器机组为例）。

（一）直接空冷系统的特点

（1）系统相对简单。

（2）真空系统庞大，密封性要求高。

（3）风机采取变频调节，调节方式灵活。

（4）汽轮机背压变化范围大，能承受高背压工况。

（5）厂用电率高，风机运行噪声大。

（6）受环境温度变化的影响较大。

（7）运行方式简单，控制灵活。

（8）布置在厂房顶或高架平台上，整体占地面积小。

（二）直接空冷系统组成

直接空冷系统由汽轮机低压缸排汽装置出口至凝结水泵入口范围内的设备和管道组成。主要由汽轮机排汽管道和膨胀节、蒸汽分配管及空冷凝汽器、空冷风机、凝汽器抽真空系统、空冷凝汽器疏水系统、自动控制系统及仪表、清洗系统、喷淋系统及尖峰凝汽器系统等组成。其中排汽管道、空冷凝汽器、风机、抽真空设备为主要设备，直接关系空冷系统运行的经济性和安全性。而清洗设备、喷淋设备及尖峰凝汽器设备是辅助设备，主要作用是辅助提高空冷凝汽器换热效率和机组真空的作用。

（三）直接空冷系统设备布置

在直接空冷系统中，系统布置与风向、风速和主厂房的位置密切相关。大型机组的空冷系统通常是紧靠汽机厂房A列外侧，在主厂房平行的纵向建设空冷平台，平台总长度与主厂房长度基本一致。根据需要平台上布置若干个单元，每个单元有设置多组凝汽器组成的“人”字形结构，并在每个单元下方布置一台大直径轴流风机。

以56组空冷凝汽器机组为例：空冷平台上共安装有56组空冷凝汽器，分为8排冷却单元，每排有7组空冷凝汽器，其中第2组、第6组为逆流凝汽器，其余5组为顺流凝汽器。每组空冷凝汽器的下部分别布置一台轴流变频调速冷却风机。抽空气管道接到每个冷却单元第2组、第6组逆流空冷凝汽器的上部，每排空冷凝汽器共有两个抽空气口。空冷凝汽器抽真空门布置在每排第一组空冷凝汽器的南侧，3台水环抽真泵布置在汽机厂房内。空冷凝汽器的凝结水疏水口布置在每个冷却单元第2组、第6组逆流空冷凝汽器的下部，每排空冷凝汽器共有两个疏水口。空冷凝汽器凝结水疏水门布置在每排第二组空冷凝汽器的下部。中间四排的凝结水疏水管汇成一个后连接到汽机厂房的凝结水汇水集箱，1排、2排、7排、8排的凝结水疏水管分别连接到汽机厂房的凝结水汇水集箱：从总的汇水集箱接出两根回水管与排汽装置相连，另外在两根回水管上分别接出一根回水管至排汽装置下部，此回水管上装有阀门，此阀门正常情况下是关闭的，只有在上部回水喷头有堵塞、排汽装置水位下降时，或机组负荷高凝结水回水不畅管路振动时，才适当开启此回水阀门。

空冷岛冲洗水泵、空冷岛喷淋水泵及冲洗水箱布置在空冷岛下部。另外，在空冷岛上还设置有风向、风速测点，以便运行人员及时了解风向、风速的变化，从而能更好地预测真空的变化趋势。

（四）直接空冷系统设备

1. 空冷凝汽器

直接空冷的凝汽设备称为空冷凝汽器，组成空冷凝汽器的管束称为散热器。空冷凝汽器的作用是将汽轮机的排汽冷凝成水。根据管束内凝结水和乏汽的流向，凝汽器可分为顺流式和逆流式。在绝大多数直接空冷凝汽器中多采用顺流式和逆流式联合方式的结构，顺流为主，逆流为辅，顺流凝汽器将大部分的蒸汽冷凝，逆流凝汽器冷凝一小部分蒸汽，同时由于蒸汽和凝结水流向相反，凝结水不容易冻结。顶部的抽真空系统将系统内空气和不凝结气体排出，防止机组运行中在管束内部的某些部位形成死区，从而起到防冻的作用。

2. 空冷风机

空冷风机是空冷凝汽器的强制通风设备，通过空冷风机的强制通风来增加空冷凝汽器的冷却能力，从而满足机组正常运行的需要。空冷风机为轴流变频调速冷却风机，通过改变空冷风机的转速来满足机组真空的需要及节能防冻的要求。空冷凝汽器的第 2 组、第 6 组空冷风机具有正转及反转两种方式。其中，反转的目的主要是将空冷岛上部的热空气反抽到空冷岛的下部，以加热逆流散热片，满足机组冬季运行空冷岛防冻的需求。

空冷风机频率一般控制在 20～50Hz，空冷风机还具有超频功能，最高频率为 55Hz，但由于空冷风机在超频运行时，空冷风机减速机振动会有所增大，不利于设备安全，一般情况下，空冷风机不采用超频运行方式。如机组真空无法维持稳定或机组真空下降很快时，可短时超频运行，以保证机组的安全。空冷风机减速箱上设有温度测点、流量测点及振动测点，用以监视空冷风机的运行情况。

3. 抽真空系统

空冷凝汽器抽真空的抽气口设在每个冷却单元第 2 组、第 6 组逆流空冷凝汽器的上部，每排空冷凝汽器共有两个抽空气口。运行中不断将空冷凝汽器中的空气和不凝结气体抽出，保持系统真空。因空冷系统容积大，抽真空相对困难，一般空冷机组设有三台偏心水环式真空泵。

4. 空冷凝汽器的冲洗及喷淋系

空冷散热翅片管束表面脏污、翅片堵塞杂物都会导致空冷凝汽器换热效果下降，进而影响机组出力，因此配备了翅片管清洗系统。翅片管清洗及喷淋系统用水采用主厂房除盐水，经补水管道进入冲洗水箱，冲洗水泵从水箱取水升压后将高压除盐水送入空冷平台冲洗装置对翅片管进行冲洗。喷淋系统冲洗水泵从水箱取水升压后将除盐水送入空冷平台喷淋装置对翅片管进行喷淋降温。其作用都是为了增强散热片的散热能力，从而提高机组真空，尽可能地提高机组夏季的带负荷能力。

5. 尖峰凝汽器系统

直接空冷系统的真空受环境温度影响较大。当天气炎热时，机组的真空难以达到设计值，在一定程度上限制了机组的出力，严重影响机组的经济性和安全性。因此在某些空冷凝汽器机组还设置有尖峰凝汽器系统，以提高机组的真空。尖峰凝汽器的冷却用水取自循环冷却水回水，用以冷却部分空冷岛排汽，降低空冷岛负荷，最终达到降低机组背压的目的。

以某厂已投运尖峰系统为例：机组投入尖峰凝汽器后可从主机直接空冷系统抽出 240t/h 的排汽，汽轮机背压可由原来的 30kPa 降至约 22kPa，降低约 8kPa，从而降低汽轮机热耗，提高机组运行经济性。另外，在加装尖峰凝汽器后，冷却水塔的循环水损失将增加 300t/h。

第二节　直接空冷系统运行

一、直接空冷系统运行检查

(1) 检查空冷岛平台及各空冷风机单元小室照明充足，空冷岛平台各盖板牢固无松动。

(2) 检查各空冷风机风筒防护网、电动机及风机附近、空冷凝汽器内外表面清洁无杂物，保持风机和冷却单元内清洁。当遇大风天气时，要对空冷岛区域重点加强检查。

(3) 检查各冷却单元小室隔断门完好并关闭。

(4) 各空冷风机减速箱内润滑油加注到油标尺上、下刻度线之间。

(5) 每班应定期测量空冷风机电动机及减速箱振动，振动应小于 6.3mm/s。检查空冷电动机温度应低于 80℃，减速机温度应低于 80℃。检修后新投入的空冷风机及夏季大负荷高温天气时，要重点加强风机齿轮箱温度、电动机温度等空冷设备的巡回检查。

(6) 冬季运行时，要对齿轮箱电加热、空冷凝汽器散热片、凝结水联箱、抽空气管等重点加强巡回检查。每班应就地实测各排散热器及联箱表面温度，并记录最低温度值，投运散热器温度低于 0℃或凝结水联箱外表面最低温度低于 5℃时，应及时汇报机组长采取措施。

(7) 冬季时每班应就地实测各空冷凝结水回水管外表面温度两次，发现温度较正常时偏差较大，及时汇报并查找原因，重点检查管路有无振动。

二、直接空冷系统运行主要操作

空冷系统的操作主要有：空冷系统的投运；空冷系统的停运；空冷系统的严密性试验；空冷系统的打压试验。

(一) 直接空冷系统投运注意事项

(1) 空冷系统的投运因环境温度不同，投运的步骤及方法也不同。当空冷岛冬季投运时，必须密切注意空冷岛的防冻问题。首先投入各空冷风机减速箱温控器及电加热器，并检查电加热器自动启、停正常，在锅炉点火前应关闭空冷岛各排散热器进汽蝶阀及抽空气门。锅炉点火后，开启末级过热器出口对空排汽阀，控制炉膛出口烟温不超过 540℃。

(2) 当机组升温升压至 1.0MPa 时，开启第四排或第五排散热器进汽蝶阀及抽空气门，汽轮机送轴封抽真空。当真空达 76kPa 以上时，开启主、再热汽疏水及高低压旁路向空冷岛供汽，关闭末级过热器出口对空排汽阀。首次进入空冷岛的蒸汽量不得超过空冷岛额定进汽量的 10%。控制低压旁路减温器后温度在 100～150℃，在保证空冷岛进汽温度小于 120℃的情况下，尽量提高空冷岛进汽温度；调整两侧低压旁路开度及减温水门开度，控制两侧排汽装置压力差不超过 6kPa，排汽温度温差不超过 15℃。

(3) 当空冷系统凝结水温度高于 35℃时，启动相应的空冷风机。若真空无法维持在 40kPa 以上时，可提前投入相应的空冷风机运行，调节风机转速并维持真空在 40～45kPa，就地检查散热器管束表面温度均应上升且无较大偏差，否则停运风机。机组启动后，随着进入空冷岛排汽量的增加，根据真空情况逐渐投入其他排散热器运行，投入顺序为4→5→3→6→2→7→1→8，当已投入的散热器凝结水温度均大于35℃时，方可投入下一排散热器。机组并列后，根据汽缸金属温度尽快带至最小防冻流量所对应的负荷。

（二）直接空冷系统停运注意事项

（1）空冷岛系统停运主要考虑冬季停运，夏季停运没有具体要求。机组在停机过程中，根据真空情况按照8→1→7→2→6→3→5→4的顺序停运空冷风机并关闭相应的排汽蝶阀。机组打闸停机后，立即关闭所有至排汽装置的疏水，破坏真空，关闭所有空冷岛进汽蝶阀并就地确认蝶阀在完全关闭状态。通过向排汽装置补水，5号低压加热器出口放水的方法维持凝结水温度在45℃以下。

（2）冬季机组停运后，及时投入空冷凝汽器凝结水联箱、各排空冷凝汽器进汽电动蝶阀、抽空气门、凝结水门电伴热，机组正常运行后停运。

（3）若冬季运行中机组跳闸，立即停止所有空冷风机，若机组能立即启动，将1、2、3、6、7、8排进汽蝶阀及相应的抽空气门关闭，保留第4、5排进汽蝶阀和抽空气门在开启状态，投入高低压旁路系统运行并确保最小防冻流量。若机组不能立即启动，操作同正常停机。

（三）直接空冷系统的严密性试验

空冷机组真空严密性试验应维持机组负荷在480MW以上，保持机组负荷不变，调整轴封压力为35～45kPa，将空冷风机转速控制切至手动位，试验过程中维持空冷风机转速不变。停止所有运行的真空泵（或关闭真空泵入口手动门），记录好时间。每隔30s记录机组排汽压力、排汽温度一次。试验时间5min，取后3min排汽压力上升值的平均数为最终试验计算结果。试验结束后，及时启动真空泵（或开启排汽装置抽空气总门）恢复机组真空。试验过程中如果排汽压力超过报警值后机组出现异常情况，应立即终止试验。

真空严密性评价标准为：排汽压力每分钟压力上升至小于或等于200Pa为合格；排汽压力每分钟压力上升至小于或等于100Pa为优良。

（四）直接空冷系统的打压试验

空冷岛系统散热片面积庞大，如系统有泄漏，很不容易查找。针对此种情况，设计了空冷岛打压系统。打压系统用气为压缩空气，打压试验必须在机组停机时进行。打压前应关闭真空泵入口门，关闭1～8排空冷岛进汽碟阀，关闭1～8排空冷岛凝结水回水门，关闭2～8排空冷岛抽真空门，确认1排空冷岛抽真空门开启，然后开启压缩空气至真空泵入口管路打压一二次门，进行1排空冷散热器系统打压，控制好空冷岛打压压力，严防空冷岛超压损坏设备。空冷岛压力升至试验压力后，关闭打压一二次门，进行空冷岛散热片查漏。

三、直接空冷系统运行监视、调整

直接空冷系统的监测和调节控制均纳入机组DCS系统，在正常运行工况下，由机组

DCS 监视和调整空冷系统安全经济运行，以满足不同季节条件下的汽轮机背压要求。

（一）直接空冷系统正常运行中监视参数

（1）各排散热器凝结水温度，1～8 排空冷风机设有 2 号、6 号凝结水温度测点（共 16 个测点），正常情况各凝结水温度测点温度应该偏差不大，若出现某一排凝结水温度较其他排明显低的情况，可能是该排散热器有漏点，空气漏入导致过冷，或散热器蒸汽流量分配不均匀，应及时查找原因消除。

（2）抽气口温度，各排抽气口设有温度测点监视，正常运行要求各抽气口温度大于 15℃，若抽气口温度低，应及时降低逆流风机转速或停止逆流风机运行，必要时启动逆流风机反转。

（3）环境温度、风向及风速，直接空冷系统受环境温度、风速、风向影响较大。特别是在夏季环境温度高时，应严密监视风速、风向变化。

（二）空冷风机频率运行调整

直接空冷系统中风机采用变频调速控制，频率输出范围为 10～50Hz，在未达到机组真空设定值的情况下，风机频率应保持在最大频率 50Hz 运行。当机组达到真空设定值时，风机出力存在调整余量时，可进行频率调整，调整原则：

（1）计算空冷凝汽器过冷度。取空冷风机系统画面中，6 个点排汽温度平均值，作为排汽温度，1～8 排空冷风机凝结水温度中温度最高点作为最高点凝结水温度，温度最低点作为最低点凝结水温度。

（2）排汽温度与最高点凝结水温度之差为空冷凝汽器最小过冷度，排汽温度与最低点凝结水温度之差为空冷凝汽器最大过冷度。

（3）当最小过冷度大于某设定值时，降低空冷风机频率；当最大过冷度小于某设定值时，增加空冷风机频率，每次调整 5Hz。

（4）每次调整后稳定时间大于 10min，观察效果。

（5）冬季运行时，优先执行空冷岛防冻措施。

四、直接空冷系统常见设备故障及检修隔离

（1）风机减速机油流量低。油流量是监视风机运行是否正常的重要指标，油流量低是风机发生频次最多的故障。故障原因有机械和热控两种，机械原因有：减速机缺油、减速机油泵故障、减速机损坏；热控原因有：热控流量计损坏。当风机出现流量低报警时，应及时停止风机运行，将风机停电，通知检修人员处理。

（2）变频器跳闸。变频器是控制风机转速的设备，变频器跳闸也是常见的故障。故障原因有：变频器内积灰、变频器元件损坏、变频器超温。当出现变频器跳闸时，应拉开风机电源开关，将变频器停电，通知检修人员处理。

（3）风机电动机振动大。日常测振是空冷岛巡检内容，经常会测出风机电动机振动大的问题。电动机振动大的原因有：减速机损坏、电动机轴承损坏。当发现电动机振动大，应及时停止风机运行，将风机停电，通知检修人员处理。

第三节　直接空冷系统度夏及防冻注意事项

一、直接空冷系统夏季运行注意事项

（1）机组运行期间，投入真空 RB 保护。

（2）机组运行期间，若真空降至 54kPa，检查备用真空泵联启，否则手动启动。

（3）机组运行期间，严格按照制定的“背压保护曲线”的要求进行负荷控制。当两个低压排汽缸任一真空值达到逻辑给定报警值时，立即降负荷，直至真空低于报警值。当机组进入“限制运行区”运行时，立即降低机组负荷。在 15min 内离开该区域运行，若模拟量低真空保护达到动作条件不动作，立即打闸停机。

（4）当环境温度大于 20℃时，加强对大气风速和风向的监视。密切监视机组背压的变化。

（5）当环境温度大于 30℃或真空低于 50kPa 时，加强监视模拟量低真空保护画面。

（6）当真空达到 43kPa 且 30s 内真空降低速度大于 1.5kPa 时，迅速降低负荷（降负荷速率大于 30MW/min），直至 30s 内真空降低速度小于 1.5kPa。当真空达到 40kPa，迅速降低负荷（降负荷速率大于 30MW/min），直至真空达到 40kPa 以上。降负荷应用协调方式，防止解除协调后真空 RB 不动作。降负荷后及时对照“背压保护曲线”检查当时机组运行工况点应位于运行区内，否则继续降负荷，直至机组运行工况点进入运行区。

（7）加强对凝结水系统的监视，当凝结水压力低于 1.0MPa 时，检查备用泵联启，否则手动启动。当运行凝结水泵与备用凝结水泵入口压力差不正常增大时，及时分析查找原因。

（8）当凝结水温度升高至 65℃、80℃时（阴床 70℃解列，阳床 85℃解列），通知精处理值班员做好精处理退出的事故预想，对精处理出入口门和旁路门的动作情况进行监控，防止发生凝结水中断或跑树脂。

（9）机组正常运行期间尽量维持排汽装置高水位运行，水位维持在 1500～1700mm，同时防止水位瞬间过高进入排汽管道引起排汽管道振动。

（10）在提高汽轮机真空时，调节风机转速时缓慢操作，并对照“不同压力下的饱和温度表”进行调整，防止真空升高太快，凝结水温度高于对应压力下的饱和温度引起凝结水汽化。

（11）机组在高负荷、低真空运行期间，加强对主机各运行参数的监视，控制汽轮机主汽流量、调节级压力、低压缸排汽温度、轴向位移等参数在规定范围内，若超限尽快降低机组负荷，直至合格。

（12）机组在正常运行时，每班根据“不同压力下的饱和温度表”，核对两个低压排汽缸的温度和背压的对应关系，发现二者不对应时，及时查找原因并通知相关专业人员处理。

二、空冷岛冬季运行注意事项

机组正常运行时，控制机组负荷高于空冷岛在不同环境温度下机组运行的最小负荷（以表 8-1 为例）；空冷岛在不同环境温度下应保证的最小进汽量和运行中最低负荷（8 排散热器全投时）：

表 8-1　空冷岛冬季不同环境温度下机组运行的最小负荷

环境温度（℃）	最小负荷（MW）	最小排汽量（t/h）
0	234	348.1
−5	270	401.8
−10	307	457.2
−15	346	513.7
−20	385	572.0
−25	425	631.8
−30	475	705.2

（1）冬季空冷机组真空维持−81～−84kPa 运行，特殊情况可根据环境温度及空冷岛温度调整。

（2）当风机频率降至 20Hz，真空仍较高时，按由外到内的顺序停运空冷风机。当散热器或联箱外表面温度低于 0℃时，停运相应空冷风机运行。

（3）尽量保持各风机的频率相同，低负荷时尽可能保持各排风机多投、低频运行（高于 20Hz）。

（4）机组正常运行时，调节风机转速，使各排散热器下联箱凝结水温度均高于 35℃（最低不低于 25℃）且各排散热器凝结水过冷度均小于 5℃。

（5）运行中空冷散热器凝结水的任一温度降至 25℃以下，及时查找原因，温度继续降低至 15℃以下时，降低风机转速，降低真空，若 30min 内温度不上升，则增开一台真空泵运行，当空冷散热器凝结水温度上升至 20℃且空冷岛进汽温度与空冷散热器凝结水温度之差小于 6℃时停运。

（6）当抽气口温度低于 15℃时，停运相应排的两台逆流风机，若抽气口温度继续下降，启动两台逆流风机反转方式，抽气口温度恢复正常时停运，若该排任一凝结水温度有明显下降趋势时停运，并恢复空冷风机正常运行方式（正转）。

（7）逆流风机反转时，同排的两台风机尽量同时启停，同时反转的排数不得超过两排。逆流或反转时间一般不超过 30min，防止凝结水过冷。逆流风机正反转切换时，待风机停运 1min 并就地确认风机已停转后再启动，以防止齿轮箱损坏。

（8）加强对排汽装置的补水量及排汽装置水位的监视，发现排汽装置水位下降、补水量异常增大时，应分析空冷散热器以及凝结水管道是否冻结。

（9）每班就地实测各排散热器及联箱表面温度至少两次，并记录最低温度值，投运散热器温度低于 0℃或凝结水联箱外表面最低温度低于 5℃时，及时采取措施，如降低风机转速、按由外到内的顺序停运空冷风机、升高机组负荷、投入空冷凝汽器凝结水联箱及凝结水门电伴热和其他保温加热措施。

（10）每班就地实测各空冷凝结水回水管外表面温度两次，发现温度较正常运行时偏差较大，应及时查找原因。

思考题

1. 空冷系统分类有哪些？
2. 直接空冷系统特点是什么？
3. 直接空冷凝汽器的工作原理是什么？
4. 直接空冷系统散热片顺、逆流是如何布置的？各有什么作用？
5. 直接空冷系统投入顺序是怎样的？
6. 直接空冷系统停运顺序是怎样的？
7. 直接空冷系统正常运行检查哪些项目？
8. 直接空冷系统正常运行监视参数有哪些？
9. 直接空冷系统正常运行风机频率如何调整？
10. 直接空冷系统常见设备故障有哪些？
11. 直接空冷系统夏季运行注意事项有哪些？
12. 直接空冷系统冬季运行注意事项有哪些？
13. 直接空冷系统在不同环境温度下应保证的最小进汽量和运行中最低负荷是多少？
14. 直接空冷机组真空严密性试验条件及步骤是什么？
15. 直接空冷机组真空严密性评价标准是什么？
16. 直接空冷系统组成有哪些？
17. 空冷系统的操作主要有哪些？
18. 直接空冷系统的打压试验如何操作？
19. 空冷风机抽气口温度如何监视？
20. 尖峰凝汽器系统作用是什么？
21. 空冷凝汽器的冲洗及喷淋作用是什么？
22. 空冷凝汽器抽真空的抽气口如何布置？
23. 空冷凝汽器的作用是什么？
24. 空冷风机转速如何控制？
25. 空冷风机减速机油流量低故障如何处理？
26. 空冷风机变频器跳闸故障如何处理？
27. 空冷风机电动机振动大故障如何处理？
28. 夏季当机组真空低时，如何处理？

第九章
汽 水 系 统

第一节 系 统 概 述

一、汽水系统流程

1. 直流炉

机组正常运行时汽水流程为：低压缸排汽→凝汽器→凝结水泵→低压加热器→除氧器→给水泵（汽动给水泵或电动给水泵）→高压加热器→省煤器→水冷壁→汽水分离器→过热器→汽轮机高压缸→高压缸排汽→再热器→中压缸→导汽管→低压缸→低压缸排汽。汽水系统的主要设备和具体流程可参见图 9-1。

机组启动时汽水流程为：凝汽器→凝结水泵→低压加热器→除氧器→给水泵（汽动给水泵或电动给水泵）→高压加热器→省煤器→水冷壁→储水罐→汽水分离器→过热器→高压旁路→再热器→低压旁路→凝汽器。

注：机组启动时高、低压加热器只走水侧，没有抽汽加热。

锅炉部分汽水流程细化为：省煤器→下降管→水冷壁→汽水分离器→顶棚过热器→包墙过热器→低温过热器→屏式过热器→高温过热器→汽轮机高压缸→壁式再热器和屏式再热器（或低温再热器）→高温再热器→中压缸。

2. 汽包炉

汽包炉启动和正常运行时机组汽水流程为：低压缸排汽→凝汽器→凝结水泵→低压加热器→除氧器→给水泵（汽泵或电泵）→高压加热器→省煤器→汽包→下降管→水冷壁→汽包→过热器→汽轮机高压缸→高压缸排汽→再热器→中压缸→导汽管→低压缸→低压缸排汽。

注：机组启动时高、低压加热器只走水侧，没有抽汽加热。

汽包炉汽水流程细化为：省煤器→汽包→下降管→水冷壁→汽包→顶棚过热器→包墙过热器→低温过热器→屏式过热器→高温过热器→汽轮机高压缸→低温再热器→高温再热器→中压缸→导汽管→低压缸→低压缸排汽。

二、系统设备介绍

（一）省煤器

省煤器位于锅炉尾部烟道，空气预热器上方。由大量蛇形管路组成，水容积约 130t 左右。它的作用是利用锅炉尾部烟道余热加热给水，提高给水温度，同时降低锅炉排烟损

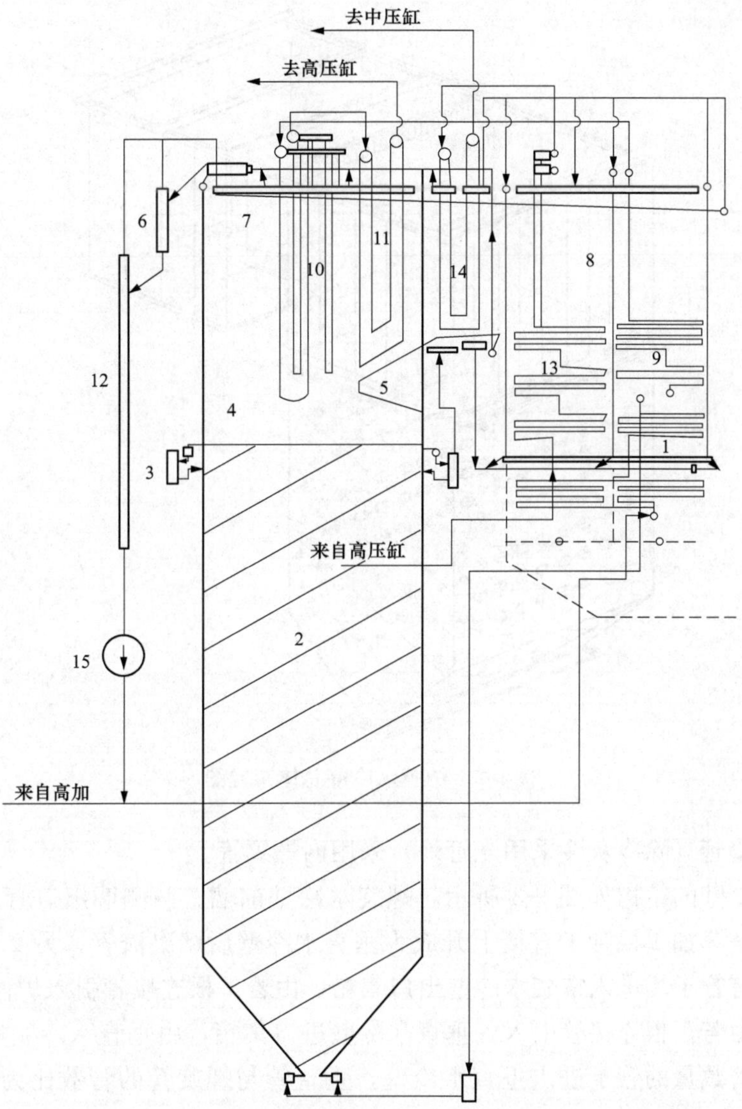

图 9-1　火力发电厂汽水流程图

1—省煤器；2—下部螺旋水冷壁；3—过渡段水冷壁；4—上部垂直水冷壁；5—折焰角；6—汽水分离器；7—顶棚过热器；8—包墙过热器；9—低温过热器；10—屏式过热器；11—高温过热器；12—储水罐；13—低温再热器；14—高温再热器；15—锅炉启动再循环泵

失，从而提高锅炉效率。（锅炉点火后不能连续上水，为防止省煤器干烧，设有省煤器再循环。锅炉停止上水时开启省煤器再循环；锅炉连续上水时关闭，防止冷水直接从省煤器再循环进入汽包。直流炉没有省煤器再循环）

（二）水冷壁

炉膛四周为全焊式膜式水冷壁，炉膛由下部螺旋盘绕上升水冷壁和上部垂直上升水冷壁两个不同的结构组成，两者间由过渡段水冷壁和水冷壁中间过渡集箱连接。炉膛水冷壁总体布置如图 9-2 所示。

炉膛下部水冷壁（包括冷灰斗水冷壁、中部螺旋水冷壁）都采用螺旋盘绕膜式管圈。

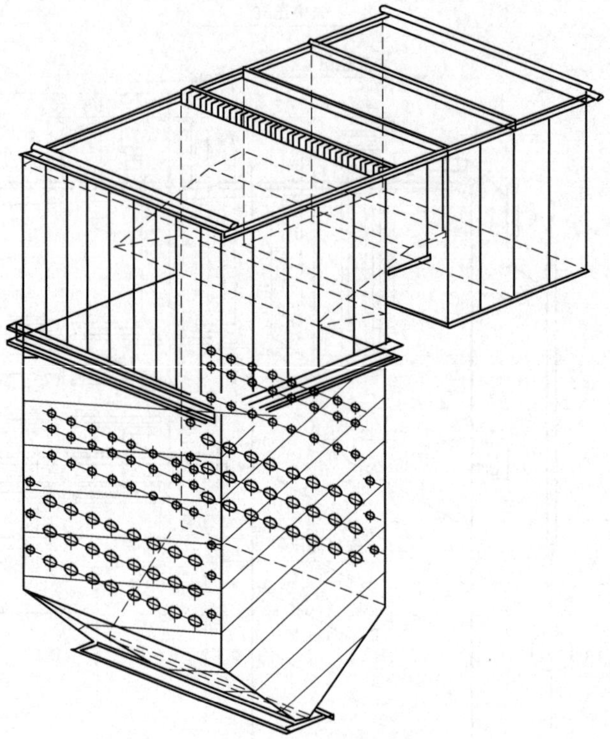

图 9-2　炉膛水冷壁总体布置图

中部螺旋水冷壁管（除冷灰斗采用光管外）采用内螺纹管。

过渡段水冷壁的结构如图 9-3 所示。螺旋水冷壁前墙、两侧墙出口管全部抽出炉外，后墙出口管则是 3 抽 1 根管子直接上升成为垂直水冷壁后墙凝渣管，另 2 根抽出到炉外，抽出炉外的所有管子均进入螺旋水冷壁出口集箱，由若干根连接管引入炉两侧的两个混合集箱混合后，由若干根连接管引入到垂直水冷壁进口集箱，由垂直水冷壁进口集箱拉出 3 倍于引入螺旋管数量的管子进入垂直水冷壁，垂直管与螺旋管的管数比为 3∶1。这种结构的过渡段水冷壁可以把螺旋水冷壁的荷载平稳地传递到上部水冷壁。

上炉膛水冷壁采用结构较为简单的垂直管屏。

（三）汽水分离器和储水罐

两个汽水分离器以锅炉中心线对称布置在炉前，垂直水冷壁混合集箱出口，采用旋风分离形式。分离出的水通过分离器下方的连接管进入储水罐，蒸汽则由分离器上方的连接管引入顶棚入口集箱。分离器下部水出口设有阻水装置和消旋器。汽水分离器和储水罐端部均采用锥形封头结构，封头均开孔与连接管相连。汽水分离器和储水罐结构如图 9-4 所示。

储水罐上部蒸汽连接管、下部出水连接管上各布置 3 个取压孔，后接 3 个并联的单室平衡容器，平衡容器一一对应提供压差给差压变送器，进行储水罐的水位控制。储水罐上有设定的高报警水位、储水罐水位调节阀全开水位、正常水位（上水完成水位）、储水罐水位调节阀全关水位及基准水位，根据各水位不同的差压值来控制储水罐水位调节阀调节

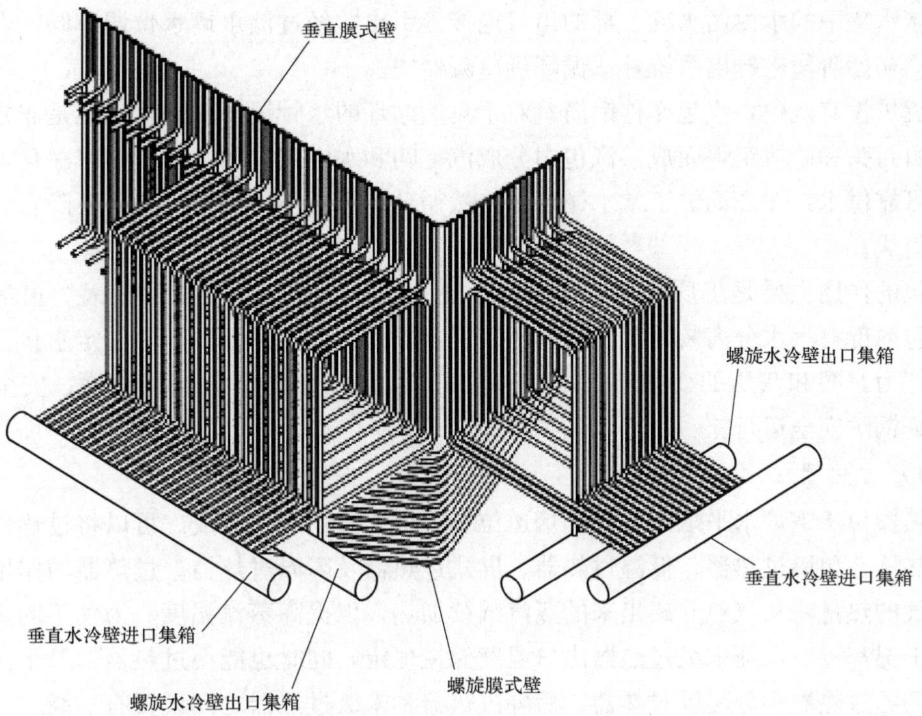

图 9-3　过渡段水冷壁结构示意图

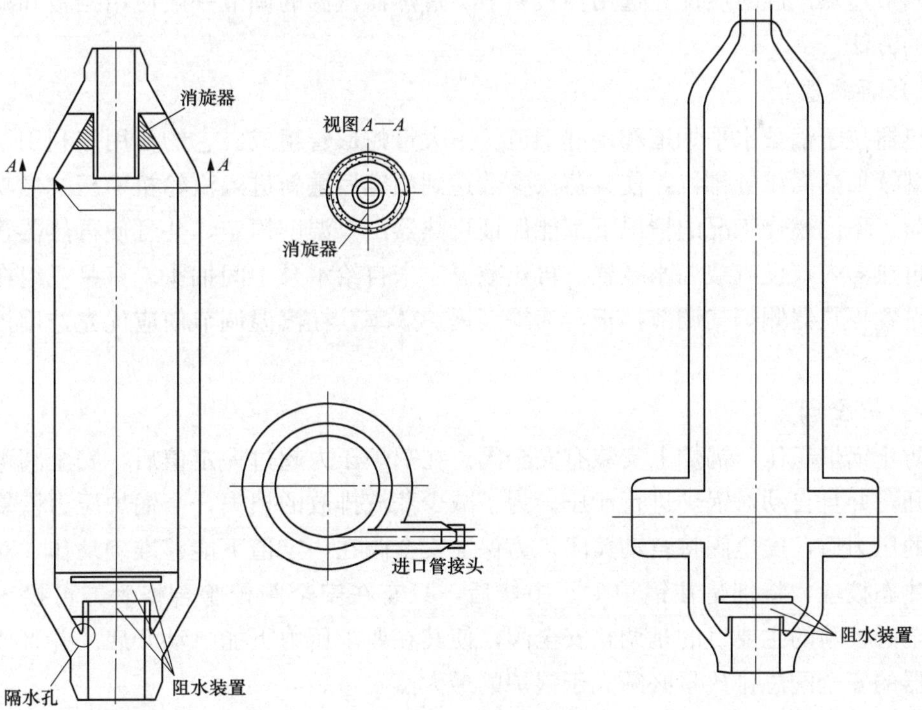

图 9-4　汽水分离器和储水罐结构简图

(a) 汽水分离器结构简图；(b) 储水罐结构简图

水位。储水罐中的水由储水罐下部的出口连接管引出，经过储水罐水位调节阀，在锅炉清洗及点火初始阶段被排出系统外或循环到冷凝器中。

直流炉没有汽包，汽包亦称锅筒。对于自然循环的水管锅炉来说，汽包是非常重要的部件，由封头和筒体组焊而成。汽包内分成汽空间和水空间，用以进行蒸汽净化，对下降管进行可靠供水，保证锅炉正常水循环。自然循环的水循环回路由汽包、下降管、上升管和集箱组成。

汽包的作用主要是工质加热、蒸发、过热三过程的连接枢纽，保证锅炉正常的水循环，汽包内部有汽水分离装置和连续排污装置，保证锅炉蒸汽品质，有一定水量，具有一定蓄热能力，缓和汽压的变化速度，汽包上有压力表、水位计、事故放水、安全阀等设备，保证锅炉安全运行。

（四）过热器

过热器位于锅炉水平烟道和尾部烟道位置，由大量蛇形管组成。可以将过热器细分为顶棚过热器、包墙过热器、低温过热器、屏式过热器及高温过热器。过热器的作用是利用锅炉烟气的热量将从汽包分离出来的蒸汽继续加热，以提高蒸汽温度。为使不同负荷、不同燃烧工况都可以保证末级过热器出口温度保持恒定，同时也能使过热器管壁不超温，还分别在低温过热器和分隔屏过热器、后屏过热器和末级过热器之间设置有一级、二级减温水。减温水取自给水泵出口管路。有些机组还设置有过热器侧烟气出口挡板，为提高锅炉效率，调节过热汽温时应优先选用挡板调节。过热器汽温的调节一般使用挡板和减温水配合调节的方法。

（五）再热器

再热器位于锅炉水平烟道和尾部烟道。由大量蛇形管组成。它的作用是利用锅炉烟气的热量继续加热高压缸排汽，使其蒸汽参数达到额定后重新进入汽轮机中压缸做功。为使不同负荷、不同燃烧工况的情况下都能保证再热器出口温度恒定，并且使再热器管壁不超温，在再热器入口设有减温水装置。再热减温水来自给水泵中间抽头。有些机组在锅炉尾部烟道设置再热器侧烟气调节挡板，为提高锅炉效率，在汽温调节使应优先选用挡板调节方法。

（六）安全阀

为防止锅炉超压，锅炉上安装有安全阀。在锅炉压力超过一定值后，安全阀可突然起跳至全开，并且自动对锅炉进行泄压。为了减少蒸汽排放的损失，当锅炉压力恢复至正常或稍低的压力后，安全阀将自动关闭。为保证安全阀在一定值下能够准确动作，对安全阀应进行热态校验，特别是在锅炉大、中修后，只有在安全阀校验合格后方可投入锅炉运行。安全阀校验的主要目的是调整安全阀，使其在要求压力下能自动开启。并且要求汽包和过热器的安全阀总排放量必须大于锅炉的最大蒸发量。

为防止安全阀频繁起座，一般锅炉在过热器出口两侧各设置一个开启压力小于安全阀的电磁泄压阀，也称为EBV阀或PCV阀，电磁泄压阀是通过设定压力起座，也可远方进行开启。当然，一般情况下是不进行人为干预的。电磁泄压阀的进口侧各装有一个手动隔离阀，用于电磁泄压阀检修时与锅炉隔离。在电磁泄压阀被隔离时，锅炉能继续保持运行。

1. 安全阀的整定值

为了保证锅炉出现超压时有一定的蒸汽流量流经过热器，使过热器得到冷却，因此所有过热器出口的安全阀起座压力均低于汽包安全阀的起跳压力。为防止所有安全阀同时起跳，同一侧的每个安全阀的起跳压力也不同。过热器电磁泄压阀的起跳压力低于其他所有过热器的起跳压力，这样，可减少其他安全阀的起跳次数。

2. 电磁泄压阀排放试验

（1）关闭电磁泄压阀前手动门。

（2）在卧盘上将电磁泄压阀打至手动位，检查 EBV 阀开启指示灯亮，检查 ERV 阀就地开启正常。

（3）在卧盘上将电磁泄压阀打至自动位，检查 EBV 阀开启指示灯灭，检查 ERV 阀就地关闭正常。

（4）开启电磁泄压阀前手动门。

3. 安全阀日常运行注意事项

（1）安全阀要定期进行校验，以保证动作值准确。

（2）定期检查安全阀是否漏汽，在出现漏气后通知检修人员尽早处理，否则漏汽量会越来越大，而且后来由于阀芯的吹损，加大处理的难度。

（3）电磁泄压阀出现漏气时要及早将手动隔离阀关闭并通知检修人员处理。

4. 锅炉安全阀校验

（1）安全阀校验原则。

1）在机组大修或安全阀检修后均应对安全阀动作值进行校验。电磁泄压阀的热控、电气回路试验每月进行一次。每次大、小修停机前应对安全门、电动泄压阀进行一次放气试验。

2）安全阀校验工作应由锅炉检修负责人主持，检修人员负责校验，运行人员负责操作。安全阀校验必须有完善的技术、组织措施。热态安全阀整定时，严禁非试验人员进入现场。安全阀校验过程中，校验人员不得中途撤离现场。

3）安全门校验一般在机组不带负荷工况下进行，如进行带负荷校验，必须经总工程师批准，并有完善的技术措施。

4）安全门校验内容包括起、回座及阀门升程等。

5）安全门校验的顺序应先高压、后低压，依次对汽包安全门、过热器安全门、再热器进口安全门、再热器出口安全门逐一进行校验。

6）安全阀校验过程中，如出现异常情况，应立即停止校验工作。

（2）安全阀校验应具备的条件。

1）锅炉检修工作已结束，对锅炉本体和辅机进行启动前检查，确认已符合启动要求。

2）校验现场与集控室之间已设置通信联络工具。

3）汽轮机旁路系统和真空系统能正常投运，凝汽器真空正常。

（3）利用液压校验装置进行安全阀校验方法。

1）按照升温升压曲线，将汽包压力升至80%的安全阀最低整定压力，稳定机组负荷进行整定。电磁泄压阀控制开关应置于“OFF”位置。

2）待过热器出口安全阀校验结束后，将电磁泄压阀控制开关置于“自动”位置，校验电磁泄压阀。

3）再热器安全阀校验时，再热器压力升到4.0MPa时保持稳定，进行安全阀校验。

第二节　锅炉疏放水和放空气系统

1. 锅炉疏水扩容器

直流炉启动系统由汽水分离器、储水罐、储水罐水位调节阀、疏水扩容器、疏水泵等组成。系统示意图如图9-5所示。在锅炉启动处于循环运行方式时，饱和蒸汽经汽水分离器分离后进入顶棚过热器，疏水进入储水罐。来自储水罐的饱和水通过储水罐水位调节阀后引至疏水扩容器，疏水扩容器排汽口连通大气，疏水品质合格前经过疏水泵排至化学工业废水池，疏水品质合格后经疏水泵排至凝汽器。

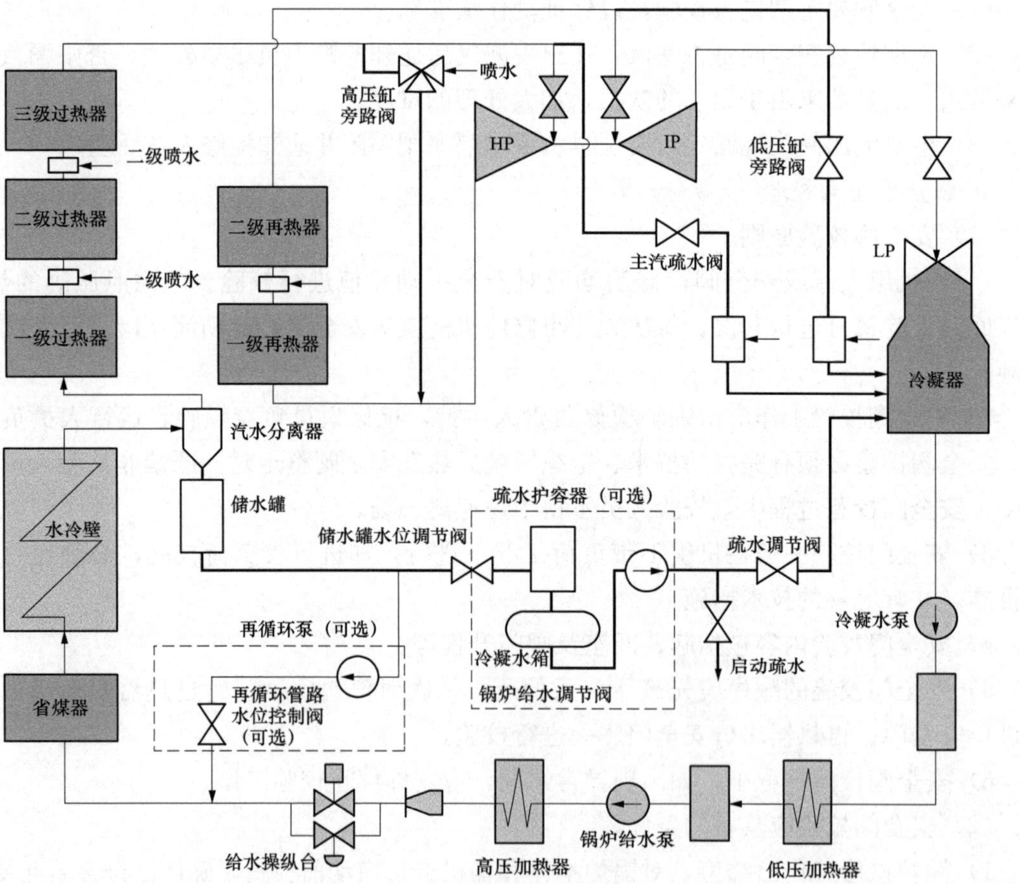

图9-5　启动系统流程示意图

汽包炉定期排污扩容器是将锅炉定期排污水或压力比定期排污膨胀器更高的排出的废热水，经过减压、扩容分离出二次蒸汽和废热水。二次蒸汽排入大气或作为热源利用，废热水一般经排污降温池排入下水系统。将降温处理后的废水，排入循环水冷却塔，或排入化学制水间，净化后再利用。

2. 锅炉放空气门

锅炉放空气门包括水冷壁放空气门、低温过热器、屏式过热器、高温过热器出入口集箱放空气门、主汽、再热汽炉侧管路放空气门。锅炉放空气门的作用是在锅炉上水和机组启动时开启，可将锅炉内空气排尽；在机组停炉放水时开启，有利于锅炉内炉水放尽。

这些放空气门集中在锅炉 60m 左右，一般有两道门，一道门一般为手动门，二道门为电动门。在锅炉启动前开启，锅炉点火后压力达到 0.2MPa 左右时关闭放空气门，并派人就地校严。停炉带压放水时，当锅炉压力降至 0.2MPa 左右时开启锅炉放空气门。

3. 锅炉疏水门

锅炉疏水门包括低温过热器、屏式过热器、高温过热器、再热器出入口、水平烟道、尾部烟道等各集箱疏水门。它的作用是在机组启停炉时将蒸汽凝结的疏水排尽。这些疏水通过汇集到疏水母管排进疏水扩容器。疏水放水管道一般也设置有两道门，一道门为手动门，二道门为电动门。在锅炉启动前开启，锅炉点火并且锅炉压力达到 0.49MPa 左右后关闭，并派人就地校严。停炉带压放水时，当锅炉压力降至 0.7MPa 左右时开启。

4. 锅炉放水门

锅炉放水门包括省煤器入口放水门、水冷壁下水分配头放水门。锅炉放水门一般用于锅炉停炉放水。锅炉带压放水时，一般等锅炉压力降至 0.7MPa 左右时开启。锅炉放水也由锅炉放水门排至疏水扩容器。

锅炉疏放水门均为高压阀门，操作时应站在阀门侧面，并缓慢操作，防止高压汽水喷出伤人。操作的扳钩应选用和阀门大小相对应的扳钩，以防止扳钩选用不当导致阀门损坏、汽水喷出伤人。

机组启动后要用测温枪逐一测量各阀门后管路温度，若高于环境温度 20℃证明阀门有内漏，应重新校严该阀门，防止工质流失。另外机组启动后应观察疏水扩容器的排汽量，若排汽量较大则应检查和疏水扩容器连接各管路阀门是否存在内漏，若有则校严内漏的阀门。

第三节 吹 灰 系 统

一、吹灰系统概述

火电机组的燃煤锅炉，其本体都装有吹灰器。该设计目的是为了提高锅炉运行的经济性，是为了维持锅炉受热面具有良好的传热性能。因为燃煤锅炉的烟气中含有相当量的飞灰，锅炉运行中飞灰会随时沉积到受热面上以致形成灰层。灰层的传热热阻是很大的，它将阻碍热量的传递，降低传热的效果。因此锅炉运行需要经常性地通过吹灰器去除受热面上的灰层，以保持良好的传热效果。

锅炉本体吹灰器一般有两种形式，布置在锅炉两种区域。一是锅炉炉膛四周的水冷壁区域，采用的是墙式吹灰器，由于它在吹灰时伸入的行程短，称为短吹。二是对流受热面区域，它所管辖的主要是过热器、再热器及省煤器。它们都布置在炉膛上部、水平及尾部烟道的烟气对流区域中。要吹除这些管组上的灰层，就要把吹灰器伸入炉内较深的位置，行程较长，故采用长伸缩式吹灰器，简称长吹。

二、吹灰系统设备

1. 吹灰器位置

吹灰器安装位置见表 9-1。

表 9-1　　吹灰器安装位置

型号	吹扫半径（mm）	吹扫角度（°）	吹灰枪行程（mm）	数量（台）	安装位置
V92	2000	360	300	64	炉膛
PS-LL	2000	360	10 300	50	屏式过热器、高温过热器、高温再热器、低温再热器、低温过热器
PS-SB	1500	360	5300（覆盖深 10 300）	10	省煤器区域

2. 吹灰用蒸汽汽源

锅炉的吹灰汽源采用屏式过热器出口的蒸汽。

空气预热器的吹灰汽源有两路，一路来自机组的辅助蒸汽系统，主要用于锅炉启动阶段的空气预热器吹灰；另一路来自吹灰蒸汽的主汽源（冷再），用于日常运行的空气预热器吹灰。当主汽压力满足要求，可以投运吹灰蒸汽系统后，应及时将空气预热器吹灰汽源切至主汽。

3. 吹灰疏水系统

为了使吹灰管路充分暖管、疏水，吹灰系统设计了十分重要的疏水系统，按受热面不同设计了不同部分的疏水，末端使用了疏水电动门，各路疏水共同连接到炉侧有压疏水母管，最后去往锅炉疏水扩容器。

三、吹灰系统检查

吹灰系统检查包括吹灰系统投运前检查和吹灰系统运行中维护。

1. 吹灰系统投运前检查

（1）检查所有吹灰器全部在退出位置。

（2）检查各吹灰器吹灰杆无变形，吹灰器进汽阀关闭，无漏汽现象。

（3）检查各吹灰器电气、热工接线无松动，进退行程限位开关位置正确。

（4）各吹灰器已送电，PLC 画面上状态显示正确。

（5）屏式过热器出口至吹灰系统供汽手动门开启电动门关闭。

（6）吹灰减压站压力、温度表投入指示正确。

（7）各气动阀门压缩空气压力正常，为 0.4～0.6MPa，无泄漏。

2. 吹灰系统运行中维护

（1）检查各吹灰器连接管道、阀门无漏汽现象。

(2) 吹灰压力、温度在正常范围内。短吹灰器前压力为 1.2MPa，长吹灰器前压力为 1.8MPa，空气预热器吹灰器前压力为 1.5MPa。

(3) 当吹灰压力大于 3.5MPa 时，“吹灰压力高”报警，自动中断程序运行。

(4) 当吹灰压力小于 1.0MPa 时，“吹灰压力低”报警，自动中断程序运行。

(5) 当某一阀门出现故障时，相应的画面中“系统故障”指示灯亮。

(6) 当某一阀门开/关信号长时不能返回时，“阀门超时”报警，开/关信号返回后 15s 报警信号自动消失。

(7) 当某一吹灰器进/退位置信号长时不能返回时，“吹灰器超时”报警，吹灰器退回初始位置 15s 后报警信号自动消失。

(8) 检查各吹灰器转动部分润滑良好，无卡涩现象。

(9) 当机组负荷大于 70%时，可投入炉膛短吹灰器。

(10) 当发生 MFT 时吹灰程序将自动停止。

(11) 空气预热器吹灰用冷再出口汽源时，辅助汽源进汽手动门关闭。

四、吹灰系统操作及注意事项

1. 吹灰控制方式

(1) 每一台吹灰器可在“AUTO 远方自动”“MANUAL 远方手动”“就地手动”方式操作。三种操作控制方式下，对每一个吹灰器/吹灰器组都可以进行旁路/投入设置。

(2)“远方自动”方式下，设有 A/B 两种吹灰程序，A 程序用于主汽至本体或空气预热器吹灰，B 程序用辅汽至空气预热器吹灰，可根据需要选择吹灰程序进行吹灰。“远方自动”方式下，可根据需要选择吹灰程序进行吹灰。

(3)“就地手动”方式只用于吹灰器的调试和检修。

2. 按流程进行程序吹灰

(1) 在吹灰操作画面上，选择“远方自动”控制方式。

(2) 根据需要选择吹灰程序 A 或 B。

(3) 进行吹灰器组/单只吹灰器的投入/旁路设置。

(4) 确认系统在初始位置复位。

(5) 按下程序投入按钮，启动吹灰流程程序。

(6) 在出现程序中断的情况下，检查中断原因，处理后重新按下程序投入按钮，程序从中断处继续执行。

(7) 吹灰完毕，系统自动回到初始位置。

3. 通过旁路方式有选择性进行程序自动吹灰

(1) 选择“远方自动”方式。

(2) 在吹灰 PLC 画面上选择需要旁路掉的吹灰器组或单只吹灰器。

(3) 选择吹灰程序 A，按下程序投入按钮，启动吹灰流程程序。

(4) 系统进行暖管，开启相应系统疏水，汽源开始供汽。

(5) 暖管结束后，相应的疏水阀关闭，程序吹灰开始。

（6）吹灰完毕，系统自动回到初始位置。

4. 选择单流程远方手动吹灰

（1）选择“远方手动”方式。

（2）确认无MFT、系统初始状态。

（3）系统进行暖管，开启相应系统疏水，汽源开始供汽。

（4）暖管结束后，相应的疏水阀关闭。

（5）按下需要选择并投入的吹灰器按钮，开始单只吹灰器吹灰。

（6）吹灰完毕，该吹灰器退出后，进行下一组吹灰器吹灰。

5. 吹灰器投运注意事项

（1）吹灰器投运时，特别注意主汽温度，主汽压力和炉膛负压的变化。水冷壁吹灰时加强锅炉火检监视，火检出现大幅摆动立即停止吹灰，防止灭火。

（2）无吹灰蒸汽时严禁投入吹灰器，以防烧坏吹灰器。

（3）吹灰程序：锅炉采用蒸汽吹灰时，吹灰的先后顺序是：先吹空气预热器，再吹水冷壁，然后吹水平烟道及尾部烟道，最后再吹空气预热器（空气预热器→炉膛→水平烟道→尾部烟道→空气预热器）。炉膛本体吹灰时，自下而上进行吹灰（第一层→第二层→第三层→第四层→第五层）。烟道吹灰时，按烟气流向逐对进行。

（4）炉膛吹灰器，水平烟道吹灰器与尾部烟道吹灰器成对投入。

6. 吹灰周期

（1）锅炉正常运行时水平烟道、尾部烟道吹灰周期为每天一次。炉膛吹灰可根据炉膛受热面清洁情况进行。

（2）当煤种变差（灰分增加，灰熔点较低）时，加强吹灰。

（3）锅炉启动正常后机组负荷70％以上或停炉前对所有受热面全面吹灰一次。

五、防止受热面吹损运行技术措施

（1）机组正常运行中各炉必须保证每日一次全面性吹灰。需要增加吹灰次数时，运行人员可根据运行实际需要对吹灰范围进行选择性吹灰。吹灰过程以程控为主，并按顺序进行。

（2）吹灰前必须通知吹灰维护人员，维护人员到达现场后方可开始进行吹灰操作，严禁现场无人监护而进行吹灰操作。吹灰期间吹灰器维护人员对吹灰器的工作过程进行监督检查，长吹灰器不能退出时，维护人员马上就地手动退出，然后恢复吹灰工作。短吹灰器卡涩不能退出时，立即关闭吹灰电动总门，将吹灰器退出，再继续进行吹灰操作。

（3）运行人员必须督促吹灰厂家人员到就地跟踪检查吹灰器投退情况，待吹灰结束后要求厂家维护人员在运行检修交待本上交待清楚“所有的吹灰器在原位或存在的异常”。

（4）如果吹灰系统发了报警信号（启动失败、超时、过载等），程序自动中断，运行人员必须及时电话告知吹灰维护人员，运行人员不允许在触摸屏上按复位信号按钮，待跟踪吹灰人员查明报警原因并进行缺陷处理或对故障的吹灰器采取可靠措施，且在运行记录本上交代清楚原因后，才允许操作复位信号按钮。

（5）为保证吹灰效果，吹灰时维持吹灰压力在规定的范围之内，疏水温度达到 250℃以上时，方可关闭疏水门进行吹灰。

（6）吹灰结束后运行人员对吹灰系统进行一次全面检查，重点为：吹灰器是否退出到位、管道和吹灰器有无内、外泄漏、就地吹灰压力表指示是否到零位。并对吹灰电动总门的严密性进行重点检查，当电动总门有泄漏时，关闭手动总门，有效隔绝吹灰汽源，防止因电动门不严，吹灰器不能完全退出时吹损受热面。

（7）吹灰结束后运行人员对四管泄漏监视系统进行检查，对比吹灰前后的趋势变化，发现异常及时汇报。

思考题

1. 简述正常运行时机组的汽水流程。
2. 简述机组启动时的汽水流程。
3. 省煤器的位置在哪？作用是什么？
4. 汽水分离器的位置在哪？作用是什么？
5. 过热器由几部分组成？
6. 过热器减温水有几级？减温水取自哪里？
7. 再热器减温水来自哪里？
8. 锅炉放空气门什么时候操作？
9. 锅炉疏水门什么时候操作？
10. 吹灰汽源都有哪些？
11. 吹灰疏水接到哪里？
12. 吹灰系统投运前检查哪些项目？
13. 吹灰系统运行中维护项目有哪些？
14. 锅炉设置安全阀的作用是什么？
15. 安全阀校验的主要目的是什么？
16. 如何进行电磁泄压阀排放试验？
17. 试述安全阀校验原则。
18. 安全阀校验应具备的条件有哪些？

第十章
烟 风 系 统

第一节 系 统 概 述

烟风系统由两个平行的供风系统、共同的炉膛、烟道和两台引风机构成。烟风系统一般主要包括下列设备和装置：两台动叶可调轴流式送风机（二次风机）；两台动叶可调轴流式一次风机；两台动叶可调轴流式引风机；两台容克式三分仓空气预热器；两台静电除尘器；两台火检冷却风机；两台暖风器；燃烧器及二次风箱；连接管道、挡板或闸门。烟风系统烟气流程：空气→送风机→暖风器→空气预热器→二次风箱→炉膛→水平烟道→尾部烟道→空气预热器→电除尘→引风机→脱硫系统→烟囱→排大气，烟风系统主要设备如图 10-1 所示。

对于一般的正压直吹式系统，锅炉烟风系统的作用在于：①提供具有合适温度的一次风，用来干燥和输送煤粉进入炉膛，并使煤粉空气混合物具有合适的流速，并均匀地送入各燃烧器，保证充分的着火；②提供冷一次风作为磨煤机干燥用风的调节风，根据原煤水分，调整进入磨煤机的冷、热一次风比例，以满足磨煤机干燥出力的要求及保证磨煤机后介质温度在允许范围内，保证制粉系统的安全运行；③为炉膛内燃料燃烧提供助燃风；④为密封风机提供压力较高的密封空气源，用来对给煤机、磨煤机和煤粉系统的挡板门进行密封，防止煤粉漏到磨煤机转动部件内或大气中；⑤将炉膛内燃烧产物吸出，最终经烟囱排入大气。

一、送风机

1. 送风机的作用

一般来讲，将向炉膛内燃料燃烧提供所需的助燃空气称为二次风。二次风由两台送风机吸入并加压，经暖风器和空气预热器加热后进入锅炉左墙和右墙的二次风箱，再由二次风箱分配给煤粉助燃。

2. 送风机组成

每台机组设有两台送风机。正常运行时两台送风机并列投入运行，每台送风机出力各占 50%。当一台送风机故障检修时，机组限 50%负荷。两台送风机均为动叶调节式轴流风机，轴承润滑方式为油润滑。送风机电动机润滑方式为油脂润滑。

送风机就地设有液压油站，通过液压调节系统可以改变风机叶片的角度，以达到改变送风量的目的。液压油站设置有两台液压油泵，供动叶调节系统用油，此外液压油经降压后提供给送风机轴承润滑油。机组正常运行时一台油泵运行，另一台油泵备用。油站冷却

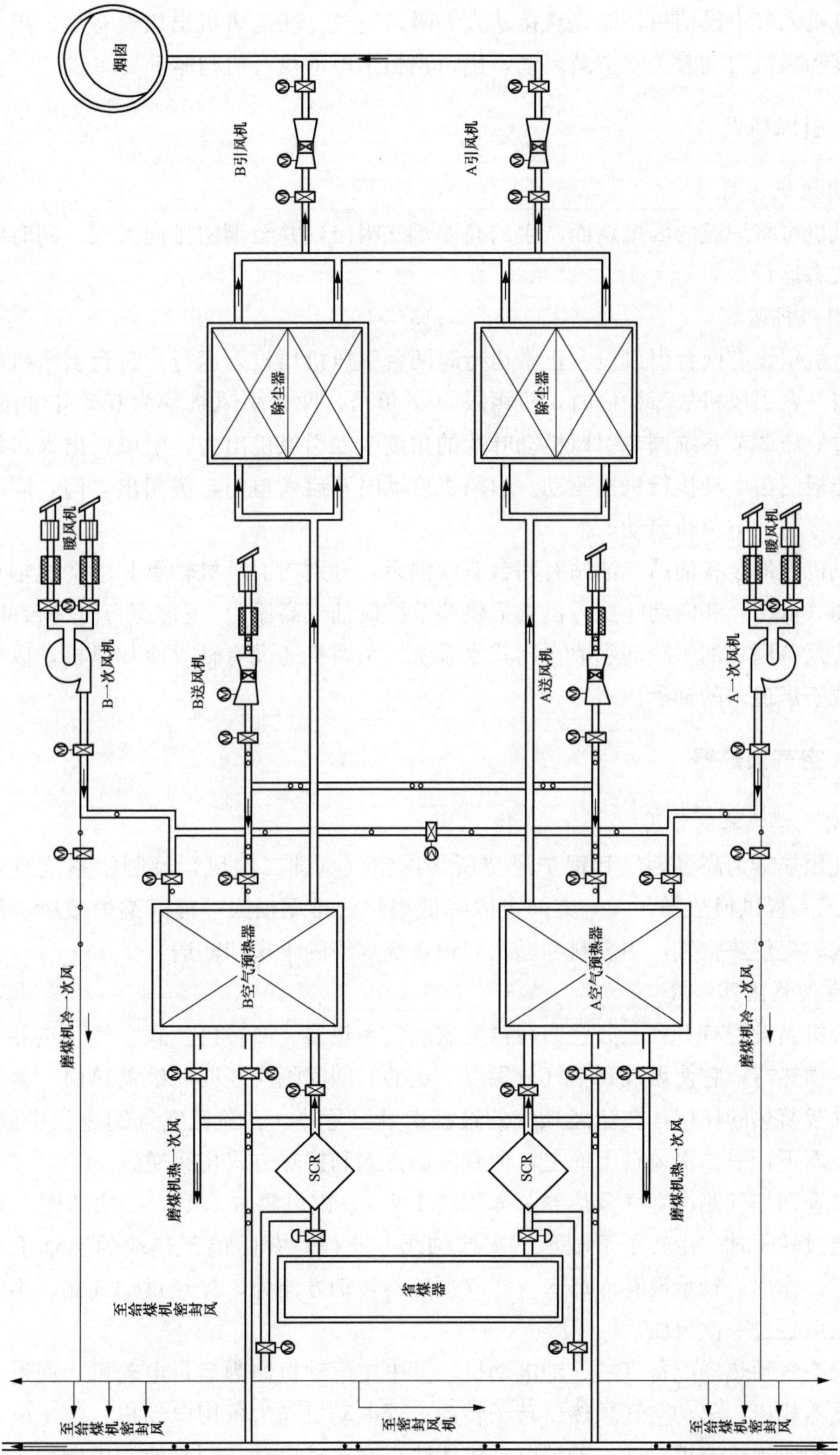

图 10-1　锅炉烟风系统示意图

水为闭式水。

送风机入口不设挡板，而是直接从大气吸入空气。在送风机出口设有出口挡板，用做系统隔离和风机启动时关闭空载启动，出口挡板由电动执行机构驱动。

二、引风机

1. 引风机作用

引风机可将炉膛内因燃烧而产生的高温烟气吸出，并经烟囱排向大气。同时维持炉膛微负压状态运行。

2. 引风机组成

每台机组设有两台引风机，正常运行时两台引风机均投入运行，每台引风机出力各占50%。当一台引风机故障检修时，机组限50%负荷。两台引风机均为双动叶轴流式风机，可以通过液压调节系统调节引风机动叶片的角度改变引风机出力。引风机出入口均设有挡板门，挡板门由电动执行机构驱动。引风机启动时开启入口门，关闭出口门，同时将动叶开度调至零位，空负荷启动。

引风机就地设有油站，油站有两台双联油泵，分别向引风机轴承和电动机轴承提供润滑冷却油（低压）和向动叶执行机构提供调节控制油（高压）。正常运行时一台油泵运行，另一台油泵备用。油站冷却水取自闭式水系统。引风机还设有轴承冷却风机，以用来冷却引风机位于烟道内的轴承。

三、空气预热器

1. 空气预热器的作用

空气预热器为高温烟气和锅炉燃烧所需的空气（即二次风）及制粉系统所需的空气（即一次风）提供换热平台。一方面可以降低锅炉的排烟损失，提高锅炉效率；另一方面也可为锅炉提供热空气，用燃料助燃及制粉系统煤粉的干燥和输送。

2. 空气预热器组成

每台机组设置有一台三分仓回转再生式空气预热器。回转再生式空气预热器是一种蓄热式空气预热器，它使烟气和空气分别以一定的时间间隔流经同一组蓄热面。蓄热面中的蓄热元件起蓄热的作用，在流经烟气的过程中升温蓄热，在流经空气的过程中放热冷却。烟气自上而下，一二次风自下而上，两者流动方向和换热方式均为逆流。

三分仓即烟气侧占空气预热器总体积的1/2，一次风侧占1/12，二次风侧占5/12。整个转子通过转子轴，由转子下轴承（支撑轴承）支撑，并由位于热端的上轴承（导向轴承）起定位作用。轴承设有冷却水。空气预热器转动方向为，先经过烟气侧，再经过二次风侧，最后经过一次风侧。

每台空气预热器配备有主、辅电动机，其中主电动机作为运行电动机，通过减速箱同空气预热器相连，驱动空气预热器转子转动；辅电动机作为备用电动机，当主电动机故障跳闸时，辅电动机连锁启动。若辅电动机无法正常连锁启动，则将使对应侧送、引风机跳闸，触发机组RB动作。

为防止空气预热器积灰，还设有空气预热器吹灰系统。吹灰汽源分别取自辅助蒸汽汽源和锅炉自生蒸汽。机组启动初期，锅炉无自生蒸汽。所以空气预热器吹灰采用辅助汽源蒸汽进行。在机组启动初期投油期间，空气预热器必须保证连续吹灰。这是为了防止燃油燃烧不完全，油滴随烟气粘在空气预热器换热面上堵塞空气预热器。待机组负荷增加后，锅炉自生蒸汽参数满足要求，空气预热器吹灰汽源可倒至锅炉自生蒸汽。

四、暖风器

1. 暖风器作用

暖风器的作用在于提高进入空气预热器的一、二次风温，以减少因大量冷空气进入空气预热器的受热面造成结露、积灰而造成空气预热器低温腐蚀。

2. 暖风器组成

暖风器汽源均由高温辅汽带。一、二次风侧均设有暖风器。在暖风器投运期间，要求空气预热器冷端综合温度大于规定值（所谓冷端综合温度即一、二次风暖风器出口温度加上空气预热器后排烟温度的数值），目的是防止空气预热器结露腐蚀和堵灰。暖风器投入初期，疏水外排。待水质合格后由暖风器疏水泵打至除氧器，从而回收工质和热量。

五、火检风机

1. 火检风机作用

为炉膛煤、油火检探头提供冷却风源，保护火检探头不被炉膛高温烟气烧坏。

2. 火检风机组成

每台机组设有两台火检风机，机组正常运行时，一台火检风机运行，一台火检风机备用。运行火检风机故障跳闸时备用火检风机联启。若两台火检风机均无法正常运行，将导致锅炉灭火保护动作。

第二节 系统检查

一、送风机启动前检查项目

（1）有关工作已结束，工作票已全部收回，工作人员已撤离；系统恢复正常，表计齐全且投入，现场清理干净，地脚螺栓无松动，系统人孔门均关闭，对轮防护罩牢固完整。

（2）检查各热工测量、控制装置接线完好，无松动；所有热工连锁保护试验合格且投入正常。

（3）检查电动机接地线良好，绝缘合格，电源送电且投入所有电气保护。

（4）检查油箱油位在正常范围内，油质合格。

（5）检查油站冷却水正常，投入油冷却器运行，检查油温在正常范围内。

（6）启动一台液压油泵，确认油泵连锁正常，另外一台油泵投入备用。

（7）检查液压油压在正常范围内，液压油流量正常。

（8）就地确认送风机出口挡板及动叶片状态与DCS反馈一致。

（9）检查空气预热器二次风出口挡板在开启位置。

二、送风机运行中巡检项目

（1）送风机油站润滑液压油压、油温、油箱油位在正常范围内，滤网差压无报警；冷却水投入正常无泄漏。

（2）送风机声音、振动正常，暖风器投运时风机风道底部放水门打开后无水。

（3）送风机轴承温度、电动机轴承及绕组温度在正常范围内。

（4）送风机动叶执行机构连接完好无松动，远方就地指示一致。

（5）液压油站油泵声音、振动合格，无漏油现象。

（6）检查风机出入口软连接无破损。

（7）送风机调节时尽可能两台同步调节，两台风机的负荷均匀。

（8）检查送风机入口滤网无杂物。

三、引风机启动前检查项目

（1）有关检修工作全部结束，工作票收回，工作人员撤离；表计正常投入，现场清理干净，地脚螺栓无松动。

（2）检查电动机接地线良好，电动机绝缘合格，电源送至工作位置且所有保护连锁投入。

（3）检查各热工测量、控制装置接线完好，无松动；所有热工连锁保护试验合格且投入正常。

（4）液压润滑油系统控制箱及油泵送电，就地控制柜信号正确，无报警信号；引风机出、入口挡板送电，动叶调节装置送电。

（5）检查油站冷却水投入正常。

（6）检查风机油站油位、油温正常，油质合格，无乳化现象。启动一台液压润滑油泵，检查供油压力正常，润滑油流量正常，轴承回油正常，确认引风机液压润滑油站油泵连锁试验合格，各热工保护试验合格，将另一台油泵投入备用。

（7）检查确认引风机轴承冷却风机具备投运条件，启动一台冷却风机运行，检查风机转向正确，风压正常，另一台冷却风机投入备用。

（8）检查脱硫系统及电除尘没有影响引风机启动的工作。

四、引风机运行中巡检项目

（1）检查引风机油站油泵振动合格，声音良好，控制箱无异常报警；油箱油位正常、油质合格；润滑油压及液压油压正常，滤网差压在正常范围内，无报警信号；润滑油及液压油滤网压差高时应及时切换，并通知维护人员清理。

（2）检查油站冷却水通畅，供油温度正常。

（3）检查轴承冷却风机运行正常，入口滤网无杂物。

（4）引风机轴承温度、电动机轴承温度、电动机绕组温度均在正常范围内。

（5）引风机轴承振动在正常范围内，就地声音良好。

（6）引风机运行中调整时尽量缓慢且保证两台引风机所带负荷尽量相同。

（7）检查引风机本体无漏风现象。

（8）检查引风机出入口软连接无破损，动叶执行机构连接完好、无松动。

五、暖风器运行中巡检项目

（1）暖风器疏水泵振动、声音正常，机械密封无泄漏，疏水箱水位正常。

（2）系统无泄漏、振动等异常现象。

六、空气预热器启动前检查项目

（1）空气预热器及其相关的检修工作已结束，空气预热器内作业人员全部撤离，无遗留杂物，工作票全部收回，现场清理干净。所有的人孔门、安装孔及观察孔关闭。

（2）检查驱动减速箱的油位在油位计的2/3处，油温合格。

（3）检查导向轴承、支撑轴承油位在油面镜的2/3处。

（4）检查空气预热器轴承冷却水投入正常。

（5）测量空气预热器主、辅电动机绝缘合格后送电。

（6）检查蒸汽吹灰及消防水源正常。

（7）火灾监控装置投入，转子停转报警系统试验合格且投入正常，信号显示正确。

（8）做空气预热器主、辅电动机的连锁试验合格。

七、空气预热器运行中巡检项目

（1）空气预热器上下轴承油位大于1/2。

（2）空气预热器主辅电动机温度、声音、振动均正常。

（3）空气预热器本体及出入口烟风道无漏风，内部无异声。

（4）空气预热器吹灰正常，无漏汽现象。

八、火检风机运行中巡检项目

（1）出口压力正常，若风压低及时切至备用风机运行，通知维护人员处理。

（2）运行风机声音良好、振动合格，电动机温度不超限。

（3）备用火检风机在备用位，就地备用指示灯亮。

第三节 系统主要操作与定期试验

一、送风机启动注意事项

（1）确认送风机启动条件具备（主要包括送风机及送风机电动机轴承温度、绕组温度不超过报警值，送风机油站油位正常，油压及油温在正常范围内，对应侧空气预热器出、入口挡板及送风机出口挡板状态符合要求）。

（2）启动一台送风机，确认出口挡板联开，否则手动开启，检查送风机电流、振动、声音及轴承温度正常。

（3）启动第二台送风机前必须确认此送风机无倒转现象，否则要采取停转措施后方可启动。

二、单侧送风机停运注意事项（机组运行中，如A送风机停运）

（1）检查机组负荷已降至50%。

（2）将A送风机负荷转移至B送风机，注意检查B送风机电动机不过电流，同时加强B送风机就地检查及DCS参数监视。

（3）退出A送风机停连锁停A引风机连锁（如有此连锁）。

（4）停A送风机，注意检查出口挡板联关正常（如有此连锁，否则在停送风机后手动关闭此挡板），同时检查送风机不倒转。

三、送风机内部检修注意事项

（1）确认送风机电动机已停电。

（2）确认送风机出口挡板已关闭严密且停电。

（3）确认送风机动叶执行机构停电。

（4）确认送风机液压油站停运并停电。

（5）确认送风机入口风温小于50℃。

（6）确认送风机就地已完全停转，且做好风机防转动措施。

（7）确认送风机出口风压接近零。

四、送风机油站滤网切换及注意事项

（1）滤网切换手柄由运行滤网少许切至备用滤网，备用滤网注油。

（2）备用滤网注油完毕后，将滤网由运行滤网切至备用滤网运行。

（3）若切换后油压降低或者系统有漏油，应立即切至原滤网运行。

五、送风机油站油泵定期切换

（1）检查备用油泵处于良好的备用状态（电动机绝缘合格，电源开关已送电）。

（2）启动备用油泵运行，检查油泵运行正常，油泵出口母管油压有所上升。

（3）停止原运行油泵运行，检查油泵不倒转，油泵出口母管压力正常。

（4）若油压低或者系统有漏油应立即切至原运行方式运行。

六、引风机启动注意事项

（1）确认引风机启动条件满足（主要包括引风机及引风机电动机轴承温度、绕组温度不超过报警值，引风机油站油位正常，油压及油温在正常范围内，轴承冷却风机运行正常，对应侧空气预热器、入口挡板及引风机出入口挡板状态符合要求）。

（2）确认烟风系统通道畅通（注意联系脱硫运行人员及除灰运行人员确认引风机是否可以启动）。

（3）启动一台引风机，检查引风机电流、振动、声音及轴承温度均正常。

（4）出口挡板联开，否则手动开启。

（5）启动第二台引风机前必须确认此引风机无倒转现象，否则要采取停转措施后方可启动。

（6）调节引风机动叶使炉膛负压保持在－50～－80Pa，动叶投入自动后，负压设定在－50Pa。

七、单侧引风机停运注意事项（机组运行中，如A引风机停运）

（1）检查机组负荷已降至50%。

（2）将A引风机负荷转移至B引风机，注意检查B引风机电动机不过电流，同时加强B引风机就地检查及DCS参数监视。

（3）退出A引风机停连锁停A送风机连锁（如有此连锁）。

（4）停A引风机，注意检查出口挡板联关正常（如有此连锁，否则在停风机后手动关闭此挡板）。

（5）手动关闭A引风机入口挡板，同时检查A引风机不倒转。

八、引风机内部检修注意事项

（1）确认引风机电动机已停电。

（2）确认引风机出口挡板已关闭严密且停电。

（3）确认引风机入口挡板已关闭严密且停电。

（4）确认引风机动叶执行机构停电。

（5）确认引风机就地已完全停转，且做好风机防转动措施。

（6）确认引风机停转后停运引风机油站，油站停电。

（7）就地测量引风机人孔门处温度小于30℃。

九、引风机油站滤网切换及注意事项

（1）滤网切换手柄由运行滤网少许切至备用滤网，备用滤网注油。

（2）备用滤网注油完毕后，将滤网由运行滤网切至备用滤网运行。

（3）若切换后油压降低或者系统有漏油，应立即切至原滤网运行。

十、引风机油站油泵定期切换

（1）检查备用油泵处于良好的备用状态（电动机绝缘合格，电源开关已送电）。

（2）启动备用油泵运行，检查油泵运行正常，油泵出口母管油压有所上升。

(3) 停止原运行油泵运行，检查油泵不倒转，油泵出口母管压力正常。

(4) 若油压低或者系统有漏油应立即切至原运行方式运行。

十一、引风机轴承冷却风机定期切换

(1) 检查备用冷却风机处于良好的备用状态（电动机绝缘合格，电源开关已送电）。

(2) 启动备用冷却风机运行，检查风机运行正常。

(3) 停止原运行风机，检查风机不倒转。

十二、空气预热器连锁试验

(1) 检查空气预热器具备启动条件，启动空气预热器主电动机，检查转向正确（由二次风向一次风方向转动），振动正常，就地空气预热器无摩擦声音，电流平稳无波动。

(2) 主电动机运行正常后，就地停运主电动机（拉就地控制箱电源或捅事故按钮），规定延时后检查辅电动机联启正常，将主电动机控制电源重新送电或将事故按钮复位（如需要复位）。

(3) 辅电动机运行正常后，就地停运辅电动机（拉就地控制箱电源或捅事故按钮），规定延时后检查主电动机联启正常，将辅电动机控制电源重新送电或将事故按钮复位（如需要复位）。

十三、空气预热器内部检修注意事项

(1) 就地确认空气预热器完全停转。

(2) 确认空气预热器主电动机电源停电。

(3) 确认空气预热器辅助电动机电源停电。

(4) 确认空气预热器吹灰器停电。

(5) 确认空气预热器二次风进口挡板关闭严密且停电。

(6) 确认空气预热器二次风出口挡板关闭严密且停电。

(7) 确认空气预热器一次风进口挡板关闭严密且停电。

(8) 确认空气预热器一次风出口挡板关闭严密且停电。

(9) 确认空气预热器烟气进口挡板关闭严密且停电。

(10) 确认辅助汽源至空气预热器吹灰器手动门及后屏式过热器至空气预热器吹灰手动门均关闭。

十四、暖风器检修注意事项

(1) 暖风器疏水倒外排。

(2) 停运暖风器疏水泵，停电。

(3) 关闭暖风器疏水泵至除氧器手动门。

(4) 关闭暖风器各供汽手动门。

(5) 为防止暖风器内残留疏水放不尽，暖风器解法兰放水。

（6）暖风器消压至0MPa，各放水门、疏水法兰无汽水流出，温度低于85℃。

十五、火检风机停运

（1）空气预热器入口烟温小于规定值方可停止火检风机运行。

（2）解除备用火检风机连锁。

（3）停止火检风机运行。

第四节 系统常见异常与处理

一、空气预热器跳闸的处理

（1）检查对应侧送风机、引风机跳闸，否则手动停止。

（2）检查RB动作正常，监视好相关参数；若RB动作不成功，应进行手动RB处理。

（3）根据情况停止对应侧一次风机。

（4）控制好锅炉负荷、汽温、汽压，保证锅炉燃烧稳定。

（5）关闭跳闸空气预热器的一次风、二次风出入口挡板及烟气入口挡板。

（6）监视空气预热器烟、风温度，防止空气预热器着火。若排烟温度持续升高，立即校严相关挡板，投入空气预热器吹灰。若排烟温度超过需要停炉的规定温度值，手动停炉，投入灭火系统进行灭火。

（7）两台空气预热器同时跳闸锅炉MFT动作。

（8）空气预热器跳闸后，立即通知维护人员手动盘车。

二、空气预热器着火的处理

（1）发生空气预热器再燃烧，立即停止相应侧送风机、引风机、一次风机运行。

（2）关闭空气预热器出入口烟风挡板。

（3）保持空气预热器运行。

（4）吹灰无效后立即投入消防水进行灭火。

（5）若空气预热器在停止中发生着火时，将空气预热器投入运行，再进行灭火。

（6）灭火后，打开一次风机和送风机排污门将水放净，对空气预热器进行干燥处理。

三、空气预热器电流摆动大的处理

（1）如因负荷升降引起空气预热器电流摆动，应降低负荷变化速率，必要应暂停升降负荷。

（2）如暖风器投运，设法提高空气预热器入口一、二次风温度至空气预热器电流不再摆动。

（3）驱动装置故障、密封件损坏或卡异物，应尽快停运空气预热器并进行检修。

（4）如空气预热器电流摆动大跳闸，按空气预热器跳闸处理。

四、空气预热器停转的处理

（1）立即停止空气预热器运行电动机，启动备用电动机，如启动正常，检查空气预热器各参数。

（2）如空气预热器备用电动机启动不成功或启动后跳闸，按空气预热器跳闸处理。

五、引风机失速的处理

（1）立即将引风机动叶切至手动调节（如有两台引风机电流偏差大、动叶自动切至手动逻辑，应检查引风机动叶自动切至手动），如引风机电流超过额定值，应关小引风机动叶，防止引风机过负荷跳闸。

（2）炉膛正压不严重时（如炉膛压力小于500Pa），解除燃料主控，适当减少煤量；炉膛正压严重时（如炉膛压力大于500Pa），解除燃料主控，停运一台磨煤机。

（3）视锅炉风量、氧量情况关小送风机动叶，视情况关小两台引风机动叶，尝试进行引风机并列操作。

（4）如引风机并列困难，继续降低机组负荷，再进行并列。

（5）引风机失速处理期间应监视好机组主要参数、环保参数在正常范围内。

六、引风机失速的预防

（1）空气预热器差压大时，可投入空气预热器水冲洗，降低差压。

（2）省煤器区域积灰严重时，应采取措施清理积灰。

（3）避免高负荷倒换脱硫浆液循环泵。

（4）调整两台引风机出力应相近，电流偏差不超过10A。

（5）检查相关烟气挡板是否开启正常。

（6）减少炉底、锅炉烟道、空气预热器漏风。

（7）若引风机动叶磨损严重时，应停运安排检修人员处理。

七、引风机跳闸的处理（如A引风机跳闸）

（1）检查RB动作正常，监视好相关参数，机组负荷自动降至目标值；若RB动作不成功，应进行手动RB处理。

（2）检查对应侧A送风机跳闸。

（3）检查A引风机及A送风机出口挡板联关正常，否则手动关闭；手动关闭A引风机入口挡板。检查A引风机不倒转，否则采取停转措施。

（4）检查对侧风机运行正常，不过电流。

（5）监视并调整机组相关参数在正常范围内。

（6）联系热控人员解除A引风机跳闸联跳A送风机连锁，启动A送风机并入系统运行。

（7）检查A引风机跳闸原因并通知检修人员处理。

八、送风机跳闸的处理（如A送风机跳闸）

（1）检查RB动作正常，监视好相关参数，机组负荷自动降至目标值；若RB动作不成功，应进行手动RB处理。

（2）检查对应侧A引风机跳闸。

（3）检查A引风机及A送风机出口挡板联关正常，否则手动关闭；手动关闭A引风机入口挡板。

（4）检查对侧风机运行正常，不过电流。

（5）监视并调整机组相关参数在正常范围内。

（6）联系热控人员解除A送风机跳闸联跳A引风机连锁，启动A引风机并入系统运行。

（7）检查A送风机跳闸原因并通知检修人员处理。

九、引风机动叶电动头故障的处理

（1）立即解除故障引风机动叶自动调节，并稳定机组负荷。

（2）如炉膛压力偏离正常值，应调整另一台引风机动叶，将炉膛压力调整至正常范围内。

（3）如引风机动叶电动头控制板故障（或DCS卡件故障），应立即将该电动头停电。

（4）如故障引风机电流超额定值，或风机电流大幅度摆动，同时炉膛压力大幅摆动，应将该引风机停运。引风机停运后，检查同侧送风机联跳，检查RB动作情况，调整另一侧送风机、引风机将炉膛压力和风量调整至正常范围内，检查关闭引风机出、入口挡板，联系锅炉点检人员制动停运的引风机，通知检修人员处理引风机动叶电动头故障。

（5）如故障引风机未停运，联系锅炉点检人员将该引风机动叶进行固定，通知检修人员处理。

十、引风机动叶与电动头连接部件脱开的处理

（1）立即解除故障引风机动叶自动调节，并稳定机组负荷。

（2）将故障引风机动叶电动头停电。

（3）联系锅炉点检人员将故障引风机动叶进行固定。

（4）如故障引风机电流超额定值，或风机电流大幅度摆动，同时炉膛压力大幅摆动，应将该引风机停运。引风机停运后，检查同侧送风机联跳，检查RB动作情况，调整另一侧送、引风机将炉膛压力和风量调整至正常范围内，检查关闭引风机出、入口挡板，联系锅炉点检制动停运的引风机，通知检修人员处理引风机动叶电动头故障。

十一、引风机动叶卡涩的处理

（1）立即解除故障引风机动叶自动调节，并稳定机组负荷。

（2）将故障引风机动叶指令调整与反馈一致，在小范围内活动动叶。

（3）检查引风机控制油供油压力不低于报警值，滤网差压正常，否则应切换滤网。

（4）如引风机动叶卡涩活动无效，应通知检修人员，由检修人员决定是否停运风机。

思考题

1. 烟风系统由哪些重要设备组成？
2. 简述烟风系统烟气流程。
3. 简述送风机的组成及作用。
4. 简述引风机的组成及作用。
5. 简述空气预热器的组成及其作用。
6. 简述暖风器的组成、所在位置及作用。
7. 简述火检风机的组成及作用。
8. 简述送风机、引风机启动前检查项目及运行中巡检注意事项。
9. 空气预热器启动前检查项目及正常运行中巡检注意事项有哪些？
10. 暖风器巡检注意事项有哪些？
11. 暖风器泄漏的危害（内漏、外漏）有哪些？
12. 火检风机巡检注意事项有哪些？
13. 单侧送风机停运注意事项有哪些？
14. 送风机内部检修注意事项有哪些？
15. 单侧引风机停运注意事项有哪些？
16. 引风机内部检修注意事项有哪些？
17. 空气预热器内部检修注意事项有哪些？
18. 暖风器检修注意事项有哪些？
19. 火检风机停运注意事项有哪些？
20. 空气预热器跳闸如何处理？
21. 空气预热器着火如何处理？
22. 空气预热器电流摆动大如何处理？
23. 空气预热器停转如何处理？
24. 引风机失速如何处理？
25. 如何预防引风机失速？
26. 引风机跳闸如何处理？
27. 送风机跳闸如何处理？
28. 引风机动叶电动头故障如何处理？
29. 引风机动叶与电动头连接部件脱开如何处理？
30. 引风机动叶卡涩如何处理？

第十一章

制　粉　系　统

第一节　系　统　概　述

制粉系统是指火力发电厂中，以磨煤机为中心，将原煤磨制成合格的煤粉，并输送到煤粉仓储存起来或直接送到炉内的系统。制粉系统分为中间储仓式制粉系统和直吹式制粉系统。目前国内大型电厂多数采用中速磨煤机直吹式制粉系统，其具有系统简单、设备部件少、运行电耗低、钢材消耗省、占用空间小、投资少及爆炸危险性小等优点。直吹式制粉系统的作用主要有以下四个：①将煤炭从原煤斗按一定的速度输入磨煤机；②向磨煤机提供一定温度和流量的一次风，使煤炭在经历磨制过程的同时完成干燥过程；③使煤炭在经历磨制过程的同时，通过分离器进行粒度分级，合格细粉通过分离器，不合格细粉返回磨煤机重磨；④通过分离器的合格煤粉随同一次风，以一定的温度和风煤比、一定的速度被均匀地分配到各个投运的燃烧器。制粉系统设备及流程可参见图 11-1。

从原煤斗中下来的原煤经过一个电动的闸板门后落至给煤机皮带上，并在给煤机皮带上进行称重。给煤机皮带转动时将原煤输送到位于磨煤机中心的落煤管内，原煤经过落煤管落入磨煤机进行碾磨。在碾磨的过程中，原煤逐渐变为煤粉，被由磨煤机下部进入的一次风进行加热和干燥后，在一次风的作用下，上升至位于磨煤机顶部的分离器，并在分离器中进行分离，细度合格的煤粉被一次风带出磨煤机，以一定的风煤比、速度和温度由燃烧器进入炉膛进行燃烧。细度不合格的煤粉返回磨煤机重新进行碾磨。

磨煤机的出口阀采用气动隔离挡板，其开关由燃烧管理系统（BMS）和炉膛安全系统（FSSS）控制，实现快速切断进入炉膛燃料的作用。

磨煤机的风量由位于磨煤机进口处的热风调节挡板进行控制，磨煤机的出口温度是由位于磨煤机进口处的冷风调节挡板进行控制。

对于采用正压直吹式制粉系统的锅炉，磨煤机内的压力呈正压状态，接近一次风母管压力，故磨煤机要设置密封风防止煤粉漏入环境中污染环境。从一次风机冷风出口母管上引出一路，并经密封风机增压作为磨煤机的密封风使用，其作用主要有：①一路进入磨煤机磨碗机械式的迷宫密封处，用来防止煤粉从该密封处泄漏；②一路进入磨煤机的磨辊处，用来防止煤粉从磨辊的不严密处泄漏。从一次风机冷风出口母管上引出一路直接进入给煤机作为给煤机密封风，其作用主要有：①冷却皮带及其附属装置；②通过密封风提供一个正压防止磨煤机的热风粉混合物进入给煤机；③防止给煤机由于密封性差可能造成的漏粉，也能防止给煤机观察窗积粉无法观察给煤机皮带运行情况。

每台机组均设有多台磨煤机，位于锅炉运转层 0m。机组正常运行中燃用设计煤种时，

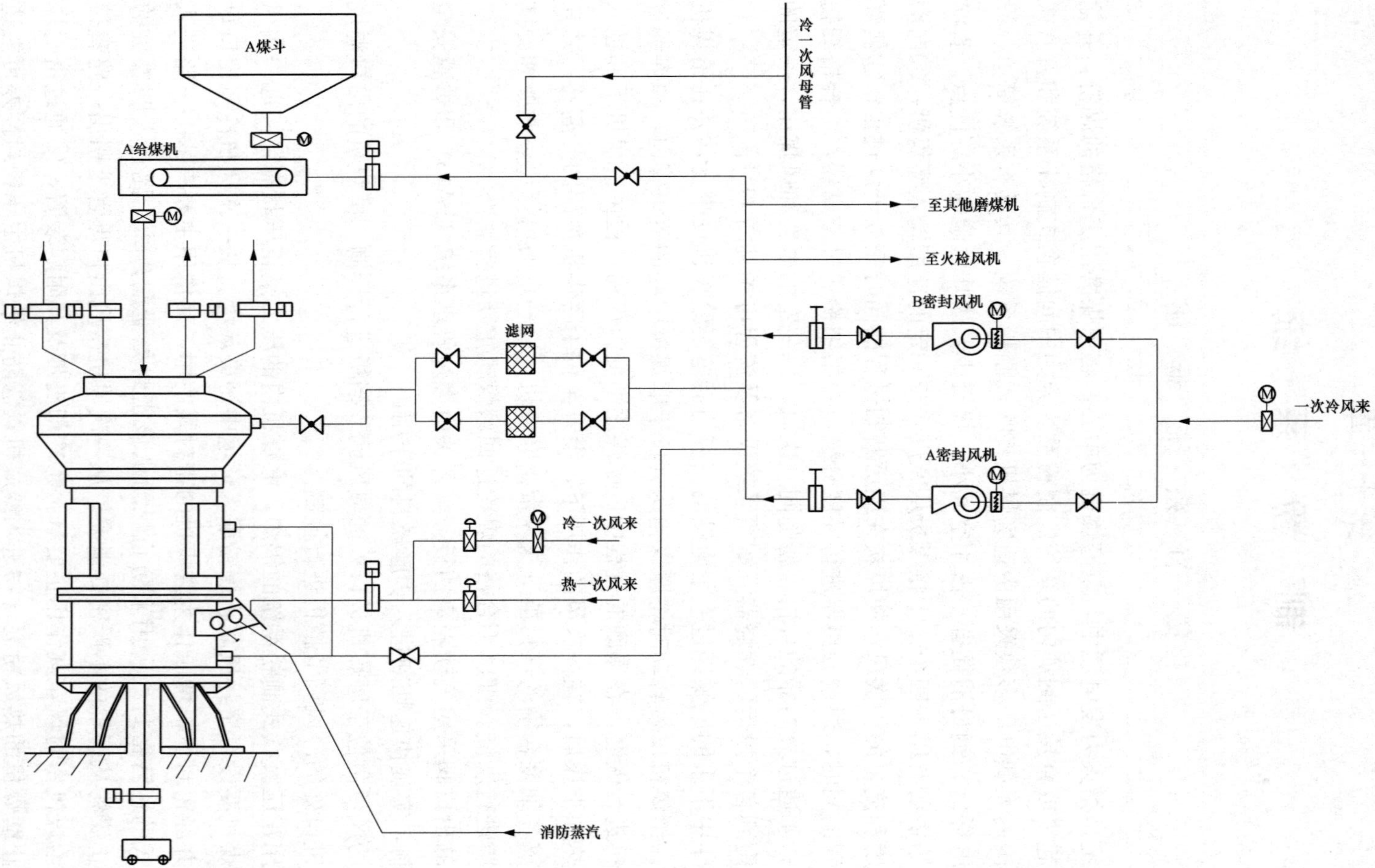

注：1号炉A、B、C、D、E、F磨均为无尘排渣

图 11-1　制粉系统示意图

带额定负荷时可有一台磨煤机处于备用状态或检修状态。当采用直流燃烧器时，通常将同一磨煤机对应的四个燃烧器布置在炉膛同一高度层的四个角，磨煤机出口四根粉管分别接入所对应的燃烧器，每台磨一层，自下而上依次布置。当采用旋流燃烧器时，燃烧器通常布置在炉膛的前后墙，同一磨煤机所对应的燃烧器布置在同一面墙的同一高度层上，每台磨煤机对应的燃烧器按照规定布置在炉膛的前墙或者后墙。

每台机组还设有两台一次风机（一般位于锅炉 0m），各带 50%负荷。当其中一台一次风机故障检修时，须将机组负荷限至 50%。一次风的主要作用是干燥和输送煤粉，空气在一次风机的作用下从大气吸入，经过一次风机增压后分成两路，一路经过空气预热器加热成热风，作为热一次风，另一路作为冷一次风即调温风。冷、热一次风经过位于磨煤机进口冷、热风调节挡板的调节，以一定的流量和温度进入磨煤机，干燥和输送磨煤机内的煤粉，使其以稳定的温度和速度进入炉膛内进行燃烧。

1. 磨煤机介绍

以中速辊式磨煤机为例，磨煤机沿高度方向自下而上可分为四部分：驱动装置、碾磨部件、干燥分离空间及煤粉分离和分配装置。驱动部分由磨煤机电动机通过联轴器、位于磨煤机下部的减速齿轮箱与磨碗下方连接；碾磨部分主要由磨碗、磨辊及其加力机构组成。磨辊由辊轴、磨辊轴承、加载装置、辊套等组成；工作过程为：由电动机驱动，通过减速装置和垂直布置的主轴带动磨盘或磨环转动。原煤经落煤管进入相对运动的碾磨件表面，在压紧力的作用下受到挤压和研磨，被粉碎成煤粉。磨成的煤粉随碾磨部件一起旋转，在离心力和不断碾磨的煤和煤粉推挤作用下被甩到风环上方。热风经装有均流导向叶片的风环整流后以一定的风速进入环形干燥空间，对煤粉进行干燥，并将煤粉带入磨煤机上部的煤粉分离器。不合格的粗煤粉在分离器中被分下来，经锥形分离器底部返回碾磨区重磨。合格的煤粉经煤粉分配器由一次风带出磨外，进入磨出口管，直接通过燃烧器进入炉膛燃烧。煤中难以磨碎的煤矸石、石块等在磨煤过程中也被甩到风环上方，因风速不足以将它们夹带而下落，通过风环落至渣室，从渣室中排出的称为石子煤。磨煤机加载方式采用弹簧加载或是液压加载。弹簧加载磨煤机还配有减速机润滑油站，并设有两台润滑油泵，为磨煤机各轴承和减速箱提供润滑油。液压加载磨煤机还配有液压油泵，提供加载力。油采用闭式或工业水通过冷却器冷却。

2. 给煤机介绍

每台磨煤机都配备了一台电子称重式给煤机。给煤机主要由壳体、驱动装置、减速装置、皮带及其传输装置、清扫装置、称重系统及操作控制系统组成。给煤机转速采用变频控制，通过调节给煤机转速来调节煤量。

3. 一次风机介绍

有些机组一次风机采用双吸入离心式风机。依靠调节入口静叶（电动挡板）来达到调节风机出力的目的。风机轴承为油脂润滑。电动机轴承为强制润滑，设有润滑油站。每个润滑油站配有两台润滑油泵。

另外，其他一些机组的一次风机采用的是动叶调节轴流式风机。依靠调节动叶开度来达到调节风机出力的目的。每台风机配有液压油站，作为风机动叶调节的动力，液压油站设有两台液压油泵。风机轴承和电动机轴承都为强制润滑，配有润滑油站，每个润滑油站设有两台润滑油泵。

4. 密封风机介绍

每台机组均配有两台密封风机，机组正常运行时一台运行，一台备用。通过密封风机入口调节挡板来调节密封风机出口母管压力。密封风机的风机和电动机轴承均采用油脂润滑。

第二节　系　统　检　查

一、一次风机启动前检查（以双吸离心式一次风机为例）

（1）确认有关工作已结束，工作票已全部收回，工作人员已撤离，系统恢复正常，表计齐全且投入，现场清理干净，地脚螺栓无松动。

（2）检查一次风机与电动机对轮防护罩完整，检查电动机接地良好，各热控接线无松动。

（3）检查电动机接线正确，绝缘合格，电源送电且所有电气保护投入。

（4）检查各热工测量、控制装置接线完好，无松动；所有热工连锁保护试验合格且投入正常。

（5）检查一次风机、电动机轴承油位在油位计的 1/2～2/3 处，油质合格，风机轴承冷却水畅通，电动机油站冷却水投入正常。

（6）油系统各装置电源送电，检查控制箱无异常报警信号。电动机润滑油系统连锁试验合格，启动一台润滑油泵运行，检查油压、油温、油量、油位正常，将另一台油泵投入备用。

（7）检查风机入口调节挡板活动灵活，两侧挡板动作一致，位置指示与 DCS 画面一致。

二、一次风机巡检注意事项

（1）检查风机油站油泵运行声音良好、振动合格，系统无漏油。

（2）检查风机润滑油站油压、流量、温度正常，滤网差压小于报警值。

（3）检查电动机轴承油位不低于规定值，油质合格。

（4）检查风机轴承冷却水通畅，流量正常。

（5）检查风机轴承温度、电动机轴承温度正常。

（6）风机正常运行轴承振动合格。

（7）检查风机执行机构远方就地指示一致。

（8）冬季检查一次风机暖风器正常，无振动，一次风机风道底部放水无水流出。

（9）检查一次风机入口滤网无堵塞。

三、磨煤机启动前检查

（1）磨煤机的检修工作全部结束，工作票已全部收回。

（2）检查系统设备完整，地脚螺栓无松动，联轴器及对轮防护罩完好，人孔门关闭。

（3）电气保护、热工连锁保护、自动装置、报警系统试验合格且正常投入。

（4）检查电动机接地线完好，测量电动机绕组的绝缘合格，并送电至工作位置。

（5）检查制粉系统各挡板试验合格且位置正确。

（6）确认密封风机已投运，密封风与一次风差压合格。

（7）确认至少一台一次风机投运，且一次风母管压力风压大于规定值。

（8）磨煤机润滑油站投入正常，冷却水投入，润滑油压油温符合要求。

（9）检查磨煤机惰化蒸汽压力正常，温度合格。磨煤机惰化蒸汽手动门开启，电动门关闭。

四、磨煤机巡检注意事项

（1）检查磨煤机振动、噪声符合要求，密封风装置严密，无漏风。各处螺栓紧固良好。电动机清洁，振动正常。

（2）磨煤机本体及出口粉管无漏粉。

（3）正常运行中，注意监视磨煤机的出入口差压正常，防止堵磨。定期排渣，防止渣箱自燃、堵磨。

（4）磨煤机出口温度控制在规定范围内。

（5）减速机齿轮箱润滑油供油温度在规定范围内，齿轮箱油位低时及时补油。

（6）检查磨煤机电动机定子绕组、铁心温度不超过报警值。

（7）检查磨煤机电动机轴承温度不超过规定值。

（8）检查密封风与一次风差压正常。

（9）检查减速机齿轮箱入口润滑油压及贮油槽油位正常。

（10）检查齿轮箱润滑油站滤网差压高时，及时切换至备用滤网，联系维护人员进行清理。

五、给煤机启动前检查

（1）给煤机检修工作全部结束，工作票已全部收回。

（2）检查系统设备完整，地脚螺栓无松动，联轴器及对轮防护罩完好，给煤机检查孔关闭严密，无漏风。

（3）热控测量、控制接线完整无松动。

（4）给煤机电动机防护罩牢固。

（5）给煤机就地控制箱上信号正确，控制在“远方”位置。

（6）给煤机内照明完好，机体内无积煤和杂物。

（7）皮带的张力合适，无破损或明显跑偏破损现象。

(8) 清扫输送链垂度合适。

六、给煤机巡检注意事项

(1) 检查皮带运行正常，皮带无跑偏、打滑、撕裂破损现象，称重指示正常。清扫输送链运行正常，无停转、卡涩现象。

(2) 给煤机观察窗清洁可透视，内部照明良好。

(3) 称重托辊转动正常，辊子上无粘煤。

(4) 给煤机内无杂物或大块煤堵塞。

(5) 就地控制盘显示正常，无报警信号，煤量显示累计工作正常。

(6) 运行人员不可对给煤机机械设备和控制系统进行调整工作。

(7) 检查给煤机驱动电动机、减速器工作正常，无发热、振动等异常现象。

七、密封风机启动前检查

(1) 相关检修工作结束，工作票收回，工作人员已撤离，系统恢复正常，测量表计齐全且投入，现场清理干净，检查地脚螺栓无松动，对轮防护罩完整。

(2) 检查电动机接地良好，外观完整，绝缘合格并送电正常。

(3) 确认各风门挡板开关灵活，位置正确。

八、密封风机巡检注意事项

(1) 检查密封风机出口压力正常，出入口差压正常，若出入口差压小于报警值，检查备用风机连锁启动，否则手动启动。

(2) 风机正常运行中，无杂音及不正常的摩擦和撞击声，各处无漏风现象。

(3) 检查密封风机轴承及电动机轴承温度在规定范围内。

(4) 检查备用密封风机，备用良好。

第三节　系统主要操作与定期试验

一、磨煤机内部检修注意事项

(1) 确认磨煤机确已停电。

(2) 确认磨煤机冷、热风调节门关闭并停电，其中热风调门加锁。

(3) 确认磨煤机入口一次风总门已关闭并加锁，气源门关闭加锁、电源断开。

(4) 确认磨煤机粉管各出口门已关闭并停电、气源门关闭加锁。

(5) 确认给煤机出口、入口插板门已关闭并停电。

(6) 确认磨煤机密封风手动门已关闭。

(7) 确认给煤机密封风手动门已关闭。

(8) 磨煤机出口、入口温度均降至50℃以下。

（9）确认磨煤机消防蒸汽手动门已关闭并加锁。

二、一次风机内部检修注意事项

（1）确认一次风机电动机已停电。
（2）确认一次风机出口挡板已关闭且停电。
（3）确认一次风机入口导叶执行机构停电。
（4）确认一次风机入口风温小于50℃。
（5）确认一次风机就地完全停转。
（6）确认一次风机出口风压为零。
（7）确认油站已停运并停电。

三、密封风机检修注意事项

（1）确认密封风机已停电。
（2）确认密封风机入口调节挡板已停电。
（3）确认密封风机出入口手动门已关闭。
（4）就地确认密封风机已停转。

四、给煤机检修注意事项

（1）确认给煤机已停电。
（2）确认给煤机上下闸板门关闭并停电。
（3）给煤机密封风手动门已关闭。
（4）开启给煤机人孔门时应防止给煤机下闸板门不严，磨煤机中热风进入给煤机，高温烟气伤人。

五、一次风机启动

（1）确认一次风机启动条件具备（主要包括一次风机及一次风机电动机轴承温度、绕组温度不超过报警值，油站油位正常，油压及油温在正常范围内，对应侧空预器、出入口挡板及一次风机出口挡板状态符合要求）。
（2）将规定数目的磨煤机进行通风，以建立一次风通道。
（3）启动一台密封风机运行。
（4）启动一台一次风机。
（5）确认出口挡板联开，否则手动开启，检查风机电流、振动、声音及轴承温度正常。
（6）启动第二台一次风机前必须确认此风机无倒转现象，否则要采取停转措施后方可启动。

六、单侧一次风机停运（机组运行中，如A一次风机停运）

（1）检查机组负荷已降至50%。

（2）关闭备用磨煤机通风。

（3）将A一次风机负荷转移至B一次风机，注意检查B一次风机电动机不过电流，同时加强B一次风机就地检查及DCS参数监视。

（4）停A一次风机，注意检查出口挡板联关正常（如有此连锁，否则在停风机后手动关闭此挡板），检查风机不倒转。

（5）检查运行磨煤机风量满足运行要求，没有堵磨迹象。

七、一次风机油站油泵定期切换

（1）检查备用油泵处于良好的备用状态（电动机绝缘合格，电源开关已送电）。

（2）启动备用油泵运行，检查油泵运行正常，油泵出口母管油压有所上升。

（3）停止原运行油泵运行，检查油泵不倒转，油泵出口母管压力正常。

（4）若油压低或者系统有漏油，应立即切至原运行方式运行。

八、一次风机油站滤网切换及注意事项

（1）滤网切换手柄由运行滤网少许切至备用滤网，备用滤网注油。

（2）备用滤网注油完毕后，将滤网由运行滤网切至备用滤网运行。

（3）若切换后油压降低或者系统有漏油，应立即切至原滤网运行。

九、磨煤机启动

（1）磨煤机及给煤机启动前检查工作均已完毕，设备可以投入运行。

（2）检查原煤仓煤位合适，开启给煤机出入口插板门，并启动给煤机进行皮带布煤。

（3）开启磨煤机出口插板门及一次风快关门。

（4）通过调整磨煤机热风调门及冷风调门，控制磨煤机通风量及出口温度在规定范围内。

（5）磨煤机启动条件具备后，启动磨煤机及给煤机运行。

（6）检查磨煤机电流等参数均正常，就地检查磨煤机运行无异声。

（7）检查磨煤机火检信号正常，出口温度正常，检查磨煤机其他运行参数正常。

（8）检查磨煤机煤粉均已燃烧良好后，根据需要逐渐增加给煤机给煤量。

（9）监视好磨煤机运行情况，加强磨煤机石子煤排渣，防止磨煤机堵渣。

十、磨煤机停运

（1）缓慢减少磨煤机煤量至最小，检查其他磨煤机煤量自动增加。

（2）全开冷风挡板，关闭热风调节挡板，降低磨煤机入出口温度，注意保持风量不变。

（3）通知石子煤值班员将石子煤排净，停止相应的给煤机。

（4）保持磨煤机运行，保持冷风吹扫，根据电流确定是否排空磨内煤粉。

（5）电流降至空载电流后停止磨煤机运行。

（6）检查相关挡板连锁正常。

（7）关闭磨煤机相应的二次风门，检查其他磨煤机运行正常。可根据具体情况开启磨煤机通风。

（8）防止积粉自燃，停磨后注意控制磨煤机出口温度在正常范围以内。

十一、密封风机启动

（1）检查密封风机的启动条件已满足。

（2）启动一台密封风机，检查入口调节挡板自动开启，手动调整入口调节挡板至合适开度保证出口压力正常。

（3）检查密封风机及电动机声音、振动正常，电动机电流正常。

（4）确认另外一台密封风机备用。

十二、给煤机反转操作（以 EG-2490 称重式给煤机为例）

（1）在给煤机就地控制箱控制面板上按 OFF（关闭）键。

（2）在给煤机就地控制箱控制面板上按 F2 键。

（3）在给煤机就地控制箱控制面板上按 LOCAL（就地）键以连续运行或 JOG 键以在按键时间内运行。

（4）反转完毕以后，在给煤机就地控制箱控制面板上按 F1 键。

第四节　系统常见异常与处理

一、一次风机跳闸的处理（以 A 一次风机跳闸为例）

（1）检查 RB 动作正常，监视好相关参数，机组负荷自动降至目标值；若 RB 动作不成功，应进行手动 RB 处理。

（2）检查 A 一次风机出口挡板联关正常，否则手动关闭。

（3）检查 B 一次风机出力自动增大，运行正常，不过电流。

（4）停止备用磨煤机通风，检查运行磨煤机相关参数正常，无堵磨迹象，否则继续降低机组负荷。

（5）监视并调整机组相关参数在正常范围内。

（6）检查 A 一次风机跳闸原因并通知检修人员处理。

二、磨煤机跳闸的处理

（1）若其他运行磨煤机出力不足以维持当前负荷，应进行手动降负荷处理，同时加强监视和调整运行磨煤机。

（2）检查炉膛燃烧工况是否稳定，否则采取措施，如投入助燃油枪等。

（3）监视并调整机组相关参数在正常范围内。

（4）如有备用磨煤机则启动备用磨煤机，解除负荷限制。

（5）将跳闸磨煤机隔离，检查跳闸原因并通知检修人员处理。

（6）监视好磨煤机出口温度及原煤仓温度，防止煤粉自燃。

三、磨煤机停运后自燃的处理

（1）发现停运的磨煤机着火，迅速关闭所有风门挡板，隔绝空气。

（2）立即通入惰化蒸汽灭火。

（3）待磨煤机出口温度降至正常后关闭惰化蒸汽。

（4）待磨煤机冷却后，检修人员对磨煤机进行检查处理。

四、磨煤机运行中着火的处理

（1）首先保持磨煤机运行，并将该磨煤机的给煤机切至手动逐渐增大给煤量。

（2）开大冷风挡板，逐渐关闭热风调节挡板，注意保持风量不变。

（3）监视磨煤机出口温度降低，如不降低立即停止该磨煤机运行。

（4）确认磨煤机停止后，连锁关闭磨煤机出口门、一次风截止挡板；关闭密封风挡板。

（5）磨煤机停止后立即投入磨煤机惰化蒸汽。

五、磨煤机排渣量大的处理

（1）及时排渣。

（2）增加磨煤机通风量。

（3）增加磨煤机通风量无效减低给煤量。

（4）排渣量过大，需停运该磨煤机运行进行检修处理。

六、磨煤机振动大的处理

（1）增加给煤量。

（2）当振动剧烈时立即停止该制粉系统。

七、给煤机跳闸的处理

（1）开大相应磨煤机冷风调整门，关小热风调整门，监视好磨煤机出口温度，防止磨煤机出口温度高保护动作跳闸。

（2）监视好运行磨煤机，必要时降负荷处理。

（3）检查给煤机跳闸原因，若因给煤机内部进异物卡跳，则就地反转给煤机后再试启动，如启动不成功则停止磨煤机运行。

（4）若因其他原因导致给煤机跳闸，则按规定停止相应磨煤机运行，通知检修人员处理。

（5）其他同磨煤机跳闸处理相同。

八、给煤机断煤的处理

（1）开大相应磨煤机冷风调整门，关小热风调整门，监视好磨煤机出口温度，防止磨煤机出口温度高保护动作跳闸。

（2）监视运行磨煤机，必要时降负荷处理。

（3）若原煤仓无煤或者煤位不准导致无煤，则立即通知输煤运行人员上煤。

（4）煤仓蓬煤，投入疏松装置，若无效，则就地用大锤敲击落煤管，仍然无效则停止给煤机及磨煤机运行，通知检修人员处理。

（5）同磨煤机跳闸处理相同。

九、磨煤机停运后自燃的预防

（1）根据原煤特性及磨煤机检修工期，在停运磨煤机之前需将给煤机上闸板门关闭，将给煤机皮带上的存煤走空，防止给煤机皮带长期存煤自燃。

（2）停运磨煤机前，将给煤机煤量减至最小，如果磨煤机振动不大，维持磨煤机运行，规定时间（如 6min）后再停运磨煤机。

（3）磨煤机停运后保持磨煤机出口门开启状态，磨煤机冷风门全开热风门全关，维持规定风量吹扫规定时间。

（4）磨煤机内和粉管内存粉吹扫干净后，再做磨煤机检修措施，关闭密封风门及磨煤机出口门，如果风门关闭不严，需联系检修人员手动校紧。

（5）磨煤机停运后，立即通知除灰人员将磨煤机的石子煤排放干净。

（6）磨煤机停运检修期间，不允许再次开关磨煤机密封风门和磨煤机出、入口风门，防止磨煤机通风自燃。

（7）磨煤机停运检修期间，加强磨煤机出、入口风温监视，若发现磨煤机出、入口风温异常升高，立即采取有效措施防止磨煤机着火。

十、如何防止制粉系统爆炸

（1）正常运行及检修期间，输煤运行人员应根据运行规程执行煤斗煤位保证制度，机组正常运行时煤斗煤位应保证在80%以上。正常停炉前根据煤质及停运时间，确定是否排空煤斗。

（2）停炉后，应立即关闭磨煤机入口快关门和磨煤机出口门，关闭一次风冷、热风门。运行人员对各磨煤机煤斗、给煤机、磨煤机内部的温度及出口温度变化严密监视和测量。

（3）系统正常停运后，要用规定的风量对磨煤机及其出口管路进行规定时间的吹扫。

（4）加强燃用煤种的煤质分析和配煤管理，燃用易自燃的煤种应及早通知运行人员，以便监视和巡查，发现异常及时处理。

（5）加强磨煤机石子煤箱的定期清理工作，防止石子煤着火，对清理出的石子煤要及时运至指定地点。

（6）应制定制粉系统定期轮换制度，防止因长期停备而导致设备、管路或煤斗内积煤自燃。

（7）在磨煤机停运时若进行动火工作，应做好可靠的消防措施。

（8）磨煤机内部检修时，检修人员办理检修工作票后，需待磨煤机内部温度降至规定温度以下才能打开磨煤机人孔进入磨煤机。

（9）磨煤机出口温度应保持在规定范围内，监盘人员发现其不正常升高时，应分析原因并采取相应措施降低磨煤机出口温度。

（10）制粉系统的连锁保护必须正常投入。磨煤机跳闸时，给煤机必须正常联跳，磨煤机入口隔绝门和出口快关门应连锁关闭。

思考题

1. 直吹式制粉系统的优点有哪些？
2. 直吹式制粉系统的作用有哪些？
3. 磨煤机密封风的作用？
4. 给煤机密封风的作用？
5. 给煤机密封风取自哪里？
6. 中速辊式磨煤机主要由哪几部分组成？
7. 一次风机启动前检查项目有哪些？
8. 一次风机巡检注意事项有哪些？
9. 磨煤机启动前检查项目有哪些？
10. 磨煤机巡检注意事项有哪些？
11. 给煤机启动前检查项目有哪些？
12. 给煤机巡检注意事项有哪些？
13. 密封风机启动前检查项目有哪些？
14. 密封风机巡检注意事项有哪些？
15. 磨煤机内部检修注意事项有哪些？
16. 一次风机内部检修注意事项有哪些？
17. 密封风机检修注意事项有哪些？
18. 给煤机检修注意事项有哪些？
19. 一次风机启动如何操作？
20. 单侧一次风机停运（机组运行中，如A一次风机停运）如何操作？
21. 一次风机油站油泵定期切换如何操作？
22. 一次风机油站滤网切换及注意事项有哪些？
23. 磨煤机启动如何操作？
24. 磨煤机停运如何操作？
25. 给煤机如何反转操作（以EG-2490称重式给煤机为例）？

26. 一次风机跳闸如何处理（以 A 一次风机跳闸为例）？
27. 磨煤机跳闸如何处理？
28. 磨煤机停运后自燃如何处理？
29. 磨煤机运行中着火如何处理？
30. 磨煤机排渣量大如何处理？
31. 磨煤机振动大如何处理？
32. 给煤机跳闸如何处理？
33. 给煤机断煤如何处理？
34. 磨煤机停运后自燃如何预防？
35. 如何防止制粉系统爆炸？

第十二章
燃 烧 系 统

第一节 燃 烧 系 统 概 述

燃烧设备是锅炉的重要组成部分之一，其作用是将燃料和燃烧用空气按一定方式送入炉膛使燃料及时着火，并维持燃料的稳定燃烧。燃烧系统主要包括煤粉燃烧器、燃油装置、燃尽风调风器、大风箱、中心风管、风门执行器等设备。燃烧系统设备布置参见图 12-1。

一、燃烧系统设备布置

燃烧设备采用前后墙对冲燃烧方式，总共 30 只旋流煤粉燃烧器分 3 层布置在前后墙的 6 只大风箱上。并配有 6 台中速磨煤机，每台磨煤机分别为同一大风箱上的 5 只煤粉燃烧器提供风粉混合物，燃用设计煤种时在 B-MCR 工况下，其中 1 台磨煤机备用；为降低 NO_x 的生成量，在煤粉燃烧器上方的两只燃尽风风箱上布置了一层共 10 只燃尽风调风器。

所有风箱入口处均设置风门挡板用以调节风箱的进风量，所有风门挡板均由执行器进行调节；每个燃烧器均配有一个点火油枪及其高能点火器，同时每个燃烧器还各配一煤火焰检测器和油火焰检测器。

煤粉燃烧器层间距为 4400mm，列间距为 3680mm，最外侧燃烧器中心线到两侧墙水冷壁中心线的距离为 2990mm，最下层燃烧器中心线到冷灰斗拐点的距离为 3250mm，最上层煤粉燃烧器中心线到屏底的距离为 19947mm，最上层煤粉燃烧器中心线到燃尽风调风器中心线的距离为 4000mm。

制粉系统选用中速磨正压直吹式系统。磨煤机型号：HP1103 型中速磨煤机，共 6 台。燃用设计煤种时，其中一台备用。煤粉细度为 R90，设计煤种为 R90 占比 20%。

燃烧器与磨煤机的连接关系如图 12-2 所示。

二、燃烧系统主要设备

1. 燃烧器

燃烧器将燃烧用风分为一次风、二次风、三次风和中心风。煤粉及其输送用风（即一次风）经煤粉管道、一次风入口、一次风管、煤粉收集块、稳燃器、燃烧器旋口喷入炉膛。风粉混合物在经过煤粉收集块时，在收集块的作用下在一次风管喷口附近形成 4 股相对浓相的煤粉气流和其周围相对淡相的煤粉气流。

二次风和三次风通过燃烧器内同心的二次风、三次风环形通道喷入炉内（外侧为三次

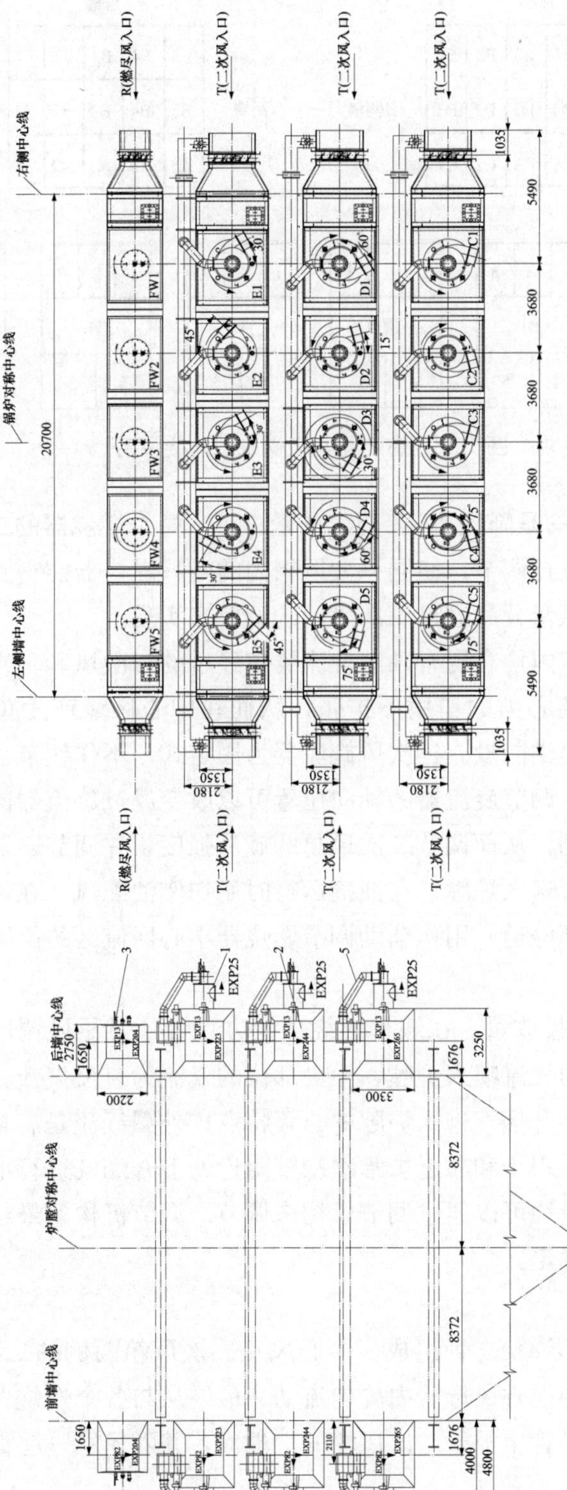

图 12-1　燃烧系统设备布置示意图

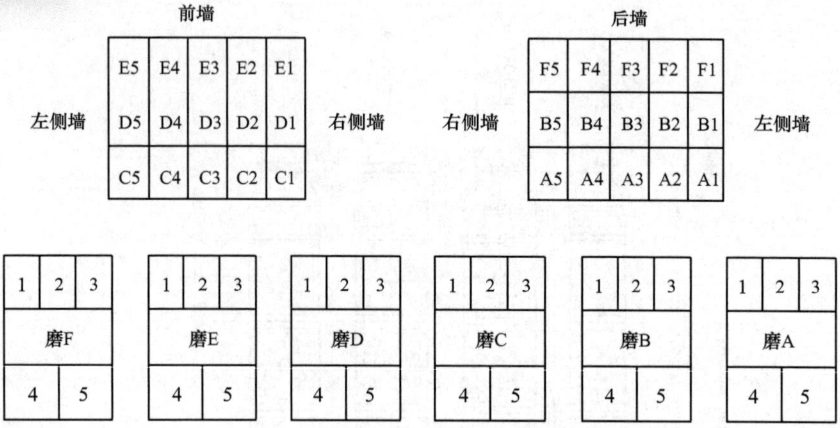

图 12-2 燃烧器与磨煤机的连接关系

风），实现分级供风，目的是降低 NO_x 的生成量。进入每个燃烧器的二、三次风总量可通过燃烧器上的三次风门进行调节，使同一大风箱内的各只燃烧器能得到相同的风量。燃烧器内二、三次风之间的风量分配通过二次风门的调节来实现。

二次风和三次风通道内均布置有轴向旋流器使经过的二次风和三次风产生旋转，离开燃烧器后旋转的气流在离心力的作用下扩张，从而在中心区域产生负压，使高温烟气回流，为煤粉气流的着火提供能量。三次风旋流器为固定式，不作调节。二次风旋流器被设计成可沿轴向进行调节，调节旋流器的轴向位置可以改变经过旋流器的旋流风和不经过旋流器的直流风之间的比例，从而调节二次风总的旋流强度，并调节燃烧器的火焰形状。

中心风通过中心风管送入炉膛，在油枪运行时用作燃油配风。在油枪停运时（指同一磨煤机层的一排油枪全部停运）用作辅助调节燃烧器中心回流区的位置。

2. 燃尽风调风器

为进一步降低 NO_x 排放量，在煤粉燃烧器上方设置了燃尽风调风器。燃尽风调风器将燃尽风分为两股独立的气流喷入炉膛，中央部位的气流为直流气流，它具有速度高、刚性大、并且能直接穿透上升烟气进入炉膛中心等特点；外圈气流是旋转气流，在离开燃尽风调风器后向四周扩散，用于和靠近炉膛水冷壁附近的上升烟气进行混合。外圈气流的旋流强度和两股气流的流量均可以通过调节机构来调节。调节机构的最佳位置在锅炉试运行期间的燃烧调整试验时确定。

3. 中心风管

中心风管由中心风母管及支管组成。中心风从二次风箱两侧的二次风门的上游引入，在沿炉膛宽度方向布置的中心风母管内均匀流动，最终从与各个燃烧器相连的中心风支管进入各燃烧器。中心风母管生根于二次风箱的上端面，并随风箱一起膨胀。

4. 大风箱及风门

每层燃烧器所需风量的分配和调节是依靠调整安装在大风箱（含二次风箱及燃尽风风箱）两侧入口处的风门挡板的开度来实现的。二次风箱前后墙各 3 只，共配 12 只风门；燃尽风风箱前后墙各 1 只，共配 4 只风门。所有风门均配有执行器，二次风/燃尽风风门的调节采用“组控”方式，即安装在同一只风箱两侧的风门执行器同步控制，执行器可以连续调节。

同一只风箱上的煤粉燃烧器所需中心风由同一个中心风母管提供，中心风母管的入口位于大风箱入口风门的上游位置，中心风母管入口处也设置有风门挡板并配有执行器，用于调节其开、关状态。

5. 燃油装置

点火及助燃油为一10 号轻柴油，锅炉采用二级高能点火系统，即高能点火器点燃轻油油枪，轻油油枪点燃煤粉。每只 LNASB 燃烧器装有一支油枪用于点火、暖炉和低负荷稳燃，全炉共设置有 20 支油枪。每支油枪配有自身的高能点火器。高能点火器、油枪及其各自的推进器设计成一体型式，结构紧凑，能够满足程控点火的要求。

调节方式：炉前燃油系统采用回油调节方式，即调节阀设置在回油母管上，且进、回油母管上分别设有一只快速启闭阀。

油路参数：油枪采用简单机械雾化。系统进油量为 46t/h，系统入口处油压为 3.0MPa，单支油枪出力为 1310kg/h，枪前压力约为 2.7MPa，油枪进退行程为 400mm。

吹扫用蒸汽参数：吹扫用蒸汽压力为 0.785～1.27MPa，温度为 200～250℃。

第二节　系统检查及主要操作

燃烧系统的检查主要包括燃油系统投运前检查和燃油系统运行中检查。

一、燃油系统投运前检查项目

（1）所有燃油系统检修工作已结束，已办理工作票终结手续，现场清理干净，检查燃油系统及周围无动火工作，管道、阀门连接完整。

（2）炉前消防设备齐全、完好，消防水系统投入。

（3）燃油调节阀、跳闸阀、油枪进油电磁阀已经校验合格，动作正常。

（4）检查燃油系统各阀门置于正确位置，各油枪进油门关闭。

（5）检查燃油系统各测量表计投入正常，蓄能器投入正常。

（6）检查油管道、阀门无漏油现象。

（7）检查压缩空气压力正常，各气源门均已打开。

（8）各油枪的火检冷却风供应正常。

（9）检查油枪、点火枪进退灵活，试验点火器打火正常。

（10）检查蒸汽吹扫系统正常无泄漏，且压力、温度正常。

（11）油枪就地控制开关至“远控”位置。

二、燃油系统运行中检查

（1）检查炉前燃油系统运行正常，燃油压力、吹扫蒸汽压力正常。

（2）停运油枪在完全退出位置，否则联系检修人员处理。

（3）检查油枪和炉前燃油系统无漏油、漏汽现象。

三、燃油系统投运

（1）通知燃油泵房调整供油压力。

（2）开启炉前供回油手动总门及吹扫蒸汽手动总门。

（3）确认燃油供回油量表出入口手动门开启，旁路手动门关闭。

（4）开启各油枪供油手动门及吹扫蒸汽手动门。

（5）确认燃油母管泄漏试验完成。

（6）确认锅炉具备点火投油条件。

（7）开启燃油母管供油、回油气动关断阀，确认燃油压力大于或等于 2.5MPa。

（8）锅炉点火后查看着火情况，确认油雾化良好，配风合适，如发现某只油枪无火，立即关闭供油快关电磁阀，对其进行吹扫后，重新点火。

（9）锅炉三次点火失败后，重新吹扫炉膛再点火。

四、燃油系统层启动方式投运

（一）油层启动允许条件

（1）回油快关电磁阀开。

（2）供油跳闸阀开。

（3）泄漏试验合格或旁路。

（4）吹扫蒸汽压力大于 0.3MPa。

（5）燃油母管压力大于 2.0MPa。

（6）火检探头冷却风压力正常。

（7）无锅炉 MFT 信号。

（8）无锅炉 OFT 信号。

（9）任一油枪已经运行或任一给煤机已经运行或锅炉吹扫完成。

（二）燃油系统层启动方式投运

（1）选择油枪层投入方式。

（2）发出油层点火指令。

（3）程序自动顺序执行，如油枪未吹扫，先行吹扫程序后，执行进油枪、点火枪，打火、喷油、着火后退出点火枪的全部过程。

五、油枪单独投运

（1）选择要投入的油枪，在 CRT 上对该油枪进行复位。

（2）发出点火指令。

（3）进油枪、点火枪→打火→喷油→着火后退出点火枪。

注：油枪也可以按照以上第“（3）”条的操作顺序进行手动投运，为紧急情况下投油节省时间。

六、炉前燃油系统解列

（1）汇报值长并通知油区准备解列炉前油系统。

（2）关闭供油跳闸阀及手动总门。

（3）关闭回油跳闸阀及手动总门。

（4）关闭各油枪进油手动门。

（5）关闭各油枪吹扫蒸汽手动门。

（6）关闭吹扫蒸汽手动总门。

第三节　燃烧系统的异常运行及注意事项

一、燃烧不稳

燃烧不稳时火焰锋面的位置明显后延且极不稳、火焰忽明忽暗、炉膛负压波动较大。燃烧不稳的实质是可燃混合物小能量的爆燃。着火时断时续，燃烧中断时，火色暗、炉膛压力低；重新着火时，火色亮、炉膛压力高。

1. 燃烧不稳现象

（1）炉膛负压的摆动幅度。

（2）监督 CRT 上火检信号的强弱。

（3）过热器后的烟温及氧量监视。

（4）各主要参数是否稳定。

2. 原因

（1）煤质变化（或煤粉过粗）时未及时调整燃烧。

（2）给煤波动较大，如煤粉管堵塞或出现粉团滑动、油喷嘴堵塞、磨煤机来粉不均。

（3）锅炉负荷过低，引起炉膛温度下降、煤粉浓度降低；或负荷变化幅度过大，使燃烧器投、停频繁。

（4）运行操作不当，如一次风速过低或过高；氧量控制不当，炉内风量过大，引起炉温降低。

（5）炉内燃烧器结焦严重，破坏正常的空气动力场。

3. 处理

（1）燃烧不稳时，在未出现局部灭火或濒临全部灭火情况前，应先投油枪助燃，以防止灭火，待燃烧调整见效、燃烧趋于稳定后，再停油枪。

（2）煤质变差时，应设法改善着火燃烧条件，如提高热风温度、提高煤粉细度、降低风煤比、提高煤粉浓度、低负荷时还可集中投运燃烧器等。

（3）若是由于给粉不稳定引起燃烧不稳，则应适当提高一次风压和磨煤机的出口温度，以降低煤粉水分，从而可降低煤粉结团、粉管堵管等现象。

（4）在运行中破坏炉底水封后，在安全允许的条件下，可适当降低炉膛负压以减少漏风。

二、燃烧器故障

燃烧器故障是指燃烧器出口端壁温过高，一次风喷口结焦、燃烧器内局部堵塞、燃烧器烧毁等故障。

1. 燃烧器故障的主要现象

（1）故障燃烧器火检信号不稳定地闪烁，甚至检测不到火焰。

（2）故障燃烧器一次风压差偏低。

（3）点火器烧毁，油枪不能正常投入。

（4）燃烧器壁温持续升高，外观壁面烧红或油漆脱落。

2. 燃烧器故障的原因

（1）燃烧器离喷口太近，甚至延伸至喷口内部燃烧。可能由于磨煤机风量小、一次风速过低、磨煤机出口温度过高、煤的挥发份高、煤粉细度小、中心风量小等引起。

（2）旋流燃烧器的内、外二次风挡板调节不当，致使煤粉沉积于外套筒壁，形成贴壁燃烧。

（3）对停运的燃烧器，用于冷却的中心风或燃料风误关。

（4）燃烧器燃烧负荷过于集中，燃烧器区域炉温高，造成出口结焦。喷口结焦未及时清除，使结焦程度加剧。

（5）一次风管上的关断门不严，易造成停运燃烧器处积粉，着火烧坏喷嘴。

（6）油燃烧器的油压低、油温低、雾化不良，或者配风不当。

（7）二次风箱内部着火。

（8）单台磨煤机出力过高，造成该层燃烧器燃烧强度过高。

三、主要逻辑保护

（一）燃油检漏试验

（1）确认燃油系统处于炉前油循环状态，燃油跳闸阀前母管压力正常。

（2）确认以下条件满足：

1）燃油母管供油跳闸阀关闭。

2）燃油母管回油阀关闭。

3）所有油枪电磁阀关闭。

4）MFT 继电器处于跳闸状态。

5）OFT 继电器处于跳闸状态。

6）燃油检漏试验命令有效。

（3）所有条件满足后，在 CRT 画面按“LEAKAGE”“START”按钮，逻辑锁定在燃油母管检漏试验状态，燃油母管供油阀打开，充油至 2.5MPa。若 1min 内母管压力达不到试验需要的压力，则显示“FILL OIL FALL”。

（4）若母管压力正常，则关闭燃油母管供油阀，启动 3min 泄漏试验计时器，“LEAK

TEST RUNG”指示灯亮。

(5) 若在3min试验间隔内母管压力低于2.2MPa，则逻辑触发显示“LEAK TEST FAIL”，并中断燃油泄漏试验程序执行。如果3min后燃油母管压力大于2.2MPa，则逻辑触发“LEAK TEST FINISH”状态显示。

(6) 泄漏试验不合格，闭锁吹扫进行。

(二) 锅炉点火前吹扫

(1) 确认炉膛吹扫条件满足：

1) 汽包水位正常（$-100\text{mm}<H<+100\text{mm}$）。

2) 探头冷却风压力正常。

3) 两台一次风机均已停。

4) 所有磨煤机均停。

5) 所有给煤机均停。

6) 所有燃油喷嘴阀均关。

7) 所有火焰检测指示无火。

8) 任一台空气预热器运行。

9) 任一台送风机运行。

10) 任一台引风机运行。

11) 所有磨煤机出口门均关。

12) 二次风挡板开。

13) 燃油跳闸阀已关。

14) 总风量大于30%低于40%额定风量。

15) 所有除尘器跳闸。

16) MFT DC110V电源正常。

17) 无锅炉跳闸指令。

18) 油检漏成功或旁路。

(2) 按下“吹扫启动”键，开始5min计时吹扫，CRT画面上发“吹扫过程中”信号。

(3) 5min计时完成后，CRT画面上发“吹扫完成”信号。

(4) 吹扫完成1h后若未点火应重新吹扫。

(5) 附：锅炉冷态油枪点火操作（吹扫完成后）。

1) 复位MFT、OFT信号，开启燃油跳闸阀、燃油回油阀。

2) 确认燃油母管检漏试验成功或旁路。

3) 油枪点火。

4) 若锅炉点火失败（三次点火不成功），需进行炉膛吹扫后方可重新点火。

(三) 油层OFT跳闸条件

(1) 主燃料跳闸指令。

(2) 燃油母管主跳闸阀关。

(3) 油母管压力低，小于1.0MPa。

(4) 手动OFT。

(四) 油枪自动跳闸条件

(1) 油枪进油电磁阀打开10s后检测到无火焰信号。

(2) 油枪进油电磁阀开关反馈故障。

(3) 油枪蒸汽吹扫电磁阀开关反馈故障。

(4) 油枪正常运行火检信号失去。

(5) 锅炉MFT动作。

(6) OFT动作跳闸。

当以上任一条件出现时，将关闭油枪进油电磁阀。

思考题

1. 燃烧器周界风门有什么作用？
2. 燃烧器摆角调节装置的作用是什么？
3. 燃烧器的基本要求有哪些？
4. 什么是燃烧设备惯性？
5. 锅炉燃油系统的作用是什么？
6. 请画出锅炉燃油系统图？
7. 油速断阀的作用是什么？
8. 叙述燃油系统运行方式。
9. 燃烧设备作用是什么？
10. 燃烧系统由哪些设备组成？
11. 燃油系统投运前检查项目有哪些？
12. 试述油层启动允许条件有哪些？
13. 炉前燃油系统解列步骤有哪些？
14. 炉膛吹扫条件有哪些？
15. 油枪自动跳闸条件有哪些？

第十三章
压缩空气系统

第一节 系统概述

空气压缩机简称空压机，是用来生产一定压力和流量的压缩空气，经除油、干燥后作为机炉侧各气动调门、电磁阀、汽轮机抽气止回门等阀门驱动气源。另外还有一少部分不经除油、干燥的压缩空气作为厂房内杂用压缩空气。

仪用空压机系统包括空压机、干燥除杂质系统和储气罐等设备。其中首先介绍空压机。

1. 空压机

空压机采用的是喷油螺杆式空压机。空压机设备规范见表 13-1。

表 13-1　　　　空压机设备规范

厂用空压机		
项目	单位	数值
型号		GA250W
生产厂家		无锡阿特拉斯．科普柯压缩机有限公司
型式		喷油螺杆式
转速	r/min	1485
最大工作压力	MPa	0.85
额定工作压力	MPa	0.8
额定工作气量	L/s	697
冷却方式		水冷
型号		Y355-4
电动机		
功率	kW	250
额定电压	kV	6.0
额定电流	A	29.9
转速	r/min	1485
绝缘等级		F

每两台机组设 4 台仪用空压机。每台空压机出口分别有手动门，压缩空气通过空压机出口手动门汇入仪用压缩空气母管，再分别进入两套干燥除油系统。一般根据系统压力需要 2～3 台空压机运行，剩余空压机备用。空压机冷却水为闭式水。

空压机为公用设备，关系到2台机组的安全。为保证压缩空气系统的可靠供应，对空压机在小修时进行改造：机组除灰空压机出口门后接一管路至其他仪用空压机出口手动门前。在除灰空压机侧和仪用空压机侧分别设有联络手动门，正常运行时手动门关闭。当仪用空压机全部跳闸或压力不足时可以开启联络手动门，用除灰空压机给仪用空压机供气。

2. 干燥除油系统

每两台机组各有两套，一套运行，一套备用。干燥除油系统包括：前级分离器、高效除油器、干燥器和后置分离器。

前级分离器、高效除油器、后置分离器的作用就是把杂质和油从压缩空气中分离并除去。

干燥器的作用就是利用干燥器中的化学药品，一般是无水硫酸铜，和压缩空气中的水分反应，生成含结晶水的硫酸铜，从而达到除去压缩空气中水分的目的。当干燥器中的药品工作一段时间失效后，可以通过系统中加热过的压缩空气反吹，除去药品中的结晶水并达到再生的目的，药品可以重复利用。

3. 储气罐

经过滤器、干燥器处理过的压缩空气进入两台仪用压缩空气储气罐，供机炉侧各气动调门、电磁阀、汽轮机抽气止回门等阀门驱动气源之用。从空压机出口母管不经处理的压缩空气直接进入一台杂用压缩空气储气罐，供厂房杂用气源。仪用压缩空气储气罐容积为75m^3；杂用压缩空气储气罐容积为30m^3。

第二节　系统检查及常见操作

一、空压机运行检查

(1) 检查压缩空气压力，正常为0.6MPa，最大为0.85MPa，最低为0.55MPa。

(2) 检查空压机油箱油位指针在绿色区域，空压机润滑油供油压力大于0.4MPa。

(3) 检查空压机振动、排气压力、温度正常。

(4) 检查空压机入口滤网出入口差压正常，清除滤网入口杂物。

(5) 检查各疏水器工作正常，确认空压机出入口、旁路及其他管道的凝结液排放正常。

(6) 检查电动机轴承温度小于90℃，检查电动机定子绕组温度小于120℃。

(7) 检查空压机冷却水温度小于35℃，压力为0.25～0.50MPa。

(8) 检查空压机排气温度小于100℃，油过滤器差压小于0.2MPa，空气进口滤网差压小于0.05MPa。

(9) 检查空压机控制面板上无报警灯亮，显示窗内无故障、报警显示，如有，则应消除并确认。

(10) 检查压缩空气干燥器水分离装置疏水阀工作正常。

(11) 检查冷干机冷却水供水正常，空压机运转声音正常，进口油分离器及出口过滤器工作正常，自动排水系统正常。

(12) 检查冷干机进出口压力正常，制冷剂高压应在1.1～1.7MPa。

二、空压机启动前检查

(1) 空压机检修工作全部结束，工作票终结，电动机绝缘良好送电。

(2) 空压机控制系统正常，干燥塔控制装置投入正常。

(3) 空压机系统管道接头、阀门、联轴器完好。

(4) 在空压机MCC电源盘上将控制电源和预启润滑油泵电源送电。

(5) 关闭空压机冷凝水手动排污阀。自动排水阀投入。

(6) 检查空气冷却器冷却水进水阀和出水阀打开，检查冷却水压力在0.241～0.517MPa，冷却水出入口差压小于0.083MPa，最大不超过0.103MPa。

(7) 检查空压机油箱油位计指示在“FULL”范围内。

(8) 空压机温度、压力变送器投入。

(9) 检查空压机供气阀、旁路阀位置正确。

三、常见操作

(一) 空压机就地启动和加载步骤

(1) 检查空压机检修工作全部结束，工作票终结，电动机绝缘良好送电，空压机控制电源送电。

(2) 检查空压机控制系统正常，干燥塔控制装置投入正常。

(3) 检查空压机系统管道接头、阀门、联轴器完好。

(4) 检查空气冷却器冷却水进水阀和出水阀打开，检查冷却水压力大于0.25MPa。

(5) 检查空压机温度、压力变送器投入。

(6) 检查空压机供气阀、旁路阀位置正确。

(7) 检查与空压机对应的冷干机投入。

(8) 检查至少有一套干燥塔投入。

(9) 在空压机就地控制面板上按“启动”键。

(10) 检查空压机启动正常。

(11) 检查空压机自动加载正常。

(12) 检查空压机电流、振动、声音等正常。

(二) 冷干机、干燥塔投运

(1) 检查冷却水母管压力正常，开启冷干机冷却水进出水阀。

(2) 关闭旁通阀，微开排气阀，开启进气阀。

(3) 启动投入冷干机，3min后冷干机开始自动运行，检查运行正常。

(4) 检查机柜上制冷剂压力大于0.4MPa。

(5) 冷干机运行3min后，打开冷干机出口总阀。

(6) 冷干机运行5min后，可缓慢打开排气阀门。

(7) 投入备用冷干机连锁。

(8) 检查干燥塔具备投运条件。

(9) 关闭旁通阀，微开排气阀，开启进气阀。

(10) 投入干燥装置，检查运行正常。

(11) 系统投入后逐个开启放水阀门，排尽系统存水。

(三) 空压机停止运行步骤

(1) 确认空压机具备停止条件。

(2) 在就地控制面板上按“卸载”按钮，20s 后按“停止”键停止空压机。

(3) 空压机停止后检查备用润滑油泵启动，且要保持运行至少 20～30min。

(4) 若停运检修，须切断控制柜所有电源，关闭出口门，待空压机本体充分冷却后，可关闭冷却水门，并打开对空排气门，开排污阀排尽积水。

(四) 空压机切换

若运行空压机故障需退出运行检修，先启动备用空压机，检查启动的备用空压机运行正常后将需退出运行的空压机手动卸载，此时系统压力应略有下降，将启动的备用空压机手动加载，系统压力升高至正常值后停止需退出空压机运行。

(五) 空压机检修做措施注意事项

(1) 空压机停运并停电。

(2) 关闭出口门，和系统可靠隔离，检查系统压力无下降。

(3) 根据检修需要决定是否关闭冷却水。

(六) 储气罐检修做措施注意事项

(1) 关闭储气罐出入口手动门，观察系统压力变化。

(2) 缓慢开启储气罐底部放气门，观察系统压力变化。若系统压力下降证明储气罐没有完全隔离，立即关闭储气罐底部放气手动门，联系检修人员检查储气罐出入口手动门是否关闭严密，确认完全隔离后，继续开启储气罐底部放气门，直至消压至零。

第三节　空压机系统常见故障

一、空压机空气温度高

1. 原因

(1) 冷却水中断或系统不畅通。

(2) 冷却水温度高。

(3) 温度设定值不正常。

(4) 空气冷却器脏污或堵塞。

(5) 空气冷却器内上方集气过多。

2. 处理

(1) 对空气温度高未跳闸进行检查并尽快保证冷却水流量充足，保证冷却水温度合格，定期排放水和空气冷却器上方空气。

（2）空气温度高跳闸后启动备用空压机，如压缩空气压力不能维持时开启除灰空压机至仪用压缩空气联络门。

二、空压机振动大

1. 原因

（1）电动机与空压机不对中。

（2）油温低。

（3）空压机本体损坏。

（4）联轴器及其部件磨损严重。

2. 处理

提高油温或者停运并通知点检人员处理。

三、空压机主要定值逻辑

空压机主要定值逻辑见表13-2。

表 13-2　空压机主要定值逻辑

序号	参数	单位	正常	高限	低限	跳闸
1	润滑油压力	MPa	＞0.179		0.14	0.12
2	压缩空气温度	℃	＜49	49		52
3	空气冷却器冷却水压力	MPa		0.517		
4	密封空气压力	10^5Pa	8～10	12	7	5
5	压缩空气工作压力	kPa	800	827.4	413.7	
6	供气流量（标况）	m^3/h	17			
7	空压机润滑油温度	℃	43～46	49	25	52
8	二级压缩机振动值	mil		0.75		0.85
9	一级压缩机振动值	mil		0.85		1.0

四、空压机紧急停运条件

（1）电动机电流超过额定值。

（2）电动机冒烟着火及发生人身事故。

（3）排气压力突然增大超过额定值，管道、储气罐及气缸发生严重撞击。

（4）空压机任何一部分的温度超过允许值。

（5）空压机空气冷却器冷却水中断。

（6）润滑油压力突然降低小于0.12MPa。

（7）空压机和电动机有不正常声音，发生强烈振动。

上述情况需按下“紧急停机”按钮，立即停止空压机运行。

思考题

1. 仪用空压机的作用是什么？
2. 仪用压缩空气系统由哪些组成？
3. 说出你所在单元有几台空压机，正常运行中几台运行几台备用？
4. 说出你所在单元空压机的型式、额定电压、额定电流、额定功率、电动机转速。
5. 说出你所在机组空压机冷却水水源。
6. 空压机运行中检查注意事项有哪些？
7. 空压机的启动步骤有哪些？
8. 空压机的停运步骤有哪些？
9. 空压机的切换方法有哪些？
10. 空压机检修做措施注意事项有哪些？
11. 储气罐检修做措施注意事项有哪些？
12. 空压机紧急停运条件是什么？
13. 空压机空气温度高原因是什么？如何处理？
14. 空压机振动大原因是什么？如何处理？
15. 说出你所在机组除灰空压机供仪用空压机管路阀门位置在哪？
16. 运行中仪用空压机系统压力低危害有哪些？
17. 运行中仪用空压机系统压力突然降低的原因？
18. 运行中仪用空压机系统压力突然降低如何处理？
19. 运行中干燥塔或过滤器处理不足对压缩空气品质有什么影响？对机组各调门调节有什么影响？
20. 仪用压缩空气系统各排水点在哪里？
21. 仪用压缩空气供机侧、炉侧总门的位置在哪？
22. 厂用空压机冷干机作用是什么？
23. 厂用空压机除油过滤器、前置过滤器作用是什么？
24. 厂用空压机冷却水运行方式是什么？

第十四章

电气主接线系统

第一节　系　统　概　述

一、系统概述

将发电机、变压器、断路器、隔离开关等电气一次设备通过连接线，按照其功能要求或预定方式组成生产、转换和分配电能的电路，称为电气一次接线或电气一次系统，其中承担向厂外系统或电力用户输送电能任务的部分称为电气主接线。电气主接线反映了发电厂中电能生产、转换、输送和分配的关系以及各种运行方式。将由电气一次设备构成的电气一次接线用规定的图形符号和文字符号按照工作顺序排列，详细地表示电气设备或成套装置的全部组成和连接关系的单线接线图，称为电气主接线图，如图 14-1 所示。

二、电气主接线的基本要求

发电厂电气主接线代表了发电厂电气系统的主体结构，是电力系统网络的重要组成部分，直接影响着发电厂乃至整个系统的运行可靠性和灵活性，对一次设备的选定和二次系统的构成都起着决定性的作用。因此，电气主接线必须满足可靠性、灵活性和经济性三个方面的基本要求。

1. 可靠性

安全可靠是电力生产的首要任务，保证供电可靠性是电气主接线最基本的要求。根据发电厂在电力系统中的地位和作用、电压等级的高低、负荷大小和性质等，电气主接线应能保证必要的供电可靠性和电能质量，特别是保证对重要负荷的供电。设备检修和发生事故时，停电时间应尽可能短，影响范围应尽可能小，尽可能地降低事故影响。

2. 灵活性

电气主接线应能适应各种运行状态，适应各种工作情况，并能灵活地进行运行方式的转换。特别是当一部分设备检修或工作情况发生变化时，能够灵活方便地倒换运行方式，做到灵活调度，不中断向用户的供电。在扩建时应能很方便地从初期接线扩建到最终接线。

3. 经济性

在满足可靠性和经济性的前提下，电气主接线应尽可能地降低投资，压缩占地面积，减少电能损耗，以期做到经济合理、充分发挥经济效益。

发电厂的电气主接线，应根据机组容量、电厂规模及电厂在电力系统中的地位，从供电的可靠性、运行的灵活性和方便性、建设和运行的经济性、发展和扩建的可能性等方面，

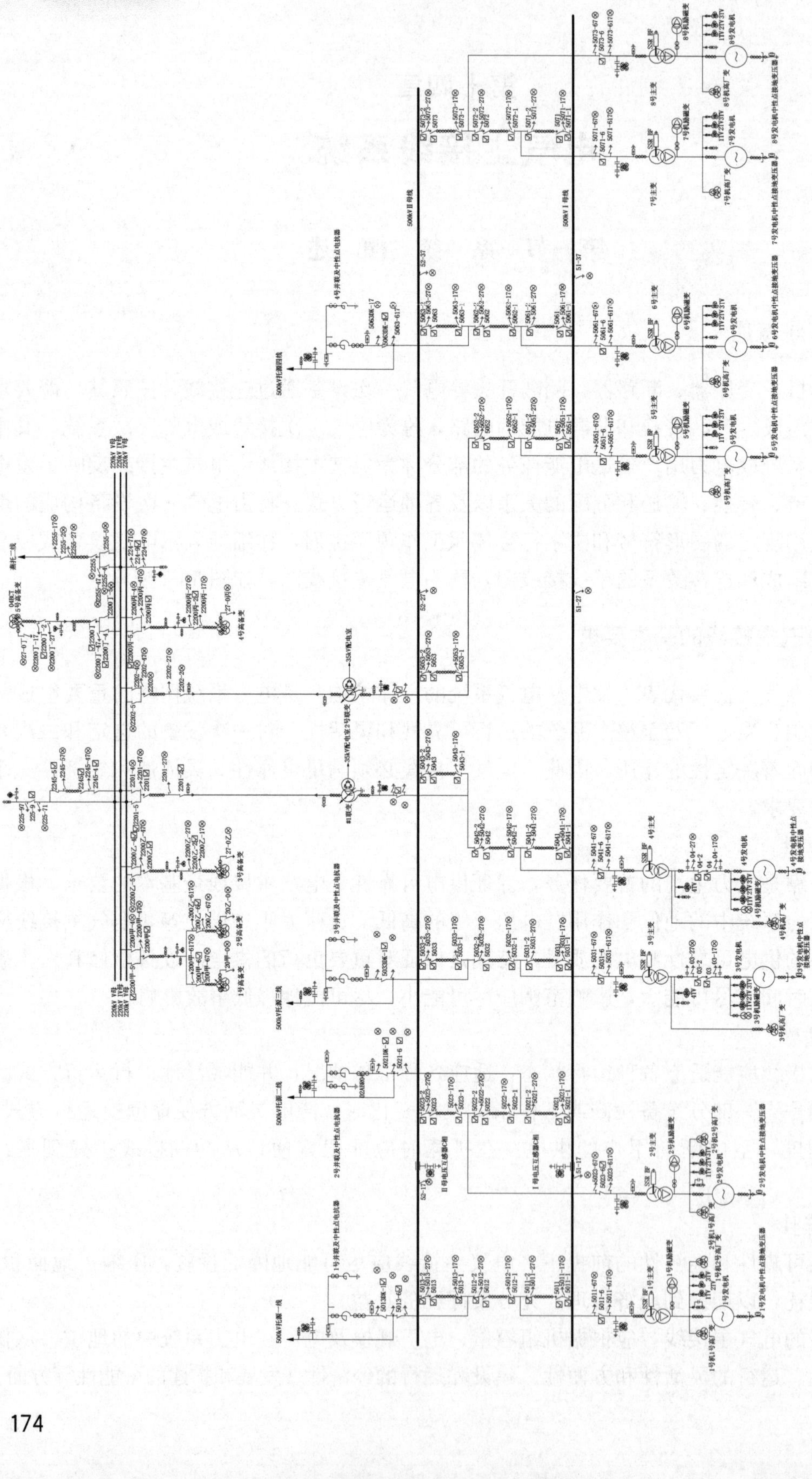

注：在标准运行方式下 ☑表示合闸状态，⊗表示分闸状态

图 14-1 电气主接线图

经综合比较之后确定。

我国大型发电厂中的电气主接线，发电机端采用单元接线，升高电压级主要采用一台半断路器接线（即 3/2 接线）、3～5 角形接线、双母线接线等形式。对于高参数、大容量机组，出线电压在 330kV 及以上的电气主接线可靠性方面提出的特殊要求如下：

（1）任何断路器的检修，不得影响对用户的供电。

（2）任一进出线断路器故障或拒动，不得切除一台及以上机组及相应线路。

（3）任一台断路器检修和另一台断路器故障或拒动相重合，以及当分段或母线联络断路器故障或拒动时，不应切除两台以上机组及相应线路。

第二节　电气主接线的基本形式

电气主接线基本接线形式主要有：双母线接线、3/2 接线、单元接线等，其中 3/2 接线一般用于 500kV 系统，双母线接线多用于 220kV 系统，也用于 500kV 系统。

一、双母线接线

1. 一般双母线接线

每回进出线都各用一台断路器和两组隔离开关分别接入两组母线，两组母线之间通过母线联络断路器连接，这种接线形式称为双母线接线。在双母线接线中，母线联络断路器起到联系两组母线的作用，两组母线可以同时运行，也可以一组母线运行而另一组母线备用（互为备用）。当两组母线用母线联络断路器连接而同时运行时，每一回进出线既可以运行于第一组母线，也可以运行于第二组母线。

双母线接线具有供电可靠、调度灵活、扩建方便等优点，在电力系统中广为采用，并已积累了丰富的运行经验。但这种接线使用设备多，配电装置较复杂，投资较大；在运行中隔离开关作为操作电器，容易发生误操作；当母线出现故障时，须短时切换较多电源和负荷；当检修出线断路器时，仍然会使该回路停电。因此，必要时须采用母线分段和增设旁路母线等措施对双母线接线进行改进。

2. 带有旁路的双母线接线

一般双母线接线的主要缺点是检修线路断路器会造成该回路停电。为了检修线路断路器时不致造成停电，可采用带旁路母线的双母线接线。在每一回路的线路侧装一组隔离开关（称为旁路隔离开关），接至旁路母线上，而旁路母线再经旁路断路器及隔离开关接至两组母线上。

这种接线运行操作方便，不影响双母线正常运行，但多用一台断路器，增加了投资和配电装置的占地面积。

二、3/2 接线

每两个回路（出线或电源）用 3 台断路器构成一串接至两组母线，称为 3/2 接线，又称为一台半断路器接线。在一串中，两个回路（进线或出线）各自经一台断路器接至不同母线，两回路之间经联络断路器连接。

运行时，两组母线和同一串的3台断路器都投入工作，称为完整串运行，形成多环路状供电，具有很高的可靠性。它既是一种双母线接线，又是一种多环接线。因此，3/2接线兼有环形接线和双母线接线的优点，克服了一般双母线和环形（角形）接线的缺点，是一种布置清晰、可靠性很高和运行灵活的接线。3/2接线与双母线带旁路接线相比较，隔离开关少，配电装置结构简单，占地面积小，土建投资少，隔离开关不当作操作电器使用，不易因误操作造成事故。其主要优点是：

（1）可避免由于母线故障而引起的大量线路停电及电源中断。当任一母线故障，母线差动保护动作，此时切除与该母线直接连接的各断路器，故障母线即从系统中切除。此时连接在该主接线中所有电源进线及线路出线仍可通过另一台断路器保持与系统相连，避免了因母线故障而引起的机组停用或高压线路停电。

（2）运行方式灵活。双母线3/2断路器接线方式对于每一串任一断路器检修或故障，不影响正常的发电和供电。对进出线较多及大机组发电厂，这种接线方式的优点更显突出。

（3）隔离操作简单方便。当任一断路器因检修或故障需从系统中隔离时，仅需断开该断路器及其两侧的隔离开关。

3/2接线的缺点是所用开关电器较多，造价较高，并希望进出线回路数为双数。由于每一回路有2个断路器，进出线故障将引起2个断路器跳闸，增加了断路器的维护工作量。另外继电保护的设置也比双母线要复杂一些。

在大型发电厂中，广泛采用3/2接线。

三、单元接线

1. 发电机-变压器组单元接线

发电机出口，经主变压器构成发电机-变压器组，直接接入高电压系统的接线，称为发电机-变压器组单元接线。实际上，这种单元接线往往只是整个电气主接线中的一部分或一条回路，大型发电厂一般有若干个类似的单元。

发电机-双绕组变压器组成的单元接线，是大型机组普遍采用的接线方式。发电机与变压器的容量相匹配，以满足发电机带满负荷并扣除部分厂用电负荷时送出功率的需要。

2. 发电机-变压器-线路组单元接线

发电机与主变压器直接连接，而主变压器高压侧直接与一条输电线路相连接，单独送电。发电厂内不设开关站，各台主变压器之间没有直接电气连接，厂内主变压器台数与线路条数相等。每台发电机-变压器组单元各自单独送电至一个或多个开关站或变电站。主变压器高压侧一般在厂内装设一台高压断路器，作为元件保护和线路保护的断开点，也可作为同期操作之用。

第三节　倒闸操作

一、倒闸操作的一般规定

（1）正常情况下必须按调度批准的标准运行方式运行。

(2) 500kV 及 220kV 交流系统运行方式的改变，必须经值长申请调度批准后方可执行。

(3) 值班员在接受值长命令时必须精力集中，操作时核对无误后才允许操作。

(4) 特殊运行方式必须制定相应措施，经总工程师批准后报网调，经网调下令后方可执行。

(5) 当系统方式改变时，必须对继电保护及自动装置进行相应切换，禁止无保护设备投运。

(6) 运行方式的改变，应最大限度地满足电网运行的稳定性和合理性，应做好防止事故的对策，保证安全。在安全运行的前提下，要考虑运行的经济性。

(7) 设备检修结束办理工作终结手续时，值班员应全面检查核对设备，并向值长汇报，得到命令后，拆除安全措施，恢复设备的备用状态。设备送电前，恢复固定遮栏及常设警告牌，并核对检修的各种文字交代齐全合格后，方可进行操作。

(8) 倒闸操作，在操作前值班员均应按规定填写操作票，并严格履行审批、签字流程（即操作人核对→监护人审核→值长批准）。

(9) 禁止不具备资格的人员进行电气操作。

(10) 操作前应检查防误闭锁装置运行正常，禁止在无防误闭锁装置或防误闭锁装置解锁状态下进行倒闸操作。严禁擅自解锁操作，特殊情况须解锁操作，必须执行《防误闭锁装置管理规定》。

(11) 操作票填写合格，模拟预演并核对系统接线方式无误后，持操作票逐项进行实际操作，且严格执行操作监护、复诵制度。

(12) 在操作中发生疑问或异常情况时，应立即停止操作，汇报值班负责人及值长，待查明原因得到明确指示后方可继续操作。

(13) 值班员不得擅自更换操作任务或颠倒操作顺序。

(14) 操作完毕，值班员应及时向值班负责人及值长汇报操作结果、完成情况及时间，并做详细记录。

(15) 设备送电前，必须将操作动力电源、报警监视电源、变送器电源等投入，仪表和保护用的二次电压回路小开关投入。并根据调度命令、保护定值单或现场有关规定投入所属保护装置。带同期闭锁装置的开关，正常操作时必须经同期装置进行合闸。

(16) 一次设备的操作，正常在 NCS 操作员站遥控操作，不允许在就地或间隔层控制屏上操作。严禁采用短接二次端子、强制继电器（接触器）等方法来操作开关和刀闸。

(17) 运行中禁止攀登 500kV、220kV 电气设备架构。500kV、220kV 电气设备消缺时，禁止攀爬设备架构。

二、倒闸操作的顺序

(1) 设备停电检修：由运行→热备用→冷备用→检修，设备投入运行的顺序与此相反。

(2) 500kV 进线及与其相连的两台断路器一起停电时，按中间断路器→母线侧断路器→进线隔离开关→母线侧断路器主变侧隔离开关→母线侧断路器母线侧隔离开关→中间断路器主变侧隔离开关→中间断路器线路侧隔离开关的顺序操作，送电顺序相反。500kV出线及与其相连的两台断路器一起停电时，按中间断路器→母线侧断路器→线路隔离开关→母线侧断路器线路侧隔离开关→母线侧断路器母线侧隔离开关→中间断路器线路侧隔离开关→中间断路器主变侧隔离开关的顺序操作，送电顺序相反。

（3）单电源线路停送电的操作顺序：停电操作必须按照断路器→负荷侧隔离开关→母线侧隔离开关顺序依次操作，送电顺序与此相反。

（4）双电源线路停送电操作顺序：停电时，应先将线路两侧的断路器断开，然后依次断开线路侧隔离开关→母线侧隔离开关，送电操作顺序与此相反。

（5）变压器的停送电操作顺序：停电时应先断开低压侧开关→中压侧开关→高压侧开关，最后断开各侧隔离开关；送电顺序与此相反。

（6）保护和自动装置的投入应先送交流电源，后送直流电源。待检查保护装置、继电器运行正常后，再投入有关压板，停电时与此相反。

（7）隔离开关操作时，各相的紧急手动操作机构应在正常位置，操作中发现异常需停止隔离开关的操作时，可使用紧急手动操作机构将操作停止，任一相的紧急手动操作机构均可停止三相隔离开关的运转。

三、倒闸操作注意事项

（1）拉合500kV空载线路操作过程中，应注意保持500kV电压在正常范围内，防止线路末端电压超过规定值，最高电压不得超过550kV。任何情况下母线电压不得低于下限值。母线电压控制值根据电网运行方式，由网调给出。

（2）500kV断路器及接地隔离开关的分、合必须检查隔离开关的位置后方可操作。严禁用隔离开关切断负荷电流及线路、变压器及电抗器的充电电流。正常情况下，分、合隔离开关时必须检查回路断路器确在断开位置。

（3）正常运行中严禁就地分、合500kV及220kV断路器，但当断路器远方操作失灵且在紧急情况，可允许就地进行分闸操作。

（4）当运行中的断路器出现操动机构故障以及SF_6气体压力下降超过规定值时，断开其控制电源开关，禁止用该断路器切断负荷电流，并尽快隔离进行处理。

四、设备运行检查及注意事项

（1）断路器投入前应检查机械位置指示器指示正确。

（2）断路器金属架构与接地网连接完好；拉合闸试验应全部正常，试验完毕后必须保持三相均在断开位置且计数器数值一致。

（3）设备附近无影响安全的异物。

（4）断路器各连接部分无松动、过热现象，无异常声响。

（5）瓷套管无放电闪络现象。

（6）断路器各部分无漏油、漏气，气压在正常范围内。

（7）断路器应无异常声音及异味。

（8）断路器事故掉闸后应检查有无漏气、损坏等现象，气体压力是否正常，有无烟火及焦煳味；各部件有无变形、过热现象；套管有无裂纹及其他异常现象；三相计数器动作情况是否正确。

五、设备操作要求及注意事项

（1）受调度管辖的设备必须按照调度命令进行操作。

（2）当正常远控操作断路器及隔离开关出现不能合、拉时，应查明原因并消除后再进行操作。

（3）当开关的操动机构因压力异常导致断路器分、合闸闭锁时，严禁解除闭锁进行操作。

（4）开关禁止在带电的情况下，进行手动机械操作。

（5）开关合闸或拉闸后应检查三相电流是否正常；断路器、隔离开关操作后应检查远方反馈是否正常，与就地实际状态及位置是否一致。

（6）操作隔离开关时，应就地检查动作情况是否到位。

思考题

1. 画出全厂电气一次接线图。
2. 为什么高压断路器与隔离开关之间要加装闭锁装置？
3. 高压断路器在电力系统中的作用是什么？
4. SF_6断路器有哪些优点？
5. 操作隔离开关的要点有哪些？
6. 正常运行中，隔离开关的检查内容有哪些？
7. 禁止用隔离开关进行的操作有哪些？
8. 断路器分、合闸速度过快或过慢有哪些危害？
9. 为什么断路器掉闸辅助触点要先投入，后断开？
10. 断路器拒绝合闸的原因有哪些？
11. 断路器拒绝跳闸的原因有哪些？
12. 断路器越级跳闸应如何检查处理？

第十五章

厂 用 电 系 统

第一节 厂 用 电 概 述

一、厂用电系统概述

机组厂用电电压等级一般采用 35kV、10kV、6kV 和 400V 四种，如图 15-1 所示。

厂用电配电原则，功率为 200kW 以上的电动机采用 6kV 电压；75～200kW 电动机由 400V 动力中心（PC）向其配电，75kW 以下电动机由电动机控制中心（MCC）向其配电。

400V 侧 PC 的低压母线成对设置，每段母线分别由 6kV 厂用母线提供，通过低压厂用变压器降压后供电，两段母线之间设有联络开关，联络开关不联动，采取手动切换。低压厂用变压器的单台容量设置为，当一台低压厂用变压器有故障时，另一台低压厂用变压器可承担两段母线的基本负荷。

重要的 400V MCC 段均设有双路电源供电。对于在失去厂用电的事故中，会危及机组安全，造成永久性损坏的负荷（如空气预热器、各辅机油泵、大小机交流润滑油泵、密封油交流油泵等）和事故照明。因此，厂用电系统中分别设置有机、炉保安 400V MCC 对其供电。

汽轮机、锅炉均设有 400/230V 交流配电盘，由 MCC 向其供电，通过隔离变压器，将不接地的 400V 系统变成 400V/230V 接地系统，以供给控制盘所需的交流电源及有关电加热器和照明电源。

二、厂用电系统状态规定

1. 厂用母线的状态

（1）运行状态：母线工作或备用电源进线开关在运行状态；母线 TV 一次侧熔丝完好且在运行位置，二次侧小开关合上；母线电压正常；母线交、直流控制总电源投运；母线低电压保护投入。

（2）热备用状态：母线工作或备用电源进线开关在热备用状态；母线 TV 一次侧熔丝完好且在运行位置，二次侧小开关合上；母线交、直流控制总电源投运；母线低电压保护投入。

（3）冷备用状态：母线上所有开关均在冷备用状态；母线 TV 在运行状态。

（4）检修状态：母线上所有开关均在备用状态；母线已可靠接地；母线 TV 拉至隔离位置，二次侧小开关断开；母线交、直流控制总电源断开；按检修工作票要求，做好其他安全措施。

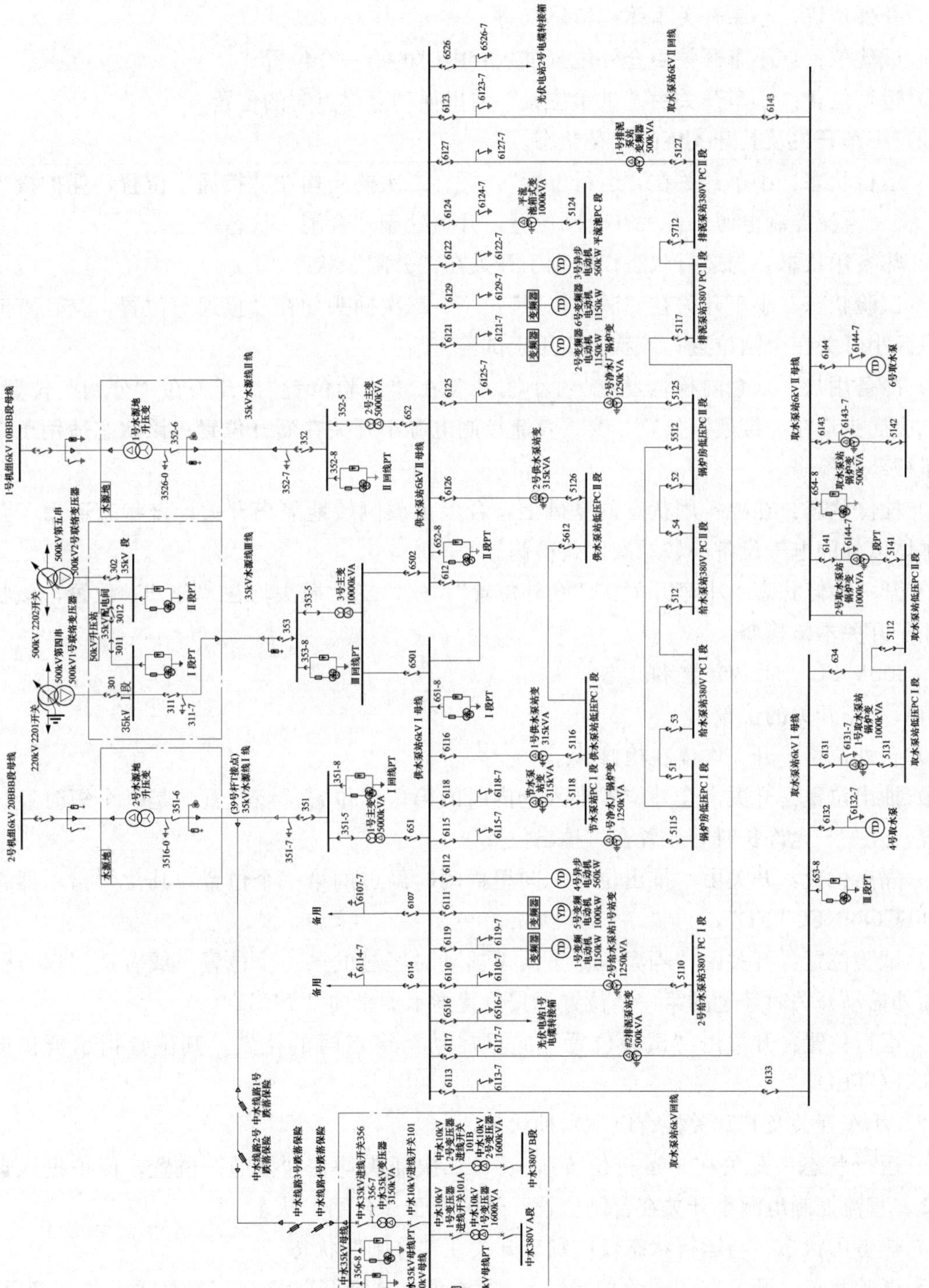

图 15-1　机组厂用电系统

2. 6kV开关小车的位置和状态

(1) 小车开关的位置。

1) 仓外位置：小车开关本体在检修状态。

2) 试验位置：小车开关由仓外位置推入仓内时的第一个位置。

3) 运行位置：小车开关由“试验位置”向里摇动至终点时的位置。

(2) 小车开关及其开关柜的六种状态。

1) 运行状态：小车开关在“运行位置”，一、二次插头均在“接通”位置，保护投入运行，交、直流控制电源小开关在合闸位置，开关处于“合闸”状态。

2) 热备用状态：与运行状态仅区别于开关在“分闸”状态。

3) 试验状态：小车开关在“试验位置”，一、二次插头均在“接通”位置，交、直流控制电源小开关在合闸位置；该状态仅用于试验。

4) 冷备用状态（仓内检修状态）：小车开关在“试验位置”，开关在“分闸”位置，一、二次插头均在“接通”位置，交、直流控制电源小开关在断开位置；该状态适用于辅机的机械部分检修。

5) 检修状态：在冷备用状态的基础上，合上负载侧接地隔离开关；该状态适用于除开关本体以外的电气设备一、二次回路检修。

6) 开关检修状态：小车开关在“仓外位置”；一、二次插头均在“分开”位置，该状态适用于开关本体检修。

3. 400V PC开关的位置和状态

(1) 小车开关的位置。

1) 仓外位置：开关本体在检修状态。

2) 抽出位置：开关由仓外位置推入仓内时的第一个位置，该位置只是一个短时经过的位置，开关不允许长时间放置在“抽出位置”。

3) 隔离位置：开关由“推出位置”向里摇动时经过的第一个位置，其位置指示器指向“DISCONNECTED”。

4) 试验位置：开关由“隔离位置”向里摇动时经过的第一个位置，或者从“运行位置”向外摇动开关时经过的第一个位置，其位置指示器指向“TEST”。

5) 运行位置：开关由“试验位置”向里摇动至终点时的位置，其位置指示器指向“CONNECTED”。

(2) 小车开关及其开关柜有以下六种状态。

1) 运行状态：开关在“运行位置”，一、二次插头均在“接通”位置，保护投入运行，交、直流控制电源小开关在合闸位置，开关处于“合闸”状态。

2) 热备用状态：与运行状态仅区别于开关在“分闸”状态。

3) 试验状态：开关在“试验位置”，一次插头在“断开”位置，二次插头在“接通”位置，交、直流控制电源小开关在合闸位置；该状态仅用于试验。

4) 冷备用状态：开关在“试验位置”，开关在“分闸”位置，一、二次插头均在“断开”位置，交、直流控制电源小开关在断开位置。

5）检修状态：开关在“隔离位置”，开关在“分闸”位置，一、二次插头均在“断开”位置，交、直流控制电源小开关在断开位置；该状态适用于除开关本体以外的电气设备一、二次回路检修及辅机的机械部分检修。

6）开关检修状态：小车开关在“仓外位置”；该状态适用于开关本体检修。

三、厂用电系统运行方式

1. 6kV厂用电系统的运行方式

机组正常运行时，6kV厂用电系统由高压厂用变压器供电；在机组启动、停运后或事故情况下，在发电机出口不设断路器的机组，厂用电由启动/备用变压器供电；若机组发电机出口设有断路器，机组启停无需进行厂用电切换。由于高压厂用变压器接于发电机出口断路器之后，发电机解列后，出口断路器跳闸，厂用电仍可由高压厂用变压器带，只有在高压厂用变压器检修或发电机解列是由于包括高压厂用变压器在内的保护动作，直接跳闸500kV开关，将厂用变压器与发电机同时解列，才存在厂用电源的切换。

机组在正常运行情况下，启动/备用变压器220kV开关在合闸状态，6kV厂用电系统的备用电源开关在热备用状态，即启动/备用变压器在充电状态，厂用快切装置投入。运行人员应定期检查快切装置有无异常报警，各保护压板投入状态是否正确。

一些机组6kV厂用母线备用电源直接取自启动/备用变压器低压分支开关，还有些机组启动/备用变压器低压分支开关先提供公用6kV两段，公用6kV两段分别设计开关为单元内两台机厂用6kV母线提供备用电源。

2. 厂用400V PC、400V MCC运行方式

正常运行情况下，各低压厂用变压器均投入运行，各400V PC采用分段运行方式，母线联络开关处于热备用状态。当任一段电源开关或低压厂用变压器停用时，该段母线改由母线联络开关供电，但必须采取瞬停方式切换，先断开工作电源开关，再合联络开关。

锅炉MCC采用单电源进线、机炉保安MCC采用三电源进线设计，其余各400V MCC均采用双电源进线设计，正常运行时，仅由一路电源供电。

厂用电系统中各230V交流配电盘、UPS及直流配电盘、照明配电盘均应在带电运行状态。

运行中应监视各段母线电压指示值在规定范围内，三相电压平衡。6kV母线电压不低于6kV，380V母线电压不低于360V。配有三相电流显示的负荷和电源馈线，应检查电流表指示，确认三相电流平衡。

第二节　厂用电系统检查

一、开关检查项目

1. 开关投运前的检查

（1）检查所属工作结束，工作票全部终结。

（2）拆除全部安全措施。

（3）测量投运系统设备的绝缘电阻应符合要求。

（4）系统设备各部清洁，无明显的接地、短路现象。

（5）开关触头完好，无松动和脱落。

（6）开关设备的操作机构完好，传动试验良好。

2. 开关运行中的检查项目

（1）开关位置指示器在“运行”位置。

（2）开关机械分合闸状态指示与开关柜上的红、绿灯指示相对应。

（3）电流表三相电流平衡，数值不超限。

（4）开关无过热及放电现象。

（5）开关柜内无异常声响，无异味。

（6）保护装置投入正确，保护压板投入正常，信号指示正常（无异常或动作信号）。

（7）储能正常。

（8）控制方式选择开关在“远方”位置。

3. 开关机械五防

（1）开关不在工作或试验位，开关不允许合闸。

（2）开关在工作位，接地刀闸不允许合闸。

（3）接地刀闸在合位，开关不允许送至工作位。

（4）开关在合位，开关不能由工作位拉至试验或由试验位送至工作位。

（5）开关不在试验位，开关室柜门打不开。

（6）接地刀闸不合，电缆室柜门打不开。

（7）电缆室柜门不关，接地刀闸不能操作。

二、变压器运行检查

1. 变压器运行中检查的规定

（1）正常情况下，变压器及其冷却装置每班检查二次，其中包括接班前的检查。

（2）新投或大修后的变压器，在投运的最初72h，每两小时检查一次，以后按正常要求进行检查。

（3）变压器异常或过负荷运行时，加强检查，适当增加检查次数。

（4）气候剧变时，重点检查变压器的油位、油温的变化情况。

（5）处于备用状态的变压器，也按运行变压器的标准进行检查。

2. 油变压器运行中的检查项目

（1）变压器的油枕、套管的油位正常，油色透明，无渗、漏油现象。

（2）变压器的声音正常。

（3）变压器本体及套管清洁，套管油位正常、无破损裂纹和放电痕迹及其他异常现象。

（4）主变压器运行期间应经常检查集气室小管式油表的油位，如果油面降到小管式油表的中下部，打开排气管路下部的阀门将气体排出。

(5) 气体继电器内充满油，无气体，通往油枕的阀门在打开位置。

(6) 各冷却器温度相近，风扇、潜油泵运行正常，油流指示器工作正常，变压器油循环回路中的所有阀门均在全开位置。

(7) 变压器的温度、温升不超过规定值。

(8) 吸湿器完好，吸附剂干燥。

(9) 压力释放阀或安全气道完好无损。

(10) 引线接头、电缆、母线无过热、变色现象。

(11) 各控制箱和二次端子箱关严，无受潮。

(12) 中性点接地电阻箱内无异常现象。

3. 下列情况对变压器进行特殊检查，增加巡视检查次数

(1) 新设备或经检修、改造过的变压器在投运72h内，有严重缺陷时。

(2) 气象突变（如大风、大雾、大雪、冰雹、寒潮等）。

(3) 雷雨季节特别是雷雨后。

(4) 高温季节、高峰负载期间。

(5) 变压器过负荷运行时。

4. 变压器的特殊检查项目

(1) 过负荷运行时，加强检查变压器油温和油位的变化，接头有无过热现象。

(2) 大风天气，检查室外变压器接头引线有无摆动和松动，导电体及绝缘子有无搭挂杂物。

(3) 雷雨天气，检查变压器绝缘子、套管有无放电、闪络现象。

(4) 大雾天气，检查变压器绝缘子、套管有无放电、闪络现象。

(5) 下雪天气，检查绝缘子、引线的积雪情况，接头的发热情况和冰溜的挂接情况。

(6) 短路后，检查各部有无变形，变压器是否有喷油现象。

5. 干式变压器投运前的检查

(1) 检查所属工作结束，工作票终结。

(2) 拆除全部安全措施。

(3) 测量投运变压器的绝缘电阻符合要求。

(4) 检查变压器及其辅助系统各设备整洁干净。

(5) 变压器本体无明显不正常的接地、短路现象，绝缘无异常变色。

(6) 检查所有紧固件、连接件、标准件无松动和发热迹象。

(7) 检查变压器冷却风扇正常，投自动。

(8) 检查变压器分接头位置正确。

(9) 检查变压器的温控箱投运正常，有显示。

6. 干式变压器运行中的检查

(1) 检查变压器保护投入，内部运行声音正常，无焦味。

(2) 检查变压器各接头紧固，无过热变色现象，导电部分无生锈、腐蚀现象，套管清

洁、无爬电现象。

（3）线圈及铁心无局部过热和绝缘烧焦的气味，外部清洁，无破损、无裂纹。

（4）电缆无破损，变压器本体无搭挂杂物。

（5）线圈温度正常，变压器温控仪工作正常。

（6）检查变压器各开关运行状态及远方指示正确，变压器高低压侧母线电压、电流正常。

（7）检查各变压器表计指示无大幅度摆动现象，且指示不超额定值。

（8）检查变压器前后柜门均在关闭状态。

（9）检查变压器室无漏水、积水现象，照明充足。

（10）检查变压器室内通风设备正常，消防器材齐全。

三、厂用母线及配电室运行中检查

（1）检查配电室门应关闭，如开启，应确认配电室内有无人员工作，核实其工作是否与所持工作票内容相符，核实有无与工作班成员无关人员。

（2）检查各母线电压正常，各电缆无异味，各变压器声音正常。

（3）6kV 各段母线开关状态正确，开关柜保护装置没有异常报警，开关各保护装置投入，保护压板状态正确，各表计指示正常，无大幅度摆动现象。

（4）按照开关及变压器正常运行检查标准进行检查。

（5）对于悬挂“禁止合闸，有人工作”标志牌的开关，应知道对应的检修工作内容，并在后面的巡回检查时注意检修情况，如为开关间隔有工作，两侧开关应挂“止步，高压危险”标识牌。

（6）对于电子配电间、励磁小间、一次风机和凝结水泵变频室，应检查空调运行正常，室内温度不超过 30℃，不低于 5℃。

（7）检查 6kV 母线室接地电缆悬挂符合要求，接地线标号完整，数目齐全，如有外接或布置其他检修工作，应知道接地线悬挂于何处。

（8）各配电室相应的操作工具齐全、完整。

（9）各配电室巡检记录本完整，各班巡回检查签字完整，发现记录本损坏或记录本已用完，汇报更换新记录本。

（10）检查各配电室和各母线配电柜无漏水、积水现象，如有，必须立即汇报，对配电母线运行有可能造成接地危险的，必须采取措施，如对水进行隔离、加塑料布等，并认真核实漏水、积水的来源。

（11）检查配电室内通风正常，夏季室内轴流风机运行正常，转向正确，冬季防冻期间，配电室内各通风口封堵完整，没明显漏风现象。

（12）检查室内卫生合格，必须定期联系人员打扫，如有检修工作室内照明应充足。

（13）高负荷或夏季高温运行期间，应定期测量各电缆接头温度，无明显过热现象。

（14）检查期间，做好巡检记录，离开配电室，必须将门锁好，发现任一异常，汇报机组长。

四、电动机的检查

1. 电动机送电前检查

（1）电动机上或其附近应无人工作和无杂物（不应有煤灰、水汽、油污、金属导线、棉纱头等），工作票已终结，影响启动及巡回检查的临时脚手架等已拆除。

（2）电动机各部分螺栓、外壳接地线、电缆接头完好，应用手拉电缆确认连接牢固，电缆接线盒盖好。

（3）电动机如果空转试运，应确认与机械部分对轮分开，可看见明显分开间隙，如带动机械转动，机械应具备运行条件，如泵类设备应注水排气充分，各保护投入，热工逻辑允许。

（4）轴承中的油位正常（一般在1/2～2/3之间），油盖应盖好，如轴承系强制供油循环或用水冷却，则应将油系统或水系统投入运行。

（5）对直流电动机，应检查整流子表面是否完好，电刷接触是否紧密。

（6）转动部分防护罩应装设良好。

（7）机械部分无卡涩现象，联轴器能盘动（小容量电动机）。

（8）大型电动机有水-空气热交换器的水系统应投入运行（如电泵）；有空气-空气热交换器的冷却空气进口应畅通，进口滤网应干净（如六大风机等）。

（9）检查就地各种表计应投入且完好，CRT监视画面各热工测点显示正常。

（10）电动机所属电气开关一、二次回路良好，继电保护装置应投入，如开关及保护回路有工作，根据需要进行转动试验。

（11）电动机加热电源（特别是大型户外电动机）应送上。

2. 电动机运行中的监视与检查

（1）电动机的电流有无突然增大或减小的现象，是否超过允许值，超过时应报告机组长，并根据其指示采取措施。

（2）检查轴承的润滑油及温度是否正常。

（3）电动机的声音有无异常，有无焦臭味，振动正常，无窜轴现象。

（4）电动机及其周围温度不超过规定，保持电动机附近清洁（不应有煤灰、水汽、油污、金属导线、棉纱头等），检修人员应定期清扫电动机。

（5）由外部引入空气冷却的电动机，应保持风道清洁畅通，风扇运转正常，连接处严密，阀门在正确位置；对大型密闭式冷却电动机应检查冷却水系统运行是否正常，冷却水管不应漏水、渗水。

（6）有关信号指示及电动机控制、保护装置完好。

（7）装有防潮加热器的电动机，运转时应将加热器停用；在停止后应检查加热器投运；加热器投入时，应严密监视电动机温度，不使电动机绕组烧焦。

（8）按时记录电动机表计的读数、电动机启停时间及原因，并记录所发现的一切异常现象。

（9）对直流电动机应注意检查下列项目：

1）电刷是否冒火、晃动或卡涩现象。

2）电刷软铜辫是否完整，是否有碰到外壳现象。

3）电刷是否已磨短至规定值。

4）电刷是否有因集电环和整流子磨损不均、整流子片间云母凸出、电刷固定太松、机组振动等原因而产生的不正常振动现象。

第三节　厂用电系统操作

一、厂用电系统操作一般原则

（1）设备检修完毕后，全部工作票已终结，人员离开工作现场；恢复送电时，应对准备恢复送电的设备所属回路进行认真详细的检查，检查一/二次设备完好、整洁、无杂物；拆除接地线、遮栏、标识牌等临时安全措施。

（2）正常运行中，凡改变电气设备状态的操作，必须要有操作票，并得到值长或单元长的同意，填写操作票，逐级审核后，将操作票打印后，手持操作票，带好相应操作工具及电气安全用具，才能进行操作。

（3）设备送电前，应将操作电源熔丝、报警监视电源熔丝以及仪表的保护用的二次电压回路熔丝或小开关、变送器的辅助电源熔丝装好。

（4）设备送电前，应根据保护定值或现场有关规定投入有关保护装置，设备禁止无保护运行。运行中调度管辖设备的保护停用，必须取得所属调度员的命令或同意所有保护的投退都应汇报调度；厂管辖设备的主保护停用，必须由总工程师批准，后备保护短时停用，则应有当班值长的批准。

（5）带同期装置闭锁的开关，应在投入同期开关后方可进行合闸。

（6）变压器投入运行时，应先合电源侧开关，后合负荷侧开关；停运次序相反。禁止由低压侧向厂用变压器充电，不准用隔离开关对变压器进行冲击。

（7）厂用母线送电时，各馈线的开关和隔离开关均应在断开位置，母线 PT 应先转为运行状态，厂用母线送电后，须先检查母线三相电压正常后，方可对各供电回路送电；停电顺序相反。

（8）厂用母线停电之前，应先检查母线上各负载开关已在断开位置，对带备自投的母线还应退掉自投装置压板。在断开所有电源进线开关后，检查母线电压表三相无电压，带电指示灯灭，才能退出母线 TV。

（9）发生 TV 熔丝熔断或回路故障时，应先退出对应低电压保护，再作检查或检修。

（10）禁止使用 MCC 进线隔离开关或插车切断负载，拉开或切换进线隔离开关前应先将该 MCC 母线上所有负载开关断开。

（11）对带有隔离开关的设备，在拉合隔离开关前，必须检查开关在断开位置；拉合隔离开关后，应检查开关的位置是否正确；正常情况下禁止用 400V 配电装置隔离开关切断负荷。

（12）公用系统设备停、送电时，必须得到值长同意，涉及外围设备，必须联系好外围班长，并严格执行电气操作联络单制度，严禁约时停送电，如为电话联系，应使用生产调度电话，并执行操作复诵制。

（13）重大操作尽可能安排在负荷较低和非交接班时进行，并做好监护。雷电暴雨时，应禁止在室外进行高压隔离开关操作。

二、电动机操作

1. 电动机启动规定

（1）电动机送电前，应进行开关分合闸试验及事故按钮跳闸试验，检修调试后的二次回路还应做好保护跳闸及连锁试验。

（2）电动机允许启动次数设置为：笼型转子电动机在正常冷状态下（铁心温度50℃以下，线圈温度60℃以下）允许启动二次，每次间隔时间不得少于5min，在热状态下允许启动一次，只有在处理事故时及启动时间不超过2～3s的电动机，可多启动一次。

（3）电动机做动平衡试验，启动的间隔时间为500kW以上电动机不低于2h；200～500kW电动机不低于1h；200kW以下电动机不低于0.5h。

2. 电动机启动注意事项

（1）若电动机瞬动一次，应算一次启动。

（2）如厂用电动机系远方合闸，启动时，电动机旁应留有人员，操作员应与就地人员联系好后，方可启动电动机，直到转速至额定时为止，启动结束后，必须根据具体的情况对电动机本身进行具体的检查。

（3）电动机启动时，操作人员或就地的运行人员应以电流表来监视启动过程，启动结束后检查电流表指示是否正常，如指示异常，应汇报机组长，如启动过程中发现异常，应立即拉开开关并检查异常情况。

（4）启动电流在规定启动时间内不返回或合闸后电流表不动且电动机不转，应立即停运，待查明原因后再进行启动。

（5）对于备用中的电动机，应经常定期检查，保证能随时启动。电动机启动应逐台进行，一般不允许在同一母线上同时启动两台以上较大容量电动机，启动大容量电动机，启动前后应监视好母线电压。

（6）正常情况下电动机不允许带负荷启动。当一台引风机（或送风机、一次风机、炉水循环泵）停电检修，而另一台引风机（或送风机、一次风机、炉水循环泵）送电运行时，考虑锅炉连锁，将其停电的引风机（或送风机、一次风机、炉水循环泵）开关的二次插件投入，或联系检修采取其他措施，保证锅炉连锁的正常使用。

3. 电动机检修注意事项

电动机需要检修时，除事故情况下停运转检修外，正常情况下转检修，所涉及的汽水、风烟等系统应具备停运条件，电动机停运前后考虑系统热工保护有无影响，如为给水泵、锅炉风机应将负荷降至允许值，电动机停运后，做好事故预想，按照工作票要求，编写电气操作票，由于为电动机检修，6kV电动机开关停电后，需合上电动机接地开关。

三、变压器操作

变压器投运前，必须确认检修工作完毕，临时措施拆除，地线已全部拆除，测绝缘合格，保护及测量装置投入正常，下口开关断开，具备送电条件后向值长申请操作命令后方可进行操作。

1. 变压器投运的操作规定

(1) 厂用变压器电源侧充电，任何情况下，严禁变压器由负荷侧向电源侧全电压充电。

(2) 投运时观察励磁涌流的冲击情况，若发生异常，立即断开电源。

(3) 高压备用变压器投运或退出前，必须先合入中性点接地开关，运行中断开。

(4) 变压器充电时，重瓦斯保护必须投入跳闸位置。

(5) 新投运的变压器，其冲击合闸次数为 5 次；更换绕组后的变压器其冲击合闸次数为 3 次。

2. 变压器瓦斯保护的运行与操作规定

(1) 正常运行的变压器，重瓦斯保护投“跳闸”位置，轻瓦斯保护投“信号”位置，有载分接开关的瓦斯保护应接跳闸。

(2) 运行中变压器干簧式气体继电器的试验探针严禁按动。

(3) 运行中的变压器进行滤油、补油、更换油净油器的吸附剂或需换潜油泵时，或瓦斯保护回路有工作以及继电器本身存在缺陷时，将重瓦斯保护投信号位置，此时其他保护装置仍投跳闸，工作结束后待空气放尽后，方可恢复。

(4) 当油位计的油面异常升高或呼吸系统有异常现象，需要打开放气或放油阀门时，先将重瓦斯保护改投信号位置，然后才能工作，以防瓦斯保护误动跳闸。

(5) 需要停运重瓦斯保护时，预先制定安全措施，并经总工程师批准，并限期恢复。

(6) 变压器的重瓦斯保护退出运行时，严禁退出变压器的其他主保护。

(7) 在地震预报期间，根据变压器的具体情况和气体继电器的抗震性能，确定重瓦斯保护的运行方式。地震引起重瓦斯保护动作停运的变压器，在投运前对变压器及瓦斯保护进行检查试验，确认无异常后方可投入。

(8) 在大量漏油而使油位迅速下降时，禁止将重瓦斯保护改投信号位置。

3. 变压器分接开关操作

(1) 主变压器分接头的切换，根据系统电压需要来决定，切换操作应有上级调度的命令，其他的厂用变压器的分接头根据厂用电电压情况决定。

(2) 调整有载调压分接头时，点动逐级调压，同时监视分接位置及电流电压的变化。

(3) 有载调压变压器与无载调压变压器并联运行时，两变压器的分接电压应尽量靠近。

(4) 在调节有载调压分接头时，如果出现分头连续动作的情况，立即断开操作电源，再用手动方式将分接头调至合适的位置。

(5) 当系统发生短路或变压器过载时，禁止调节变压器的有载调压分接头。

(6) 无载调压变压器调整分接头时，需将变压器停电并做好安全措施后方可进行。

(7) 调整时多次转动分接头，消除氧化膜和油污。调整后，测量其接触电阻符合要求，并做好分接头调整的记录。

(8) 有载调压变压器的分接头调整时，无需将设备停电，正常情况下采用远方电动操作，当电动操作机构失灵或在校准分接头位置时，就地手动用手摇把操作。

(9) 新投入的分接开关在投运后1～2年或切换5000次后，必须进行检修。如果有载调压装置长期不调和长期不用，在有停电机会时，在最高和最低分接间操作几个循环。

4. 变压器投运前的试验

(1) 变压器各侧开关的分、合闸试验。

(2) 变压器各侧开关的连锁试验。

(3) 新安装或二次回路工作过的变压器，做保护传动试验。

(4) 有载调压装置调整试验，试验正常放至适当位置。

5. 新安装或大修后的变压器投运前试验

(1) 测量监测、控制、辅助电源等回路绝缘电阻合格。

(2) 测定线圈的连接组标号。

(3) 测量绕组所有分接下的电压比，测量结果与出厂值一致。

(4) 充油套管的绝缘电阻吸收比R60″/R15″大于或等于1.3，介质损耗率正切试验合格（小于或等于出厂值的130%）。

(5) 油质分析合格。

第四节 厂用电系统常见综合故障及处理

一、开关常见故障

(一) 开关事故跳闸后的处理

(1) 核对设备间隔名称正确。

(2) 检查开关电气分闸状态绿灯亮。

(3) 检查电流表数值为零。

(4) 检查开关机械分合闸状态指示器在“分闸”位置。

(5) 检查开关及至负载的电气回路，有无冒烟、异味、异常声响。

(6) 检查开关继电器动作情况。

(7) 检查开关有关保护装置动作情况。

(8) 将开关转为检修状态，检查开关机构有无松动、移位现象。

(9) 检查开关有无其他异常现象。

(10) 汇报上述检查结果，视情况进一步处理。

(二) 开关合不上原因

(1) 检查开关所属负载热工连锁条件是否满足。

（2）检查开关保护装置动作情况是否复归。

（3）检查开关合闸回路是否正常（如检查控制电源小开关、控制电源、储能、二次插头连接、防调继电器等是否正常）。

（4）检查开关传动机构是否良好。

（5）检查开关合闸所属DCS回路是否正常。

（三）小车开关不储能原因

（1）检查控制电源是否良好。

（2）检查二次插头接触是否良好。

（3）检查储能电动机是否损坏。

（4）检查开关辅助触点或位置触点是否接触良好。

（四）6kV开关弹簧无法储能

发现开关弹簧无法储能时，可能由下述原因引起，应予以消除：

（1）储能电压低或储能电动机损坏。

（2）储能电动机行程开关损坏。

（3）操作及控制回路有故障。

处理方法：

（1）运行人员碰到开关弹簧无法储能时，将直流控制电源开关再分合几次。

（2）将开关控制回路插头再检查插拔一次；将开关再摇一次，确认开关到位。

（3）上述几项操作后，开关弹簧仍无法储能，通知检修人员处理。

二、母线常见故障

（一）380V母线接地（指不直接接地系统）

1. 现象

（1）DCS发“母线接地”报警。

（2）用万用表测接地母线电压一相降低或为零，其他两相升高或等于线电压。绝缘监察装置指示接地回路数。

2. 处理

（1）根据现象判断是哪相接地和接地回路。对接地母线的设备进行检查，如MCC段接地检查其所带负荷接地报警装置是否报警。

（2）如接地信号同时伴有设备跳闸，禁止将跳闸的设备再次强送。

（3）将接地回路停电。如绝缘监察装置未报警，应采用瞬停负荷的方法进行选择。先查找报警时启停的负荷或有可能接地的负荷，再查找次要的、易受潮的回路，有备用设备的回路切换至备用设备运行，最后查找重要的或对机组安全的影响的回路（对于重要的或对机组安全的影响的回路可通知点检人员采用钳形电流表检查其接地然后瞬停选择）。

（4）如系380V电压互感器接地，将电压互感器停电。

（5）如系母线接地，应停电处理。

（6）单相接地运行时间不应超过2h。

(7) 查到故障点，通知检修人员处理。

(二) 6kV 厂用母线短路

1. 现象

(1) 工作电源电流和电压表有冲击，开关跳闸后指示为零。

(2) 工作电源开关跳闸。

(3) 备用电源开关可能联动后又跳闸。

(4) 警报响，分支过电流保护动作。

(5) 跳闸开关指示跳闸。

(6) 母线室内有爆炸声及烟火。

2. 处理

(1) 检查保护动作情况。

(2) 备用电源联投后又跳闸时，首先恢复本段所带低压厂用变压器 380V 电源倒为备用电源带。

(3) 启动备用设备，影响出力时，适当减负荷。

(4) 对故障母线进行停电检查，测定母线绝缘。

(5) 查出故障点设法消除后，恢复运行。

(三) 380V 母线短路

1. 现象

(1) 工作电源电流和电压表冲击，开关跳闸后指示回零。

(2) 工作电源开关跳闸。

(3) 警报响，保护动作。

(4) 母线室有爆炸声及烟火。

2. 处理

(1) 将故障段负荷倒至另一段上，故障段停电，拉开故障段所有开关，拉开母联开关，做好隔离措施。

(2) 通知检修人员处理故障点。

(四) 6kV 母线 TV 高压侧一相熔丝故障

1. 现象

(1) CRT 发“××母线电压低”及“同期（快切）切换闭锁”保护动作光字牌报警。

(2) TV 熔丝故障相所属母线电压偏低。

(3) 母线可能发接地报警。

2. 处理

(1) 确认 TV 熔丝故障相所属母线所带电动机开关无跳闸报警。

(2) 检查母线上运行的所有开关均正常。

(3) 断开母线低电压保护电源小开关。

(4) 断开母线 TV 二次侧和同期回路熔丝。

(5) 拉出母线 TV 小车，通知检修人员检查处理。

注意点：在隔离母线TV过程中，应做好事故预想：TV隔离前，做好跳机后该段母线快速切换失败的事故预想；TV隔离后，因低电压保护电源停运，母线三相电压低跳电动机电源开关和备用电源快切功能均失去。机组跳机后，应先断开该母线上所有运行的电动机，手动合上备用电源开关。

三、电动机常见故障处理

（一）电动机运行中发生下列情况立即停止运行

（1）电动机回路发生人身事故或威胁人身安全。

（2）电动机及所属电气装置冒烟起火。

（3）电动机强烈振动，可能导致设备损坏时。

（4）电动机被水淹。

（5）电动机所带机械损坏。

（二）下列情况可先启动备用电动机再停故障电动机

（1）在电动机内部有不正常的声音或绝缘有烧焦的气味。

（2）电动机内或启动装置内出现火花。

（3）定子电流超过正常运行的数值。

（4）出现强烈的振动。

（5）大型密闭式冷却电动机的冷却水系统发生故障。

（6）绕组和轴承温度及出口风温升高超过允许值。

（7）电动机被水淋、蒸汽熏，绝缘受潮。

（8）直流电动机整流子产生火花，达到三级（即全部电刷发生强火花，但极间火花尚未环连短路）。

（三）电动机跳闸

（1）带热偶的电动机跳闸后，检查电动机所带的机械有无犯卡、电源有无缺相，测绝缘无异常后恢复热偶，电动机启动后测量三相电流平衡，转速、声音正常。

（2）电动机自动跳闸时，启动备用电动机，对跳闸电动机进行全面检查、测试，原因不明不得投入运行，对重要电动机没有备用电动机或不能迅速启动备用电动机时，允许将跳闸的电动机进行一次强合。但下列情况除外：

1）电气回路有明显的短路或损坏现象。

2）电动机跳闸时有很大的电流冲击时。

3）电动机所属回路发生人身事故时。

（四）电动机合闸启动中发生下列现象立即拉开电源开关

（1）电动机不转或瞬时转动停止。

（2）电动机有异常鸣音，且转速达不到正常值。

（3）启动电流在规定时间内不返回。

（4）电动机冒烟或有火花窜出。

（五）电动机合闸后保护动作跳闸处理

（1）启动备用电动机。

（2）检查跳闸电动机本体及电源电缆、开关有无故障，启动控制装置有无异常，使用是否正确。

（3）测量电动机绝缘电阻。

（4）检查机械有无故障。

（5）检查保护定值及回路。

（6）装有低电压保护的电动机，在厂用电消失跳闸或电压降低跳闸，电源电压未恢复前禁止启动电动机。

（7）重要的电动机失去电压或电压下降时，在1min内禁止手动拉开电动机电源开关，1min后电源未恢复方可拉开。

（8）电动机轴承如系强油润滑，当失去润滑油压时，拉开电动机开关，停止运行。

（9）发现电动机异常运行时，加强监视尽快查明原因，设法消除，不能消除时有备用电动机启动备用电动机运行，停止异常运行电动机，无备用电动机降低异常电动机出力。

（六）当电动机启动时，将开关合闸后，电动机不转发出响声，或者不能达到正常转速

原因如下：

（1）定子回路中一相断线（熔断器一相熔断，电缆头、隔离开关或开关一相接触不良，定子绕组一相断开）。

（2）转子回路断线或接触不良（笼型转子铜条或铝条和端环间的连接破坏）。

（3）电动机和拖动的机械被卡住。

（4）定子绕组接线错误（三角形接线误接为星形，星形接线一相反接）。

（七）在启动或运行时，从电动机内出现火花或冒烟

可能原因如下：

（1）中心不正或轴瓦磨损，使转子和定子相碰。

（2）笼型转子的铜（铝）条断裂或接触不良。

（3）定子、转子间隙里积煤、粉尘太多。

（八）运行中的电动机，声音突然发生变化，电流上升或降低至零

其可能原因如下：

（1）定子回路中一相断线。

（2）系统电压下降。

（3）绕组匝间短路。

（4）被带动的机械故障。

（九）运行中的电动机，定子电流发生周期性的摆动

可能原因如下：

（1）笼型转子铜（铝）条损坏。

（2）机械负荷发生不均匀的变化。

(3) 轴承损坏。

(十) 电动机不正常发热，但根据电流表的指示，定子电流未超出正常的范围

其可能的原因如下：

(1) 冷却不良（通风道堵塞，进风门关闭，进风温度过高等）。

(2) 电源电压降低至规定值以下或三相不平衡。

(3) 机械部分故障。

(十一) 电动机发生剧烈振动

其可能原因如下：

(1) 电动机和其所带动的机械之间的中心不正。

(2) 机组失去平衡（包括所带动的机械转动部分和电动机转子）。

(3) 转动部分与静止部分摩擦。

(4) 轴承损坏或轴颈磨损。

(5) 联轴器及其连接装置损坏。

(6) 所带动的机械损坏。

(7) 笼型转子端环有裂纹或与铜（铝）条接触不良。

(8) 电动机转子铁心损坏或松动，轴承弯曲或开裂。

(9) 电动机某些零件（如轴承、端盖等）松弛，或电动机底座、基础的连接不坚固。

(10) 电动机定、转子空气间隙不均匀，超过规定值。

(十二) 电动机轴承过热

原因如下：

(1) 供油不足（强力润滑的电动机油泵有故障、滤油器或冷却器堵塞、轴瓦上的油槽堵塞或被磨平、进油箱油位过低。油环润滑的电动机油环卡住或旋转缓慢，轴承箱内油位过低等），滚动轴承油脂不足或太多。

(2) 油脂不清洁、油太稠、油中有水、油质恶化、油种用错。

(3) 传动带拉得过紧，轴承盖盖得过紧，轴瓦面不光滑，轴承的间隙太小（一般发生在安装或检修以后）。

(4) 电动机的轴或轴承倾斜（通常发生在安装或检修后）。

(5) 中心不正或弹性联轴器的凸齿工作不均匀。

(6) 滚动轴承内部磨损。

(7) 轴承有电流通过，轴颈腐蚀。

(8) 转子不在磁场中心，引起轴向窜动，轴承敲击或轴承受压。

(十三) 电动机着火的处理

(1) 立即断开电源。

(2) 有通风装置的停运。

(3) 使用二氧化碳灭火器灭火。

(4) 使用干粉灭火器灭火时，不使粉末落入轴承内。

(5) 禁止使用砂子和损害绝缘的泡沫、酸碱灭火器灭火。

四、变压器的异常及事故处理

1. 变压器过负荷

变压器可以在正常过负荷和事故过负荷情况下限时运行。正常过负荷可以经常使用，事故过负荷只允许在事故情况下使用，若变压器存在较大缺陷，不允许过负荷运行。变压器过负荷运行时，投入全部冷却器。

（1）变压器的正常过负荷。当变压器过负荷时，尽快转移负荷，使变压器负荷恢复到额定值以内。尽量缩短过负荷的时间。

（2）变压器的事故过负荷。投入包括备用在内的所有冷却器并尽量减少负载，减少时间（一般不超过0.5h）。变压器事故过负荷时，其上层油温不得超过相应的规定值。变压器事故过负荷后，及时记录事故过负荷的大小及运行时间。

2. 油位过低

（1）检查有无明显漏油处，若在气体继电器玻璃窗内能看到油位，尚能维持运行时，采取应急措施制止漏油，联系检修人员加油。

（2）如因大量漏油油位迅速下降，禁止将重瓦斯保护改投信号，不能维持运行时，应立即停止变压器运行。

3. 油位过高

油位因温度升高而逐渐升高或因变压器负荷过大引起，高出油位指示计，经检查不是假油位所致时，联系检修人员放油，使油位降至对应标准高度，同时降低变压器的负荷，放油时应遵循瓦斯保护的运行规定。

4. 变压器声音异常

检查变压器是否有放电声；检查变压器内部是否有杂声；检查变压器外部螺栓是否松动，接地线与端子箱有无振动声音；如系上述原因引起，则联系点检人员检查处理。

5. 变压器自动跳闸的处理

（1）有备用变压器则迅速将其投入。

（2）有自动投入装置的厂用变压器，未自动投入，应立即手动投入一次。

（3）备用变压器自动投入后，保护装置动作跳闸，则禁止再次强送。

（4）检查保护动作情况，对变压器进行检查，并汇报值长。

（5）如无备用变压器时，则需根据保护信号、报警信号检查何种保护装置动作，在变压器跳闸时，有何种外部现象（如外部短路、变压器过负荷及其他等）如检查结果证明变压器跳闸，不是由于内部故障所引起，而是由于外部过负荷、短路或保护、二次回路故障所造成的则变压器可重新投入运行。

（6）如出口短路造成的，则应进行必要的电气试验，检查无问题后方可投运。

（7）如果原因不明，则必须进行检查、试验以查明跳闸原因，在未查明原因之前，不得将变压器投入运行。

（8）若变压器有内部故障的现象时，应进行内部检查，排除故障后方可投运。

6. 变压器过电流保护动作跳闸的处理

（1）根据表计有无短路冲击，电压是否下降的故障现象作具体判断，若由于保护误动、误碰，则变压器可不经检查立即投入运行。

（2）根据表计有冲击，且电压一直下降的现象，应判明是否外部故障造成，当外部故障消除后，对变压器进行检查无问题可投入运行。

7. 变压器差动保护动作的处理

（1）气体继电器内有气体，按规定执行。

（2）对变压器差动保护范围内全部电气设备详细检查，是否有损坏和闪络现象。安全阀、油位、油色等是否正常。

（3）测定变压器的绝缘电阻，并通知检修人员检查处理。

（4）经检查保护范围内故障，不是变压器本身，待故障消除后，可投入运行。如变压器本身故障，需对变压器进行检查试验。

（5）差动保护动作、变压器跳闸未查明原因禁止投入运行。

（6）无差动保护的变压器，当速断保护动作跳闸，应按差动保护动作处理。

8. 瓦斯保护动作的处理

（1）轻瓦斯动作原因。

（2）因滤油、加油或冷却系统不严，以致空气进入变压器。

（3）因温度下降或漏油，使油面缓慢下降。

（4）由于发生轻微故障或发生穿越性故障。

（5）二次回路故障。

思考题

1. 6kV 开关设计有哪些五防闭锁？
2. 写出所在机组低压厂用变压器有哪些？
3. 开关投运前的检查项目有哪些？
4. 开关运行中的检查项目有哪些？
5. 干式变压器投运前的检查项目有哪些？
6. 干式变压器运行中的检查项目有哪些？
7. 变压器自动跳闸如何处理？
8. 变压器差动保护动作如何处理？
9. 6kV 厂用电系统运行有哪些规定？
10. 380V 厂用电源有哪些规定？
11. MCC 段正常运行规定有哪些？
12. 厂用母线及配电室运行中检查项目有哪些？
13. 厂用电系统操作一般原则有哪些？
14. 开关事故跳闸后如何处理？

15. 写出厂用电各设备绝缘合格标准。

16. 开关合不上的原因有哪些？

17. 380V 母线接地的现象有哪些？如何处理（指不直接接地系统）？

18. 6kV 开关弹簧无法储能的原因有哪些？如何处理？

19. 操作隔离开关的要点有哪些？

20. 正常运行中，隔离开关的检查内容有哪些？

第十六章

发电机及励磁系统

第一节 系 统 概 述

一、发电机概述

发电机为三相隐极式同步交流发电机，型号为 DH-600-G。采用静止晶闸管，机端自励的励磁方式。结构为全封闭、自通风、强制润滑、水/氢/氢冷却、圆筒型转子。定子绕组为直接水冷，定、转子铁心及转子绕组为氢气冷却。密封油系统采用单流环式密封瓦，定子绕组的冷却水由内冷水泵强制循环，进出水汇流管分别装在机座内的励端和汽端，并通过定子冷却水冷却器进行冷却。氢气则利用装在转子两端护环外侧的单级浆式风扇进行强制循环，“气隙取气、一斗两路、径向斜流、六进七出”，并通过两组（四台）氢冷器进行冷却。

二、发电机规范

发电机技术规范见表 16-1。

表 16-1　　发电机技术规范

项　目	单位	设计数据
机组号		5、6、7、8 号发电机
型式		三相交流隐极式同步发电机
型号		DH-600-G
冷却方式		水氢氢
最大连续容量	MVA	728
最大连续功率	MW	655.2
额定容量	MVA	667
额定有功功率	MW	600
额定无功功率	MVar	290
额定功率因数		0.9（滞后）
额定定子电压	kV	22
额定定子电流	A	17495
空载励磁电压	V	151
空载励磁电流	A	1798.4
额定励磁电压	V	400.1

续表

项　目	单位	设计数据
额定励磁电流	A	4387.34
额定效率（计算值）	%	98.95
额定频率	Hz	50
额定转速	r/min	3000
极数		2
相数	相	3
定子绕组连接方式		Y-Y
定子绕组出线端子数		6
绝缘等级（定子、转子绕组、定子铁心）		F（温度按B级考核）
定子槽数		42
转子槽数		32
定子每相串联匝数		7
定子绕组每相直流电阻（15℃）	Ω	0.0015
转子绕组直流电阻（15℃）	Ω	0.0067715
定子绕组线负荷	A/cm	1782.75
短路比		0.6034
发电机负序承载能力	%	I_2/I_N：8
	s	$(I_2/I_N)^2 \cdot t$：10s
定子绕组每相对地电容 C_{ph}	μF	0.2
转子绕组电感 L_F	H	0.5209
发电机临界转速（一阶/二阶）	r/min	982/2671
横轴同步电抗 X_d（非饱和值/饱和值）	%	189.29/189.29
横轴瞬变电抗 X'_d（非饱和值/饱和值）	%	27.51/24.21
横轴超瞬变电抗 X''_d（非饱和值/饱和值）	%	19.85/18.26
纵轴同步电抗 X_q（非饱和值/饱和值）	%	189.29/189.29
纵轴瞬变电抗 X'_q（非饱和值/饱和值）	%	27.51/24.21
纵轴超瞬变电抗 X''_q（非饱和值/饱和值）	%	19.85/18.26
零序电抗 X_0（非饱和值/饱和值）	%	9.27/8.81
负序电抗 X_2（非饱和值/饱和值）	%	22.23/20.45
灭磁时间常数	s	3.357
转子机械惯性时间常数	s	1.562
定子开路转子绕组时间常数 T_{d0}	s	8.446
定子三相短路瞬变分量时间常数 T'_{d3}	s	1.0805
定子二相短路瞬变分量时间常数 T'_{d2}	s	1.7987
定子一相短路瞬变分量时间常数 T'_{d1}	s	2.0669
定子三相、二相、一相短路电流超瞬变时间常数 T''_d	s	0.135
定子三相、二相短路电流非周期时间常数 T_{a3}	s	0.25415

续表

项目	单位	设计数据
定子单相短路非周期分量时间常数 T_{a1}	s	0.20597
发电机噪声水平（距机座 1m，高度为 1.2m）	dB（A）	≤85
额定氢压	MPa	0.414
冷氢温度（入口）	℃	35～46
热氢温度	℃	≤65
氢气露点	℃	−14～−25
氢气纯度	%	≥98
漏氢	m^3/d	≤12
定子绕组进口水温	℃	40～50
定子绕组含出线充水容积	m^3	0.5
定子绕组水量（含定子出线水量 3t/h）	t/h	45
发电机充氢容积	m^3	117
定子绕组及出线水温度	℃	≤85（埋置检温计）
定子铁心温度	℃	≤120（埋置检温计）
转子绕组温度	℃	≤115（用电阻）
定子端部结构件温度	℃	≤90（埋置检温计）
定子绕组层间温度	℃	≤90（埋置检温计）
定子绕组层间温度差（最高值−平均值）	℃	≤8
集电环温度	℃	≤120（温度计）
氢气冷却容量		当一台冷却器停运时发电机至少可以在 80%额定工况下运行而无过热
发电机总质量	t	465
转子质量	t	67.5
制造厂家		东方电机股份有限公司

三、励磁系统概述

励磁系统采用 ABB 自并励静止晶闸管整流系统，励磁电源直接取自发电机出口，设有励磁变，启励电源取自本机交流经整流后供给转子。励磁变出来的交流电经晶闸管整流、经自动电压调节器控制后转变为直流，通过电刷和集电环接触装置而引入到转子上并通过导电杆直接供发电机的转子绕组，导电杆装于转轴中心孔中。发电机励磁系统及控制系统包括：励磁变压器、三相全控桥式整流装置、发电机转子、灭磁及转子过电压保护装置、启励装置、微机励磁调节器及独立的手动控制装置组成。

自动电压调节器的调压范围，当发电机空载时能在 70%～110%额定电压范围内稳定平滑调节，手动调节范围为不大于 10%空载励磁电流到 110%额定励磁电流值。发电机励磁系统负载顶值电压倍数：2 倍，励磁时间：20s。

ABB UNITROL® 6800 励磁系控制系统采用 600MHz CPU，处理速度可达到 1.2ms；

光纤通信传输使用率几乎到达100%，不受电磁干扰，冗余度高；晶闸管触发脉冲从控制器到整流桥一对一树状光纤传输，冗余度高；6号机使用PSS 2B功能，可有效抑制低频振荡；现场控制（ECT）采用触摸屏，中文界面，有32通道数据记录功能。

四、励磁系统设备规范

（一）励磁变压器技术规范

励磁变压器技术规范见表16-2。

表16-2　励磁变压器技术规范

项　目	数　据	项　目	数　据
型号	DCB9-2000/22/$\sqrt{3}$	调压方式	无励磁调压
额定容量	3×2000kVA	接线方式	Yd11
额定电压	22000/$\sqrt{3}$±2×2.5%/770V	额定电流	158/4498A
相数	单相	频率	50Hz
冷却方式	AN	阻抗电压	7.67%
绝缘等级	F	生产厂家	顺德特种变压器厂
绝缘水平	LI 125 AC 50/LI O AC 5	温升限值	95℃
空载电流	0.184%		

（二）励磁调节器技术规范

励磁调节器技术规范见表16-3。

表16-3　励磁调节器技术规范

项　目	数　据	项　目	数　据
额定励磁电压	400V	最大环境温度	45℃
额定连续励磁电流	4900.5A	晶闸管总只数	5×6
最高励磁电压	886V	晶闸管型号	ABB-HUEL412 322
最高励磁电流	8910A（10s）	换流器有效直流电流	4901A
制造商	瑞士ABB		

（三）灭磁开关技术规范

灭磁开关技术规范见表16-4。

表16-4　灭磁开关技术规范

项　目	数　据	项　目	数　据
型号	HPB60M-82S	额定电流	6000A
起弧电压	4000V	最大断流容量	18 000A
制造商	赛雪龙		

五、励磁系统组成

励磁系统主要由机端励磁变压器、晶闸管整流装置、自动电压调节器、灭磁和过电压保护装置、起励装置、必要的监控、保护、报警辅助装置等组成。

（一）励磁电压调节装置

励磁控制系统组成包括（控制）通道Ⅰ、（控制）通道Ⅱ及手动备用通道（BU），每个通道基本组成包括一个控制装置器（AVR/FCR，集成于AC 800PEC装置中）和通信控制测量装置（CCM），形成一个独立的处理系统。通道Ⅰ及Ⅱ可以在自动和手动模式下操作，手动备用通道只提供手动操作模式。AVR与DCS接口采用硬接线实现控制室对AVR的远方操作。整流柜采用强迫通风，风机故障时能切到备用风机运行，保证整流元件正常运行。

（二）电压调节、监控和保护功能

发电机电压给定和调节：

（1）给定值调整。

（2）有功补偿和无功功率补偿。

（3）V/Hz限制器。

（4）软起励。

（5）自动跟踪。

（6）PID控制器。

限制器：

（1）过励磁限制（最大励磁电流限制器、过励侧定子电流限制器）。

（2）欠励限制器（P/Q限制器、定子电流限制器、最小励磁电流限制器）。

监视和保护功能：

（1）TV故障检测。

（2）转子温度测量。

（3）励磁变压器温度测量。

（4）反时限过电流保护和瞬间过电流保护。

（5）失磁保护（P/Q保护）。

（6）过激磁保护（V/Hz继电器）。

其他监测和保护功能：

（1）电子控制板自诊断功能。

（2）交流侧过电压保护。

（3）直流侧过电压保护。

（4）转子接地保护。

AVR工作逻辑：正常时，双通道自动运行，一通道运行，另一通道自动跟踪。一个自动通道故障时，故障通道无扰动自动退出、发信，系统自动切换到另一通道运行。

（三）AVR主要性能

空载到额定负载调压精度：不大于±0.5%；调差率：±10%可调。

调节范围：

（1）自动调节：（20%～110%）U_N。

（2）手动调节：10%I_{f0}～110%I_{fN}。

AVR报警信号：

（1）AVR Ⅰ通道故障。

（2）AVR Ⅱ通道故障。

（3）过激磁报警。

（4）低励限制动作报警。

（5）转子反时限制动作报警。

（6）有功/无功限制报警。

（7）励磁电流限制报警。

（8）定子电流限制/过励限制报警。

（9）TV断线报警。

（10）强励动作信号。

（11）励磁控制回路电源消失信号。

（12）自动运行显示。

（13）手动运行显示。

（14）AVR正常运行显示。

（15）PSS投入显示。

（16）PSS退出显示。

（四）晶闸管整流装置

整流方式为三相全控桥，具有逆变能力。整流柜数量5个，如一个柜故障退出，另4个柜可满足包括1.1倍额定励磁和强励在内的各种运行工况的要求；退出2个柜能保证发电机在额定工况下连续运行。柜间均流系数大于98%，每个晶闸管元件设快速熔断器，可及时切断短路故障电流。每柜交流侧设浪涌吸收措施抑制尖峰过电压，直流过电压采用电压滤波器。冷却方式采用强迫开式空冷，具有100%备用。在风压或风量不足时备用风机能自动投入。设两路冷却风机电源，两路电源能自动切换。

晶闸管整流装置报警信号包括：

（1）任一个整流柜退出运行报警。

（2）晶闸管熔丝熔断报警。

（3）散热器或空气过热报警。

（4）冷却风扇故障报警。

（5）空气流量过低报警。

（五）保护装置

1. 交流侧过电压保护

置于每个整流桥的交流侧的交流侧过电压保护装置可吸收晶闸管换相过电压尖峰。主要由一个三相二极管整流桥及直流侧相连的电容组成。在出现高频过电压时，电容器呈现低阻抗特性，起到滤波作用。将一个放电电阻器与电容并联，可以吸收电容器内储存的过压能量。在二极管整流桥的交流侧装有带报警接点的保护熔断器。

2. 直流侧过电压保护

使用跨接器，该电路采用穿导二极管 BOD 检测转子回路中正向和反向过电压。当产生过电压足够高时，BOD 动作，触发相应的晶闸管，将灭磁电阻并联到转子两端，同时发出跳闸令使灭磁开关立即跳闸。（当发电机机端出现故障，如短路、非同期并列或异步运行时，会感应出负方向磁场电流，并在转子回路中产生过电压。该电压应控制在晶闸管反向峰值电压和转子耐压以下并留有足够安全裕度）。

3. 转子接地保护（UNS 3020）

采用惠斯通电桥原理，由两个电容建立测量桥的平衡；一个连接正极和地之间，另一个连接负极和地之间。该报护能检测励磁绕组及包括励磁变压器二次绕组在内的所有主回路设备的绝缘水平。具有两段设置。接地故障报警具有自保持功能，可以由继电器面板上的按钮复归。

（六）灭磁装置

灭磁装置由直流灭磁开关＋CROWBAR（跨接器）＋碳化硅非线性电阻组成，灭磁系统设有过电压保护。灭磁过程发电机保护或内部的励磁保护跳闸命令启动，同时作用于灭磁开关、逆变和触发跨接器，将转子电流导入灭磁电阻。

（七）起励回路

起励电源来自 6 号机组 60BJC05BA002（AC 400V）。一般情况下，UNITROL® 6800 可实现残压起励。电子控制回路能够正常工作所需的整流桥输入电压仅为 10～20V。如果电压低于该值，首先使用残压起励，连续触发晶闸管整流桥，以二极管整流桥模式将电压升至该范围。如果因长期停机等原因造成无法用残压建立起正常工作所需的 10～20V 电压，则启用起励电源，用他励方式建立这一电压。当机端电压达到发电机额定电压的 30％时，起励电源自动退出，软起励过程开始并将发电机电压升到预定水平。

第二节 系统运行方式

一、励磁系统的运行

UNITROL® 6800 励磁系统正常情况下由单元控制室远控操作。直接安装在励磁系统前面板上的触摸面板 ECT 仅在调试、试验或紧急控制时使用，正常运行时运行人员严禁操作。

（一）励磁系统的两种控制方法

从集控室通过 DCS 系统进行远方控制，命令以开关量形式通过硬接线发往励磁系统。使用集成在励磁系统中的励磁控制终端（ECT）进行控制。

1. 远控或就地控制命令

远控或就地控制命令见表16-5。

表16-5　远控或就地控制命令

命　令	远方控制	就地控制	反馈指示
合灭磁开关	√	√	√
分灭磁开关	√	√	√
励磁投入	√	√	√
励磁退出	√	√	√
通道Ⅰ运行		√	
通道Ⅱ运行		√	
运行方式－AUTO	√	√	√
运行方式－MAN	√	√	√
运行中调节方式的给定值升高（增磁）	√	√	√
运行中调节方式的给定值降低（减磁）	√	√	√
无功功率调节器运行		√	
无功功率调节器退出		√	
恒功率因数调节器运行		√	
恒功率因数调节器退出		√	
PSS投入	√	√	√
PSS退出	√	√	√

2. 远方控制（在控制室）

在控制室有许多控制命令和反馈指示，用于对励磁系统进行有效的远方控制。此外，还可以用模拟量显示励磁系统和发电机的运行状况。这些在控制室进行控制所需的命令键、信号灯和显示仪表不是UNITROL®6800系统的组成部分。运行人员必须熟悉控制元件的布置和控制命令对励磁系统的作用。利用这些控制元件，运行人员就可以根据工况变化的需要，使用自动（AUTO）或手动（MAN）方式在励磁侧对发电机进行有效控制。控制室命令只有励磁系统切换到“远方”时才有效。

（二）灭磁开关合闸/分闸

（1）在没有跳闸信号时，合闸命令ON用于合上励磁开关。开关闭合后，可进行投励磁操作。

（2）分闸命令OFF同时作用于灭磁开关分闸和励磁退出。将励磁系统中的整流桥切换到逆变方式运行（磁场能量反馈），将灭磁电阻与转子绕组并联，发电机经整流桥和灭磁电阻快速灭磁。

（3）远方断开灭磁开关操作的条件是发电机主开关已经断开（发电机空载运行）。

（三）励磁投入/退出

（1）励磁投入命令EXC ON用于投入发电机励磁。励磁系统向发电机转子提供励磁电流，发电机迅速升压到额定值。

（2）跳闸信号有效时，励磁投入命令被闭锁。发出励磁投入命令时，在断开位置的灭磁开关将自动合闸。只有灭磁开关合闸后才能励磁。

（3）完成起励的前提条件：

1）灭磁开关在合闸位置。

2）无分闸命令和跳闸信号。

3）发电机转速大于90%额定值。

4）励磁变压器由发电机机端直接供电，励磁系统还需要初励电源。

（4）励磁退出命令EXC OFF用于立即切断发电机励磁。励磁系统整流桥切换到逆变运行（磁场能量反馈），灭磁电阻与转子绕组并联，发电机通过整流桥和灭磁电阻迅速灭磁。励磁退出命令同时作用于跳灭磁开关。60s后，整流桥触发脉冲被闭锁，整个励磁系统被完全闭锁和切除。

（5）远方励磁退出操作的条件是发电机主开关已经断开（发电机空载运行）。

发电机在励磁投入后的典型建压过程如图16-1所示。

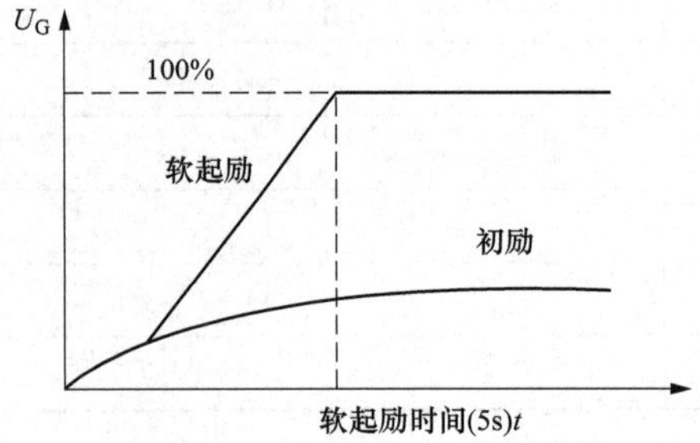

图16-1　自动/手动方式之间的切换

（四）励磁系统通道

励磁系统的两个主通道都包括自动和手动两种调节方式。在自动方式下，励磁系统自动调节发电机机端电压，最大限度地维持发电机机端电压恒定。在手动方式下，励磁系统自动维持发电机恒定励磁电流。在手动方式运行时，必须根据发电机的负荷变化人为调整发电机的励磁电流，以维持发电机电压恒定。

（1）除两个主通道之外，励磁系统还提供一个独立的手动备用通道。

（2）手动备用通道与主通道的手动方式相似，手动备用通道也设有一个励磁电流调节器。除此之外，手动备用通道还设有过电压保护和独立于主通道的触发脉冲形成功能。内置的过电压保护是主通道内置保护功能的冗余措施。手动备用通道的励磁电流调节器与主通道励磁电流调节器在作用上是相同的，即手动备用通道只能调节励磁电流，而不能调节发电机电压。

（3）手动备用通道的励磁电流调节器自动跟踪主通道，在两个主通道的自动及手动方式均发生故障的情况下，能自动实现无扰动切换。

（4）从主通道向手动备用通道的人为切换只能由继保人员完成。

（五）电力系统稳定器PSS

（1）电力系统稳定器（PSS）对电网的低频振荡起阻尼作用。

（2）当发电机有功功率超过可预置的设定值（30%），以及发电机电压在预先设定的范围内（例如在90%～110% U_{GN}）时，可自动投入电力系统稳定器PSS，也可以在DCS

画面人为投入。

(3) PSS可以随时手动退出，如果发电机的有功功率或电压超出设定值或者发电机从电网解列，PSS会自动退出。

二、发电机运行方式

正常运行的发电机，其各参数应保持在额定值允许的范围内运行，当参数偏离额定值时，应及时调整，使发电机保持在合理的运行工况。当参数发生变化时，必须遵循下列原则。

（一）发电机定子电压

发电机定子电压允许在额定值的±5%范围内变动，即：20.9～23.1kV，此时发电机的出力可保持不变。发电机仍可以在额定容量、额定频率及功率因数下运行。

（二）发电机定子电流

发电机在额定参数下连续运行，不平衡电流应小于8%的额定电流，短时负序电流须满足 $I_2t \leqslant 10$ 的要求。

定子电流能承受短时过电流运行，且满足下列公式：$(I_2-1)t=37.5s$，其中：I 为定子电流的标幺值；t 为持续时间，适用范围为10～60s，每年不超过两次。当定子电压下降到低于额定值的95%时（20.9kV），定子电流长时间允许的数值，仍不得超过额定值的105%（18459A）。

发电机不同氢压时的出力：

（1）氢压0.2MPa时（$\cos\varphi=0.9$）：400MW。

（2）氢压0.3MPa时（$\cos\varphi=0.9$）：500MW。

（三）发电机失磁运行能力

以40%有功负荷/min速率降负荷，将负荷降至240MW，允许运行15min。

发电机运行期间周波的变化范围为(50 ± 0.5)Hz，能保证发电机在额定出力下运行。允许范围见表16-6。

表16-6　　发电机运行期间频率变化范围

频率（Hz）	允许时间	
	每次（s）	累计（min）
51.0～51.5	<30	<30
50.5～51.0	<180	<180
48.5～50.5	连续运行	
48.0～48.5	<300	<300
47.5～48.0	<60	<60
47.0～47.5	<20	<10

短时 U/f 能力见表16-7。

表 16-7　短时 U/f 能力

定子电压/频率	1.25	1.19	1.15	1.12	1.10	1.09	1.08	1.07	1.05
时间（s）	5	7.5	10	15	20	30	45	60	∞

当功率因数为额定值时，电压变化范围不超过±5%和频率变化范围不超过−3%～+1%时，发电机允许连续输出额定功率。当电压变化范围不超过±5%和频率变化范围不超过−5%～+3%时，发电机也允许输出额定功率，但每年不超过10次，每次不超过8h。

（四）定子绕组允许断水时间

定子绕组断水有两种运行方式可供用户选择：

（1）第一种方式：带额定负荷运行30s，若30s后备用水泵不能投入，冷却水流量不能恢复，则应解列发电机，并使发电机端电压降为零。

（2）第二种方式：断水5s后开始减负荷，2min内降到26%额定负荷，此后，根据线圈入口、线圈出口、离子交换器出口共3个水的电导率选择运行方式：如3个点均≤0.5μS/cm，运行1h；如其中一点≥0.5μS/cm，运行3min；如3点均≥0.5μS/cm，立即停机。

（五）功率因数

机组正常运行额定功率因数为0.9（迟相），一般不超过0.95（迟相），如果允许在不同的功率因数下运行，受到下述条件的限制：

（1）额定功率因数>0.95（迟相）受到发电机电枢绕组发热条件限制。

（2）额定功率因数<0.95（迟相）受到发电机励磁绕组发热条件限制。

（3）欠励状态下运行受到系统稳定、定子端部铁心发热、厂用电电压等条件限制。

（六）发电机电刷运行规定

（1）每班对电刷进行测温，检查电刷无过热，集电环无变色、过热现象，表面温度不超过120℃。检查电刷的磨耗情况，对超出磨损界限的电刷应及时汇报。

（2）当发电机电刷出现颤振时，引起电刷颤振的任何电刷部件应从刷架中抽出，检查损坏情况及电刷的表面情况、电刷是否能在刷架上自由移动。

（3）注意监视电刷是否冒火。

（七）励磁系统运行方式

（1）调节器由两个完全分开的通道保证其冗余度，每个通道包括自动通道（通道Ⅰ）、手动通道（通道Ⅱ）和后备通道。功率柜N—1冗余。

（2）正常情况下，调节器应选择“远方”“自动”方式。

（3）正常运行时，系统提供了两个通道的跟踪。在通道无故障时，非工作通道自动跟踪工作通道，这时可从任一通道切换至另一通道。如果备用通道有故障则不允许切换（通道切换由检修人员进行）。

（4）自动方式故障而另一通道无故障时，励磁调节器将自动切换到另一通道自动方式；如另一通道也有故障，将自动切换到本通道的手动方式运行。

（5）在手动方式运行时，有功负荷变化时注意调整无功出力。

(6) 当任一台功率柜故障后，其他功率柜将承担其工作电流。二台功率柜故障后，励磁电流限制器设定值将自动减少，不能进行强励。如果 4 台功率柜故障则发电机自动灭磁。

第三节　系统运行检查项目

一、发电机正常运行中的检查

(1) 运行中应对定子线棒层间测温元件的温差和出水支路的同层各定子线棒引水管出水温差进行监视。温差控制值参照如下限额执行：定子线棒最高与最低温度间的温差达 6℃或定子线棒引水管出水温差达 6℃报警时、应检查定子三相电流是否平衡，定子绕组水路流量与压力是否异常，如果发电机的过热是由内冷水中断或内冷水量减少引起，则应立即恢复供水。一旦定子线棒温差达 14℃或定子引水管出水温差达 10℃，或任一定子槽内层间测温元件温度超过 90℃或出水温度达 85℃时，应紧急降负荷，在确认测温元件无误后，应立即停机进行反冲洗及有关检查处理。

(2) 正常运行时定子绕组进水温度应高于冷氢温度至少 2～5℃，任何情况下定子冷却水及氢冷器冷却水在发电机内的压力值都应低于氢气压力至少 0.04MPa。

(3) 发电机电刷、集电环、均压弹簧安装牢固，清洁无杂物。

(4) 发电机刷架引线、集电环正常，刷架与集电环间隙正常。

(5) 检查刷架处的空气过滤器正常。当此过滤器堵塞时，及时清理。

(6) 封闭母线无振动，放电、局部过热现象。

(7) 发变组保护投入运行正常，指示灯指示正常，无异常报警。

(8) 各 TA、TV、中性点变压器无发热、振动及异常现象。

二、发电机启动前检查准备

(1) 发电机系统接地开关及接地线全部拆除。

(2) 发电机电压互感器投入，二次熔断器容量合格并投入。

(3) 发电机中性点接地开关投入。

(4) 封闭母线热风保养装置投入运行正常。

(5) 发电机各部清洁，温度表、压力表齐全完好。

(6) 发电机中性点接地变压器及接地装置柜完好。

(7) 轴承绝缘垫清洁完好。

(8) 发电机大轴接地铜辫、碳刷接触良好。

(9) 发电机已充氢，压力、纯度、湿度、温度合格。

(10) 继电保护、自动装置、仪表齐全完好，保护和自动装置的压板投入正确。

(11) 发电机一次系统检修后或停机备用超过 120h，启机前应测量定、转子回路、励磁轴瓦的绝缘电阻。

（12）发电机定子回路的绝缘测量使用2500V的绝缘电阻表或水内冷绝缘测试仪，绝缘电阻值不作规定，若测量值较前次有显著的降低（考虑温度及湿度的变化，如降低到前次的1/3～1/5），应查明原因并将其消除。发电机未通定冷水，定子线棒内部通风干燥后，发电机定子绕组绝缘不小于3MΩ。测量时，发电机中性点接地开关须断开，发电机出口电压互感器停电。

（13）发电机转子回路测量绝缘使用500V的绝缘电阻表，发电机转子回路绝缘电阻值在室温下不小于1MΩ。

（14）发电机励磁轴瓦测量绝缘使用1000V的绝缘电阻表，发电机励磁轴瓦绝缘电阻值不小于1MΩ。

三、电气启动注意事项

（1）发电机一经转动即认为带有电压。

（2）发电机不允许在未充氢气和定子绕组未通水的情况下投入励磁升压。

（3）汽轮机冲转后，观察发电机轴承和集电环处是否有异声。

（4）发电机升压前，发电机的氢气各参数应在规定的范围内，转速在额定转速。

（5）发电机升压时，监视定子三相电流为零，无异常或事故信号。

（6）发电机定子电压升起后，检查转子回路的绝缘良好。

（7）发电机在升压过程中，定子电压到额定值时，监视转子电压、转子电流应与空载值相近。

（8）发电机升压后应在10min内并网，如无特殊情况超过10min不能并网将发电机灭磁。

（9）在升压过程中，发现定子电流升起或出现定子电压失控立即对发电机进行灭磁。

（10）发电机启励后，有励磁电流而定子电压无指示，立即灭磁。主变压器高压侧－6隔离开关必须在转速达3000r/min后才可以合闸。

（11）同期表有转动太快、跳动、停滞等现象时，禁止并网。

（12）发电机并列须经调度批准后方可进行。

（13）当同期回路检修，或大修后的发电机，在同期并网前应完成定相、假同期试验等工作。

（14）正常情况下，发电机组应用500kV母线侧断路器与系统并列，用中间断路器解、并环，特殊情况下可采用中间断路器并列。

（15）正常情况下，发电机解列后，500kV升压站合环操作由网控值班员执行；发电机并网后，500kV升压站合环操作由集控值班员执行。

（16）发电机并列后，应尽快增加发电机有功负荷至零以上，以防止逆功率保护动作。

（17）发电机并列后，应详细检查发电机-变压器组一次、二次系统，特别要注意各设备的冷却装置，冷却介质参数合格和各部位温度变化，无漏油、水、氢等异常现象。

（18）机组运行稳定后用快切装置并联方式进行厂用电切换；机组正常运行时禁止使用手动直接拉、合工作或备用电源开关的方式切换厂用电。

四、励磁小间检查

（1）AVR 面板各指示灯指示正确。

（2）励磁调节器柜＋ER 没有任何报警，各仪表指示正常。

（3）各整流柜各冷却系统工作正常，空气进出风口无杂物堵塞。

（4）五个整流柜电流指示基本平衡，其中任一整流柜电流不大于电流平均值的 15%。

（5）励磁调节器无异常声音和异味。

（6）励磁调节器各柜门均在关闭状态，通风机运行正常，运行中功率柜柜门严禁打开。

（7）励磁小间温度维持在 15～30℃，空调运行良好。

五、励磁变压器检查

（1）变压器内部运行声音正常，无焦味。

（2）变压器各接头紧固，无过热变色现象，导电部分无生锈、腐蚀现象，套管清洁、无爬电现象。

（3）及铁心无局部过热和绝缘烧焦的气味，外部清洁，无破损、无裂纹。

（4）无破损，变压器本体无搭挂杂物。

（5）温度正常，变压器温控仪工作正常。

（6）变压器前后柜门均应在关闭状态，如变压器温度高需要打开柜门时，应设置临时围栏，悬挂“止步，高压危险”警示牌。

（7）变压器周围无漏水、积水现象，照明充足，消防器材齐全。

第四节　系　统　操　作

一、发电机并列操作

（一）发电机并列的条件

（1）发电机频率与系统频率基本相同（频率差不得大于 0.2Hz）。

（2）发电机电压与系统电压相等（电压等级 500kV 允许最大偏差为 5%）。

（3）发电机相序与系统相序相同。

（4）发电机相位与系统相位相同。

（二）发电机恢复热备用

1. 汽轮机定速前完成的操作

（1）暖机期间应检查发电机电刷接触良好、活动正常，无跳动，密封油系统，定子冷却水系统正常，氢气压力正常。

（2）发电机热风保养装置在机组并网前 1h 投入，并网前退出。

（3）检查发电机-变压器组出线隔离开关和接地开关均在断开位置，合上主变压器高压侧 CVT 二次各开关。

（4）检查发电机出口电压互感器一次熔断器完好且接触良好，将电压互感器小车推至工作位置，合上电压互感器二次开关。

（5）检查发电机中性点接地变压器良好，合上中性点接地开关。

（6）合上汽轮机 MCC BJC 段启励电源，合上励磁调节器交、直流控制电源。

（7）合上励磁柜所有熔断器及开关，检查风扇电源插头已插好。

（8）检查励磁系统无异常报警。

（9）投入主变压器冷却装置，励磁变压器冷却风机运行。

2. 发电机定速后，应完成下列操作

（1）联系调度，拉开发电机-变压器组 500kV 侧两开关。

（2）检查发电机-变压器组保护复位，投入发电机-变压器组保护屏除“关主汽门”外所有保护压板。

（3）退出 500kV 短引线保护，合上主变压器高压侧隔离开关。

（4）合上励磁调节柜内启励电源。

（5）将励磁调节器控制方式设定为“远方”“自动”控制。

3. 发电机采用自动准同期与系统并列

（1）检查就地励磁调节器控制方式为“自动”“远方”控制。

（2）检查 DCS 调节器方式 AVR 在“自动”控制。

（3）合上发电机灭磁开关 Q02。

（4）点击机组 DCS 励磁系统画面励磁控制“on”和“confirm”按钮。检查发电机启励正常。

（5）检查发电机空载参数正常。

（6）投入发电机-变压器组保护 A、B、C 屏“关主汽门”压板。

（7）检查自动同期屏上的选线器开关在“自动”位置，同期装置上的方式选择开关在“工作”位置。

（8）合上发电机同期装置电源开关。

（9）点击 DCS 相应同期控制面板上的“SEL RESET”按钮。

（10）点击 DCS 相应同期控制面板上的“on”和“confirm”按钮。

（11）在汽轮机 DEH 画面投入外同期。

（12）检查发电机-变压器与系统并列良好，表计指示正常，并调整无功负荷。

（13）检查发电机-变压器组出口开关合闸良好，初带 2%（温态 3%、热态 5%）额定负荷。

（14）联系网控将 500kV 系统合环。

（15）检查发电机定子三相电流指示正确。断开发电机同期装置电源开关。

（16）发电机并网后将 6kV A、B 工作电源开关送工作位置，快切装置投入，具备远方合闸条件。

（17）退出发电机-变压器组保护 A、B 屏“启停机”“误上电”压板。

二、发电机短路试验

（一）试验目的

短路特性是指在额定转速下，定子绕组三相短路时，这个短路电流与励磁电流之间的关系。利用短路特性，可以判断转子线圈有无匝间短路。计算发电机部分参数需要短路试验参数。

（二）试验条件

（1）检查500kV侧隔离开关、接地开关在分闸位。500kV侧断路器在“分闸”位。

（2）发电机转速维持在3000r/min。

（3）高压厂用变压器6kV进线开关在检修位置。6kV工作进线电压互感器在工作位置。500kV侧CVT（电容式电压互感器）正常。

（4）退出机组A、B、C保护屏上关主汽门压板，投入灭磁开关联跳压板。

（5）发电机-变压器组短路试验时，须将发电机与励磁变高压侧的连接线断开，从6kV备用间隔取电源接至励磁变压器高压侧来提供发电机启动时所需的励磁电源。

（三）主变高压侧K1短路点试验步骤

（1）检查短路点有无异常现象。

（2）投入主变器变冷却器电源。

（3）在励磁调节器盘上将励磁方式选择为手动方式，检查手动励磁在最小位置。

（4）合上灭磁开关，缓慢调节发电机定子电流为500A，检查发电机电流互感器、主变压器侧电流互感器有无开路，检查励磁变压器保护定值及电流互感器有无开路。如有开路应立即灭磁，检查并消除电流互感器回路所存在的问题。

（5）缓慢升高发电机定子电流检查发电机差动保护动作情况、主变压器差动保护动作情况。

（6）上述工作结束后，调节励磁为最小，跳开灭磁开关。合接地开关，拆除K1点短路线。短路线拆除后，拉开接地开关。

（四）高压厂用变压器6kV进出侧K2、K3短路点试验步骤

（1）确认6kV工作电源进线开关在“检修”位。

（2）合灭磁开关，用手动励磁缓慢升流做高压厂用变压器6kV分支短路试验。将电流升至厂用变压器高压侧电流互感器二次约为0.7A（一次约为210A），检查高压厂用变压器高压侧电流互感器、厂用段电流互感器二次有无开路，检查短路电流流经电流互感器的二次值及相序，检查保护屏上主变压器差动保护以及高压厂用变压器差动保护差流值。核对盘表及DCS测量的准确性。

（3）上述工作结束后，调节励磁为零，跳开灭磁开关。

（4）恢复试验措施。

三、发电机空载试验

（一）试验目的

空载试验属于发电机的特性和参数试验，空载特性是指发电机以额定转速空载运行

时，其定子电压与励磁电流之间的关系。利用特性曲线可以断定子绕组、转子绕组有无匝间短路，也可判断定子铁芯有无局部短路，如有短路，该处的涡流去磁作用也将使励磁电流因升至额定电压而增大。计算发电机部分参数需要空载试验参数。

（二）试验应具备的条件

（1）检查500kV侧隔离开关、接地开关在分闸位。500kV侧断路器在分闸位。

（2）发电机转速维持在3000r/min。

（3）高压厂用变压器6kV进线开关在检修位置，6kV工作进线电压互感器在工作位置，500kV侧CVT正常。

（4）退出机组A、B、C保护屏上关主汽门压板，其他压板均处于投入状态。

（三）空载试验方法

（1）恢复励磁变高压侧接线。

（2）检查发电机出口三组电压互感器应在工作位置，避雷器应投入。

（3）阻塞滤波器投入运行，主变压器、高压厂用变压器冷却器工作正常。

（4）合上灭磁开关，手动调节励磁将发电机电压缓慢升至50%额定电压，检查发电机出口三组电压互感器、6kV进线电压互感器及500kV侧CVT二次电压正常。

（5）将发电机电压升至额定，检查上述电压互感器二次电压正常，相序正确，检查开口三角电压值，核对表盘及DCS测量数值，记录发电机转子空载电压、电流。

（6）上述工作完成后，将灭磁开关断开。

（7）发电机空载试验结束。

四、发电机假同期试验

（一）试验具备的条件

试验前检查500kV两个开关两侧隔离开关、500kV侧隔离开关在分闸位。

（二）假同期试验

在同期回路或PT回路上工作后，必须进行同期试验和定相试验，以检查自动准同期系统的可靠性及调整的准确性。在试验期间，为防止由于并网加初负荷汽轮机超速，热工人员应做措施取消DEH接收到假并列试验信号加初负荷，发电机电网侧的隔离开关断开，发出假并网试验信号。与正常情况一样，自动同期系统通过DEH、发电机励磁系统改变发电机频率和电压。当满足同期条件时，断路器闭合。

第五节　系统异常运行注意事项

一、励磁系统手动

（1）手动通道运行时，运行人员应对发电机励磁进行连续监视。

（2）加减负荷时注意调整无功，防止发电机进相运行或转子过负荷。

二、发电机进相运行

（1）发电机进相运行时，将使其静态稳定特性降低，发电机定子端部铁芯及结构件温度上升，厂用电电压降低。

（2）发电机进相运行时，应遵守以下规定：

1）发电机进相运行时的无功负荷及功率因数不允许超过规程规定的数值，且监视6kV厂用母线电压最低不允许低于6.0kV，380V厂用母线电压最低不允许低于380V。启动大容量设备时适当提高母线电压。

2）发电机进相运行时应加强对发电机各部温度的监视且不允许超过以下允许值：

a）定子铁芯温度≤120℃。

b）定子铁芯端部结构件温度≤120℃。

c）定子绕组层间温度≤90℃。

d）定子绕组及出线水温度≤85℃。

3）接于同一母线的发电机组运行功率因数应基本一致，不允许出现有的机组进相，有的机组大量发无功。

4）进相运行时，自动励磁调节器必须投入运行。

5）发电机进相运行特别是深度进相运行时，做好发电机失磁及失步的事故预想。

三、发电机运行参数异常

（1）在额定功率因数和额定氢气压力时，发电机最大连续输出有功功率为655.2MW。

（2）在额定功率因数下，电压偏离额定值±5%范围内，同时频率偏离额定值±0.5Hz范围内，发电机能连续输出额定功率。

（3）当功率因数与频率为额定值时，电压在其额定值的95%～105%范围内变动时，发电机视在功率与电压的关系见表16-8。

表16-8　发电机视在功率与电压的关系

定子电压/额定定子电压（%）	105	100	95
视在功率/额定视在功率（%）	100	100	100
定子电流/额定定子电流（%）	95	100	105

（4）发电机低功率因数运行时，转子励磁电流不允许大于额定值；功率因数增大时，发电机的视在功率不能大于其额定值。

（5）定子绕组能承受表16-9短时过电流运行，不产生有害变形及接头开焊等情况。这种运行工况，每年不得超过二次，时间间隔不小于30min。

表16-9　定子绕组能承受的过电流时间

时间（s）	10	30	60	100
定子电流/额定定子电流（%）	2.26	1.54	1.30	1.16
定子电流允许值（A）	39730.8	27073.2	22854	20392.8

(6) 转子绕组能承受表16-10短时过电压运行，每年不得超过二次，时间间隔不小于30min。

表16-10　　转子绕组能承受的过电压时间

时间(s)	10	30	60	100
励磁电压/额定励磁电压(%)	1.8	1.46	1.25	1.12
励磁电压允许值(V)	693	562.1	481.25	431.2

(7) 发电机进风温度高于额定值时，定子电流的允许值按表16-11的原则确定(冷氢温度最高不允许超过55℃)。

表16-11　　定子电流的允许值

进风温度(℃)	每升高1℃定子电流比额定值减少百分数(%)	每升高1℃定子电流比额定值减少值(A)
47～50	2	349.9
50～55	3	524.9

(8) 当发电机冷氢温度为额定值时，其负荷应不高于额定值的1.1倍；当冷氢温度低于额定值时，不允许提高发电机出力。

(9) 当一台氢冷却器停运时，发电机负荷不大于80%额定负荷。严密监视发电机定子铁心及绕组温度，如不能维持温度则继续降低机组负荷。

四、发电机运行负载不平衡时

(1) 如果持续负序电流不超过额定电流的8%，且每相电流不大于额定电流，允许发电机长期运行。

(2) 如果运行中发现发电机三相不平衡电流超过规定值，应立即降低发电机定子电流，使其不超过规定值，同时严密监视发电机各部温度。如果发现温度异常升高，不平衡电流增大应紧急停机。

五、变压器过负荷

1. 变压器的正常过负荷

汇报值长尽快转移负荷，使变压器负荷恢复到额定值以内。尽量缩短过负荷的时间。

2. 变压器的事故过负荷

投入包括备用在内的所有冷却器并尽量减少负载，减少时间(一般不超过0.5h)。

主变压器事故过负荷允许运行时间见表16-12。

(1) 高压厂用变压器的事故过负荷倍数。

变压器允许短时间过载能力应满足表16-13要求(正常寿命，过载前已带满负荷、环境温度40℃)。

表 16-12　　主变压器事故过负荷允许运行时间

过负荷倍数	环境温度（℃）				
	0	10	20	30	40
1.1	24：00	24：00	24：00	14：30	05：10
1.2	24：00	21：00	08：00	03：30	01：35
1.3	11：00	05：10	02：45	01：30	00：45
1.4	03：40	02：10	01：20	00：45	00：15
1.5	01：50	01：10	00：40	00：16	00：07
1.6	01：00	00：35	00：16	00：08	00：05
1.7	00：30	00：15	00：09	00：05	+

表 16-13　　变压器允许短时间过载能力应满足的要求

过负荷电流/额定电流	1.2	1.3	1.45	1.6	1.7	2
过负荷持续时间（min）	480	120	60	45	20	10

（2）变压器事故过负荷时，其上层油温不得超过相应的规定值。

（3）变压器事故过负荷后，应及时记录事故过负荷的大小及运行时间。

变压器可以在正常过负荷和事故过负荷情况下限时运行。正常过负荷可以经常使用，事故过负荷只允许在事故情况下使用，若变压器存在较大缺陷，不允许过负荷运行。变压器过负荷运行时，投入全部冷却器。

思考题

1. 发电机启动前检查准备项目有哪些？
2. 发电机与系统并列的条件是什么？
3. 发电机短路试验的目的是什么？
4. 什么情况下必须做发电机假同期试验？
5. 发电机进相运行时，应遵守哪些规定？
6. 发电机励磁系统欠励限制的功能是什么？
7. 发电机励磁系统强励的作用是什么？
8. 励磁系统运行方式有哪些？
9. 发电机启动前检查准备有哪些？
10. 电气启动注意事项有哪些？
11. 励磁变压器检查项目有哪些？
12. 发电机并列的条件是什么？
13. 发电机短路试验方法是什么？

第十七章

发电机辅助系统

第一节　发电机密封油系统

一、概述

发电机采用水氢氢冷却方式，即定子绕组为水冷，转子绕组为氢气内部冷却，铁心及其他部件为氢气外部冷却。为防止在运行中氢气外泄而引起燃烧及爆炸，在发电机的两端（励磁端和汽轮机端）轴伸出处的静止和转动部分之间，供以高于机内氢压（36～76kPa）的压力油形成油环，以密封发电机内的氢气，使其不能向外泄漏。密封油源来自汽轮发电机组润滑油系统，由密封油泵（主密封油泵和事故密封油泵）供给。当主密封油泵和事故密封油泵无法运行时，可由机组润滑油直接供至密封瓦，但发电机必须紧急停机，并排氢至 50kPa 以下。密封油与氢气之间的压力差由差压调节阀来控制。

现在大型发电机均采用单流环式密封瓦，密封瓦固定在密封座上。该密封瓦运行时只有一个进油孔，密封油进入密封瓦后，再分两股分别去密封油系统氢侧和空侧，回油分别进入氢侧密封油膨胀箱和空侧空气析出箱。氢侧密封油膨胀箱油回到带浮球阀自动控制油位的回油箱，回油箱油回至空气析出箱，汇合后回至润滑油回油母管。当主机供密封油中断时，密封油回油箱压力高于真空箱入口油管油压，该路止回门开启，密封油以自循环方式运行，如图 17-1 所示。

二、密封油系统设备

发电机轴密封油主要由两台主密封油泵、一台密封油再循环泵、一台事故密封油泵、一台密封油真空泵、两台空气析出箱排烟风机、一只真空油箱、安全阀、过滤器、氢侧密封油膨胀箱、密封油回油箱、空侧空气析出箱、管道等设备组成。密封油系统设有就地控制站。

1. 主密封油泵

在发电机轴密封油系统中，设置有两台主密封油泵，一台运行，一台备用。主密封油泵为齿轮泵型，用于将压力油供至发电机密封部件，电源取自汽轮机保安 MCC A、B 段。

2. 再循环密封油泵

再循环密封油泵为齿轮泵，它的作用是使真空油箱中的油进行再循环，排除密封油里的溶氢、溶氧及湿气，电源取自汽轮机 MCC 段。

3. 事故密封油泵

事故密封油泵为齿轮泵，它由直流电动机通过链式联轴器驱动。当主密封油泵跳闸或

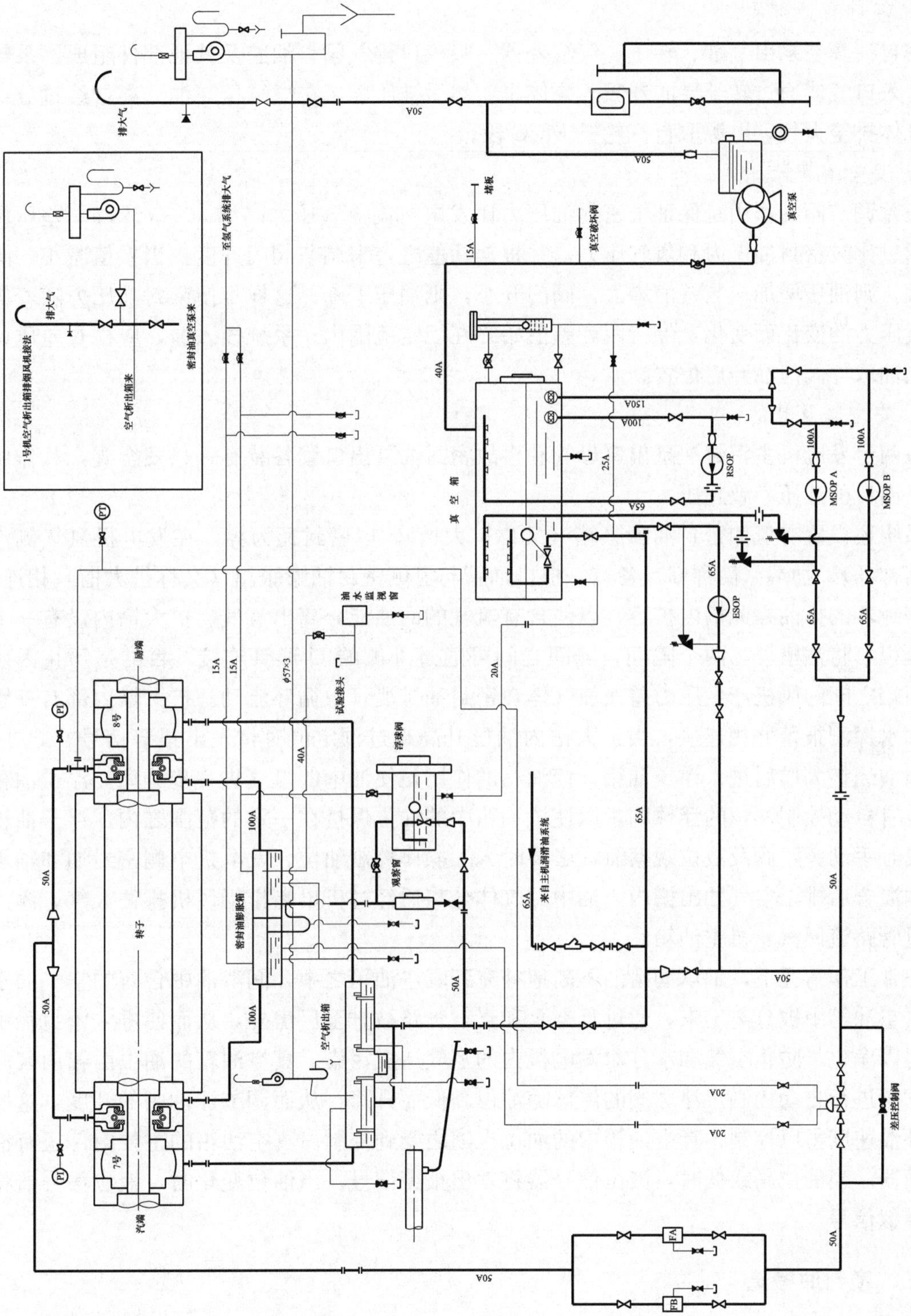
真空箱
真空泵
MSOP A
MSOP B
RSOP
ESOP
密封油膨胀箱
空气析出箱
浮球阀
转子
励端
汽端
差压控制阀
FA
FB

图 17-1　密封油系统

密封油压力低时，事故密封油泵自启动。它主要是在主密封油泵发生事故情况下，向发电机轴密封部件提供密封油，以防氢气外泄，电源取自直流 220V 母线。

4. 密封油真空泵

密封油真空泵由气缸、转子、气缸外罩、吸入口排气阀、油腔及其他部件组成。泵转动时，入口气体通过转子导向器吸入泵体里，然后被压缩，在气缸里与油分离，经过分离器，气体排至大气，电源取自汽轮机 MCC 段。

5. 压差调节阀

压差调节阀的作用是保证轴密封油压力比发电机内氢气压力高出 36～76kPa。差压调节阀通过比较密封油压力和氢气压力，并根据两值之差来调节阀门开度：当差值减小，阀门开大，则油压增加；当差值增大，阀门开小，则油压下降。这样，使密封油压力随着机内氢气压力的变化而变化，保持两者差值始终在规定范围内。系统投入前，应检查差压调节阀氢油取样阀门在开启位置。

6. 安全阀及其他

在两台发电机主密封油泵出口母管和事故密封油泵出口管各装有一只安全阀，其作用是保证出口的油压不致超压。

系统还设置有氢侧密封油膨胀箱（又称扩大槽）。以密封瓦为界，在发电机氢气侧汽端（简称 T）、励端（简称 G）各有一根排油管与氢侧密封油膨胀箱（又称扩大槽）相连，来自密封环的排油在此槽内扩容，以使含有氢气的回油能分离出氢气。扩大槽内设有一个横向隔板，将油槽分为两个隔间，隔间之间可通过外侧的 U 形管连接。目的是防止因发电机两端之间的风机产生压力差而使气体在密封油排泄管中循环流动。扩大槽内部有一管路和油水探测报警器相连接，当扩大槽内油位升高超过预定值时将发出报警信号。此外，氢侧回油经扩大槽后进入浮子油箱，该油箱的作用是使油中的氢气进一步分离。浮子油箱内部装有自动控制油位的浮球阀，以使该油箱中的油位保持在一定的范围之内。浮子油箱外部装有手动旁路阀及液位观察窗，必要时人工操作控制油位。发电机空侧密封油和轴承润滑油混合后排至空气抽出槽内，油中的气体分离后经过析出箱排烟风机排往大气，润滑油经过管路流回汽轮机主油箱。

正常工作情况下，轴承润滑油不断地补充到真空油箱之中，润滑油中含有的空气的水分在真空油箱中被分离出来，通过真空泵和真空管路被排至厂房外，从而使进入密封瓦中的油得以净化，防止空气和水分对发电机内的氢气造成污染。真空油箱的油位由箱内装配的浮球阀进行自动控制，浮球阀的浮球随油位高低而升降，从而调节浮球阀的开度，这样使得补油速度得以控制，真空油箱中的油位也随之受到控制。真空油箱的主要附件还有液位信号器，当油位高或低时，液位信号器将发出报警信号。当油位变化时，液位信号器将输出模拟信号。

三、密封油检查

（一）密封油系统投运前检查

（1）确认密封油系统检修工作结束，工作票收回。

（2）检查主机润滑油系统已投入，油质合格、主油箱油位正常。

（3）确认闭式水系统运行正常。

（4）密封油系统连锁保护试验合格并投入。

（5）关闭密封油系统所有放水门、放油门。

（6）投入密封油系统各测量表计、油水监视窗。

（7）开启主机润滑油系统至密封油系统手动门，检查密封油真空箱油位逐步上升至正常，期间监视主机润滑油箱油位。

（8）开启差压阀油侧、氢侧压力信号门。

（9）开启浮球阀箱出、入口门、旁路门、浮球阀箱排气门。

（10）按照标准操作票的有关检查项目对密封油系统进行投运前检查，并确认各阀门状态正确。

（11）投入密封油系统前用氮气将机内压力充至40kPa以上。

（12）初期启动，由于发电机内气压很低，甚至没有气压，造成密封油回油不畅，浮球阀箱必须走旁路，并监视油位，由旁路阀开度控制油位，当发电机内气体压力升高，逐渐关小浮球阀旁路门，控制浮球阀箱旁路观察窗始终有可见油位。当浮球阀旁路门全关后，监视浮球阀箱不满油，自动维持在正常范围。

（13）浮球阀箱与密封油膨胀箱相连的排气门必须检查在开启位置，否则密封油膨胀箱至浮球阀箱油管道携带气体无法在浮球箱油气分界面析出而回至发电机，气体逐步增加会导致密封油回油不畅，严重时造成发电机进油。

（14）开启空气析出箱至真空箱回油手动门。此门必须开启，否则在润滑油中断时，密封油无法形成自循环。

（二）密封油系统运行检查

（1）密封油差压阀工作正常，正常运行油氢压差维持在36～76kPa，以防漏氢或发电机进油。

（2）检查密封油温、油压正常，油温不高于46℃。

（3）密封油真空箱油位正常，密封油再循环泵、真空泵运行正常。

（4）正常运行，密封油真空箱要保持76kPa以上的真空，以利析出并排出油中水气，当发电机氢气纯度降低时，应保持密封油真空箱高真空运行，并适当进行补排氢。

（5）浮球阀箱油位1/2左右，检查发电机油水监视窗、密封油膨胀箱油水监视窗无积油、积水，否则及时排掉，并查找原因。放油水过程中注意防止发电机跑氢。

（6）检查密封油真空泵油分离器无积水，发现有积水应及时排掉，真空泵油质乳化通知检修人员换油。

（7）密封油系统运行中禁止关闭浮球阀箱至密封油膨胀箱顶部排气门。

（8）发电机氢压降低至50kPa以下时，密切监视浮球阀箱油位，若油位升高，开启浮球阀旁路门控制浮球阀箱旁路观察窗始终有可见油位。

（9）检查空气析出箱排烟风机运行正常，维持风机入口负压为－3～－2kPa。

（10）备用密封油泵及直流密封油泵定期做联动试验。

(11) 检查密封油再循环泵出口压力正常。

四、密封油系统运行方式及注意事项

密封油系统运行方式分为四种，分别为密封油系统正常运行方式、主密封油泵故障或交流电失去运行方式、密封油泵全停和主机润滑油系统停运四种运行方式。

1. 正常运行方式

正常运行时，密封油系统有一台主密封油泵运行，油源来自主机润滑油，即主机润滑油箱→润滑油系统→密封油真空箱→主密封油泵→油氢差压阀→发电机密封瓦→主机润滑油箱。

2. 主密封油泵故障或交流电失去运行方式

当密封油泵故障或交流电源失去时，启动直流密封油泵。此时密封油运行方式如下：主机润滑油箱→润滑油系统→直流密封油泵→油氢差压阀→发电机密封瓦→主机润滑油箱。

由于密封油不经过真空油箱，因而不能净化处理，故油中所含的空气和潮气可能随氢侧回油扩散到发电机内，导致氢气纯度下降。此时应加强对氢气纯度的监视。当氢气纯度明显下降时，应定期操作氢侧回油扩大槽上部的排气阀进行排污，然后让高纯度氢气通过氢气母管补进发电机内。

除主密封油泵故障需要投入事故密封油泵之外，真空油箱的浮球阀故障检修也应投入事故密封油泵供油，并退出真空油箱运行。

3. 密封油泵全停

密封油泵全停。仅用润滑油供油时，应紧急停机并排氢至机内压力在50kPa以下，直至主机润滑油压能够实现氢气密封。此时密封油运行方式为：主机润滑油箱→润滑油系统→油氢差压阀→发电机密封瓦→主机润滑油箱。运行人员应密切注意浮球阀箱油位，如果回油不畅油位高时，应开启旁路手动门控制油位。

4. 主机润滑油系统停运

当主机润滑油系统停、密封油来油中断。此时，密封油系统可独立循环运行，在该运行方式下，密封油量能够维持机组短时运行，密封油真空箱应保持较高真空。此时密封油运行方式为：密封油真空箱→主密封油泵→油氢差压阀→发电机密封瓦→密封油真空箱。

当环境温度降至0℃以下时，应及时检查空气析出箱出力情况，同时对空气析出箱进、出口分离器及风机出口U形管路进行排污，防止空气析出箱排气管中油气受冷凝结回流至U形管处，当U形管满油后将造成析出箱风机出口堵塞，造成风机出力不足，分空气析出箱分离出的氢气无法外排，严重时造成汽轮机各轴承箱氢气集聚发生氢爆。

五、系统操作及检修

（一）系统启动

(1) 汽轮机投盘车或气体置换空气前，必须投入密封油系统。

(2) 开启主机润滑油至真空箱滤网前、后手动门，检查密封油真空箱自动补油正常并向密封油系统注油。

（3）系统注油结束后关闭一组密封油滤网前后手动门，投入备用。

（4）密封油真空泵、一台主密封油泵、密封油再循环泵送电。

（5）启动密封油真空泵，将密封油真空箱真空抽至 70kPa 左右，关闭抽空气门，短时停密封油真空泵。

（6）密封油泵注油放气结束，关小送电主密封油泵出口门，保持两圈开度，启动交流密封油泵，检查其振动、声音正常，确认密封油再循环泵联启正常。

（7）检查交流密封油泵出口压力正常，待系统注油结束后，全开密封油泵出口门。检查密封油压差阀工作正常，密封瓦油压、浮球阀箱油位正常。

（8）密封油真空箱油位正常后，启动密封油真空泵，开真空箱抽空气门，将真空调至约 85kPa。

（9）密封油系统运行正常后，将另一台主密封油泵和直流密封油泵送电备用。

（10）启动直流密封油泵，试运行 30min 后停运。

（二）密封油泵切换

（1）全面检查备用密封油泵良好。

（2）检查密封油真空箱油位正常。

（3）检查备用主密封油泵入、出口门开启。

（4）启动备用主密封油泵，检查其振动、声音、出口压力等正常。

（5）停止原运行主密封油泵，注意密封油母管压力正常，油氢压差正常。

（三）密封油系统停运

（1）发电机内氢气已全部置换为氮气，机内压力小于 50kPa 且汽轮机盘车已停止，方可停运密封油系统。

（2）停运密封油真空泵。

（3）将备用密封油泵、直流密封油泵电源开关切就地或停电，停止运行密封油泵，确认密封油再循环泵联停。

（四）密封油系统检修

1. 密封油真空泵检修及恢复

（1）缓慢关闭密封油真空泵入口手动门，注意监视密封油箱油位变化情况。

（2）入口手动门全关后，停运密封油真空泵。

（3）密封油真空泵电动机电源停电。

（4）挂好相关标示牌，许可检修。

（5）检修结束，工作票押回或终结，检修交代可以投入运行。

（6）密封油真空泵电动机送电，如为电动机检修，应测量绝缘合格。

（7）启动密封油真空泵。

（8）缓慢开启真空泵入口手动门，严密监视密封油箱油位变化，如果开启过快，快速抽真空，可能导致密封油箱油位急剧变化，严重会因为油位低，导致密封油泵跳闸。

（9）全开入口手动门后，全面检查系统。

2. 交流密封油泵、直流密封油泵、密封油再循环泵检修及恢复操作

(1) 密封油泵已切至备用密封油泵运行，原运行密封油泵停运。

(2) 检查密封油系统运行正常，无异常缺陷。

(3) 将原运行密封油泵电动机停电。

(4) 关闭原运行密封油泵出入口手动门，检查密封油泵不倒转。

(5) 悬挂标示牌。

3. 密封油真空箱及其油泵系统检修

(1) 发电机气体已置换完毕，发电机内气压在50kPa以下。

(2) 汽轮机缸温降至180℃以下，汽轮机盘车电动机停运，发电机转子置于N-S极在垂直位置。

(3) 汽轮机盘车电动机停电。

(4) 直流密封油泵电动机停电。

(5) 停运交流密封油泵。

(6) 检查密封油再循环泵联停。

(7) 停运密封油真空泵。

(8) 两台交流密封油泵、再循环泵、密封油真空泵停电。

(9) 关闭润滑油系统供密封油系统一、二道手动门。

(10) 关闭密封油回油至密封油手动门（此门必须关闭，如密封油系统检修期间，汽轮机润滑油系统运行，润滑油可通过此路回至密封油真空箱，如真空箱放油，真空箱入口浮球阀将开启，会导致汽轮机润滑油箱油位下降）。

(11) 关闭密封油浮球阀箱至密封油真空箱一、二次手动门。

(12) 配合检修开启密封油真空箱、油位计、密封油管道放油手动门。

(13) 悬挂检修标示牌，许可工作票（如果为发电机大修及密封瓦检修，必须增加汽轮机缸温降至150℃以下，停运汽轮机润滑油系统，润滑油所有油泵停运停电，方可开工）。

4. 密封油箱浮球阀检修及密封油箱单独检修

(1) 密封油系统已切换至直流密封油泵运行。

(2) 密封油系统运行正常，无明显缺陷。

(3) 两台交流密封油泵及再循环泵、密封油真空泵停运，停电。

(4) 关闭真空箱浮球阀入口手动门。

(5) 关闭氢侧回油浮球阀箱放油至真空箱一、二次手动门。

(6) 关闭交流密封油泵出入手动门。

(7) 悬挂标示牌。

六、密封油系统主要连锁保护

（一）密封油系统连锁保护

(1) 主密封油泵出口母管压力低联启备用密封油泵。

（2）主密封油泵出口母管压力低联启直流密封油泵。

（3）任一主密封油泵启动时，密封油再循环泵联启。

（4）两台主密封油泵均停运，密封油再循环泵联停。

（二）出现下列任一情况时，“发电机氢气系统故障”报警

（1）发电机主密封油泵 A、B 电气故障。

（2）发电机主密封油泵出口压力低于报警值。

（3）发电机密封油真空箱油位高。

（4）发电机密封油真空箱油位低。

（5）发电机密封油排泄膨胀箱液位高于报警值。

（6）发电机密封油真空箱真空低于报警值。

（7）发电机密封油氢差压低于报警值。

（8）发电机油水检测器液位高于报警值。

（9）发电机直流密封油泵电气故障。

（10）发电机密封油真空泵电气故障。

（11）发电机密封油再循环泵电气故障。

（12）发电机内氢气压力高于报警值。

（13）发电机内氢气压力低于报警值。

（14）发电机供氢压力低于报警值。

（15）发电机氢气纯度低于报警值。

（16）发电机内氢气温度高于报警值。

（三）密封油系统中的计量（测量）

系统仪表有油泵出口压力表、主供油管路上的压力表及压力开关、真空油箱液位信号器、真空表及真空压力开关、差压表及差压开关等。其中密封油与机内氢气差压指示表计比实际差压要略高些，因为机内氢压取自扩大槽底部，而密封油压取自密封油管口，两根管子高度差引起的液位差将反映于压差表计，因此压差表计显示值应是实际油一氢压差与液柱压差之和。这是就地巡检显示油氢差压偏大的原因。

（四）氢侧空侧运行油量测定

1. 氢侧运行油量测定

系统正常运行时，应先关闭浮子油箱的出口阀门，测出油位从浮子油箱中心线上升5cm 高度所需时间，然后根据浮子油箱容积计算，即得两个密封瓦的氢侧油量；测定后多余的油可以打开手动阀排放掉，使浮子油箱保持正常油位。

2. 空侧油量的测定

密封油泵运行时，关闭真空油箱补油管路上的阀门观察并测定真空油箱油位从其中心线下降 5cm 所需时间。然后计算可知两只密封瓦所需总油量。再减去氢侧油量即可知空侧油量。测量完毕后务必打开补油管路上的阀门，监视真空油箱油位直至恢复正常。经常测量氢空侧密封油量可以客观的分析密封瓦间隙是否出现异常。

七、系统典型异常判断处理

（一）运行中密封油泵跳闸

（1）运行中若密封油泵跳闸，检查备用密封油泵及事故密封油泵是否自启，否则应抢投，再停事故密封油泵。

（2）若两台密封油泵均故障，则须加强监视事故密封油泵的运行，监视直流 220V 母线电压正常。同时根据密封油压调整机内氢压和机组负荷，确保油氢差压不低于 36kPa。另外，须加强补氢排污，确保机内氢气纯度。

（3）当所有密封油泵均故障而由润滑油供给密封油系统时，必须立即降低机内氢压至 50kPa 以下，机组应故障停机并及时停用定子冷却水泵。

（4）若密封油中断，应紧急停机并进行紧急排氢。开启主厂房门、窗，排出外泄氢气，现场严禁火种。

（5）若密封油真空泵均故障时，须加强补氢排污，确保机内氢气纯度。

（二）密封油系统发出油位报警

（1）如果扩大槽油位过高而导致其溢油管路上装设的液位信号器报警，则应立即将浮子油箱退出运行，改用旁路供油，此时应根据旁路上的液位指示器操作旁路上阀门的开度，以保持油位在液位计的中间位置为准，且须密切监视。

（2）因为油位逐步增高，可能导致氢侧排油满溢流进发电机内。

（3）油位过低则有可能使管路“油封段”遭到破坏，而导致氢气大量外泄，漏进空气析出槽，此时发电机内氢压可能急剧下降。因此也必须对浮子油箱中的浮球阀进行紧急处理，以使尽快恢复浮子油箱至运行状态。

（4）密封油膨胀箱油位高时，应用浮球阀旁路门进行调整，若由于浮球阀卡，浮球阀箱满油，联系检修用橡胶锤对浮子阀箱进行振打；检查浮球阀箱至密封油膨胀箱顶部排气门是否开启，否则立即开启。

（5）浮子油箱退出运行状态时应先关闭进油和出油管路上的截止阀，气管路上的截止阀也应关闭，然后将油箱内存油排完。确信箱内气压为零时才可打开箱盖对浮球阀进行检修。浮子油箱退出运行时还应密切监视发电机内氢压，如机内氢压下降过快应采取相应补救措施，或者先让发电机减负荷运行。

（三）密封油浮子油箱满油

发电机内气压偏低浮子油箱必然排油不畅，甚至出现满油是正常的，只要扩大槽用的油水探测报警器内不出现油，则说明氢侧回油依靠扩大槽与空气抽出槽之间的高度已自然流至主回油装置（空气抽出槽）。尽管如此，气压偏低时仍然必须对油水探测报警器加强监视，一旦出现报警信号或发现有油，应立即进行人为排放，以免油满溢至发电机内。机内气压升高，浮子油箱排油才会通畅。

（四）密封油真空油箱油位异常

1. 真空油箱真空低

引起真空油箱真空低的原因有两点：一是由于管路和阀门密封不严；二是因为真空泵

抽气能力下降。前者需找出漏点后消除；后者则需按真空泵使用说明书找原因，并且消除缺陷。

2. 真空油箱油位高

真空油箱油位高主要是由于真空油箱中的浮球阀动作失灵所致，说明浮球阀需要检修。假如一时不能将真空油箱退出运行，则作为应急处理办法，可以将浮球阀进油管路的阀门开度关小，人为控制补油速度。

3. 真空油箱油位低

引起油箱油位降低的原因主要有两点：一是浮球阀动作失灵；二是浮球阀出口端（真空油箱体内）的喷嘴被脏物堵住。这两种情况必须将真空油箱退出运行，停运真空泵，再循环泵、密封油泵（改用事故密封汕泵供油）。破坏真空后，排掉积油然后打开真空油箱的人孔盖进行检修。另外，因密封瓦间隙非正常增加也可能引起真空油箱油位始终处于低下的状况，此时可对密封瓦的总油量进行测量。测量结果与原始记录相对照即可判断密封瓦间隙是否非正常增大。如果得到确认，则须换用新密封瓦才能解决问题。密封油量测定方法见前面。

当密封油真空油箱油位至－75mm 时，报警发出，应立即检查并核对就地油位计指示和密封油真空油箱内压力。同时检查油箱进油隔离阀、油位调节阀、补油隔离阀等状态是否正确。

密封油真空箱油位异常多为浮子阀卡涩不能自动调整引起，密封油真空箱油位高时，可关闭真空箱进油门，待油位下降后再开启，如此活动浮子阀。油位低时，设法进行补油，补油无效，主密封油泵容易汽化，油压降低时及时启动直流密封油泵，主密封油泵及真空箱油位恢复正常后及时停运直流密封油泵。

若密封油系统外漏，在不影响机组安全运行的前提下，设法进行隔离。无法隔离则要求故障停机处理，注意主油箱油位。若大量喷油，应做好紧急停机准备。

（五）发电机本体排放液体

当发电机本体油水探测仪发出报警时，应立即联系检修人员到就地排放液体。减少油—氢差压设定值至低限，加强对补氢量的监视。若液量多，尽快安排停机检修。若排出液体为油、水混合物，则应进一步查明泄漏点，区别情况，分别处理。排放液体时，要注意防止氢气大量外泄，同时禁带火种。

（六）油气压差低处理办法

压差调节阀跟踪性能不好，可能引起油—氢压差低，此时重新调试压差调节阀，并结合以下两项处理结果判断压差调节阀是否要处理或换新：

（1）油过滤器堵塞也可能引起油—氢压差低，此时应对油过滤器进行清理；

（2）重新校验压差表计。

（七）其他异常处理

（1）密封油差压阀自动调整不正常，使油—氢差压不能维持正常时，可用差压阀旁路进行调整，同时联系检修人员处理。

（2）发电机密封油源全部中断，应紧急停机并排氢。

(3) 密封油系统着火，严重威胁机组或人身安全，应紧急停机并进行灭火、排氢。

第二节　定子冷却水系统

一、系统概述

发电机定子绕组是由定子冷却水来冷却。补水为合格的除盐水。补给水在通入发电机绕组以前，先经过定子冷却水系统里的去离子装置进行离子交换，然后储存在定子冷却水箱。定子冷却水由定子冷却水泵注入空心定子导体，定子冷却水由集电环侧进，汽轮机侧出。冷却水温保持40～46℃，用定冷水冷却器冷却。定冷水冷却器的冷却水来自闭式水系统。在冷却器出口设有过滤器，以除去冷却水中的固体杂质。

定子冷却水系统基本流程如下：定子冷却水泵→定子冷却水冷却器→温度控制阀→压力控制阀→主滤网→Y型滤网→定子绕组→定子冷却水箱。在Y型滤网后还设计有定子冷却水反冲洗系统。

二、定子冷却水系统设备

定子冷却水系统主要设备包括定子冷却水泵、定子冷却水冷却器、定子冷却水过滤器、补给水过滤器及去离子装置。

1. 定子冷却水泵

定子冷却水泵共设两台，均为单级、单吸离心泵，由三相感应交流电动机驱动，泵主要由壳体、轴承外壳、轴承罩、密封套、衬环及机械密封件等组成。电源取自汽轮机MCC段。

2. 定子冷却水冷却器

系统设置有两台定子冷却水冷却器。均为板式冷却器。

3. 定子冷却水过滤器

定子冷却水过滤器布置在汽轮机运转层0m处，用于除去冷却水里少量的机械性、腐蚀性杂质。过滤器为筒形，由圆柱形外壳和圆柱形过滤部件组成。过滤部件由粘胶纤维制成，过滤纤维两端用棉线加固。定子冷却水流入过滤器，通过隔板形成的通道向上流入过滤部件，流经过滤部件时就得到了过滤，经过滤的定子冷却水在过滤器下部汇集并流出。过滤器一台运行，一台备用。当一台过滤器差压达55kPa时应更换滤芯。Y型滤网布置在汽轮机运转层6.8m，进一步除去水中杂质。

4. 补给水过滤器

补给水过滤器用以除去进入去离子装置的补给水里的杂质。补给水过滤器只有一台，也为筒形，其结构与定子冷却水主过滤器基本相同。

5. 去离子装置

定子冷却水里除了有少量杂质外，还含有金属性和腐蚀性的杂质（从定子绕组、定子水冷却器和管道等带来）。少部分杂质已由过滤器除去，离子型杂质就在去离子装置里进行离子交换，以保证定子冷却水的纯度（导电度）。

三、定子冷却水系统检查及监视

（一）定子冷却水系统投运前检查

（1）检查闭式冷却水系统已投运。

（2）检查系统连锁、保护试验合格。

（3）检查定子冷却水系统各气动门传动合格。

（4）检查定子冷却水系统各仪表、报警自动调节装置投入。

（5）关闭定子冷却水系统所有放水门。

（6）开启离子交换器顶部放空气门，确认除盐水至定子冷却水箱补水水质合格后，稍开除盐水至离子交换器补水门，控制补水流量小于200L/min，离子交换器顶部放空气门见水后关闭，水箱补至高水位后关闭补水门。

（7）开启定子冷却水泵出、入口门。

（8）开启定子冷却水冷却器定子冷却水侧出、入口门。

（9）开启一组定子冷却水冷却器闭式水侧出、入口门，另一组冷却器出口门全开、稍开入口门，投入备用。

（10）定子冷却水主滤网注水排空气后，投入一组定子冷却水主滤网，另一组投备用。

（11）开启定子冷却水Y型滤网前后手动门。

（12）开启定子冷却水供水母管手动门、回水母管手动门。

（13）关闭反冲洗滤网前后手动门、反冲洗手动门。

（二）定子冷却水系统运行的监视

（1）检查定子水箱水位在500～600mm，水位低时及时补水，控制补水流量不超过200L/min。补水前确认补水水质合格，使用化学除盐水补水前，关闭定子冷却水系统至离子交换器入口手动门，待补水门关闭后重新开启。

（2）定子冷却水系统运行时离子交换器投入连续运行，离子交换器入口压力不高于0.35MPa，入出口差压为100～150kPa，水温不高于60℃，当出水电导率高于0.5μS/cm并确认树脂失效时，应更换树脂。

（3）发电机额定氢压运行时，检查发电机定子冷却水进水压力0.2～0.3MPa且低于发电机内氢压0.2～0.3MPa；发电机定冷水压力任何情况下不得高于氢气压力。检查定子冷却水温度调门自动跟踪正常，通过压力调门调整定冷水供水流量为96m^3/h后解手动保持此开度。

（4）检查定子冷却水泵出口压正常且无摆动，轴承油杯油位正常，油质良好，泵振动、声音正常。

（5）检查定子冷却水供回水温度正常，供水温度为40～48℃且高于发电机内冷氢温度。回水温度不高于71℃。

（6）检查定子冷却水电导率小于0.5μS/cm。

（7）检查滤网差压小于55kPa。

（8）定冷水系统运行时确认定冷水虹吸破坏门开启。

（9）检查定子冷却水反冲洗滤网前后手动门、反冲洗手动门关闭严密无漏流。

（10）定子冷却水箱顶部检测无氢气。

四、定子冷却水系统操作

（一）系统启动

（1）检查定子冷却水泵轴承油杯油位正常，油质合格。

（2）确认定子冷却水泵出、入口门开启，泵注水排空气结束。

（3）关闭待启动定子冷却水泵出口门。

（4）将待启动定子冷却水泵送电，另一台泵电源开关切就地位、停电。

（5）启动定子冷却水泵，检查泵出口压力、振动、声音、各轴承温度正常。

（6）缓慢开启定子冷却水泵出口门，定子水冷却器、滤网放空气门见水后关闭，控制发电机定子进水压力不高于发电机内气体压力。水箱水位低于500mm时及时补水。

（7）系统运行正常后，将另一台定子冷却水泵投入备用。

（二）泵的停运

（1）确认机组停运。

（2）将备用定子冷却水泵开关切至就地位或停电。

（3）停止运行定子冷却水泵。

（三）定子冷却水泵切换

（1）检查备用定子冷却水泵轴承油杯油位正常，油质良好。

（2）检查备用定子冷却水泵备用良好，出、入口门开启。

（3）启动备用泵，检查泵电流、出口压力、振动、声音正常。

（4）停止原运行定子冷却水泵，检查定子冷却水母管压力正常，否则重新启动停运泵。

（四）滤网清洗

（1）对滤网切换时，应采用“先投后撤”的原则，即先投入备用滤网并确认其工作正常后再隔离需清洗的滤网，其目的是为了防止定子冷却水断水。

（2）对滤网切换或隔离过程中如发现定子冷却水压力大幅波动，应立即停止工作，并恢复原运行状态。

（3）滤网清洗完成后应注水放气，投入备用。

（五）定子冷却水系统的冲洗

（1）当机组安装或者管路检修后，为避免管道发生堵塞，需要对发电机的定子冷却水系统进行冲洗。

（2）按照冲洗水的流动方向可分为定子冷却水管正冲洗和反冲洗：正冲洗即冲洗方向与正常运行时的定子冷却水流动方向相同，反冲洗即冲洗方向与正常运行时的定子冷却水流动方向相反。

（3）按照冲洗时是否对发电机定子冷却水管进行冲洗又可分为机内冲洗与机外冲洗。

机内冲洗时也需要对发电机的定子冷却水管进行冲洗，而机外冲洗则不需要对发电机的定子冷却水管进行冲洗。机外冲洗时冲洗水不进入机内定子冷却水管，只需对机外冷却水管路进行冲洗。

（4）由于冲洗水较脏，因此冲洗后的水必须排入地沟，并且在进行机外冲洗时，机内定子冷却水管应充满干净水或充有一定压力的空气，以防脏水流入。

（六）定子冷却水系统反冲洗

（1）机组停运一个月及以上或大、小修时，启动前进行定子冷却水反冲洗。

（2）定子冷却水反冲洗在发电机解列后进行。

（七）定子冷却水系统反冲洗操作

（1）确认定子冷却水箱水位在500～600mm。

（2）确认定子冷却水系统在正常方式。

（3）停止运行的定子冷却水泵。

（4）关闭A、B定子冷却水泵出口截止、止回门。

（5）关闭发电机定子冷却水回水手动门、供水手动门。

（6）确认定子冷却水电加热入口门关闭、出口门关闭。

（7）开启定子冷却水反冲洗进水手动门，开启定子冷却水反冲洗水过滤器前、后手动门。

（8）确认定子冷却水虹吸破坏门开启。

（9）将定子冷却水压力控制阀开至20%开度。

（10）确认一台定子冷却水泵电动机已送电，另一台定子冷却水泵电动机电源开关切“就地”位。

（11）确认送电的定子冷却水泵入口门开启，将其启动，检查出口压力0.70～0.85MPa。

（12）缓慢开启定子冷却水泵出口截止、止回门，同时密切监视定子冷却水箱水位。

（13）冲洗2h，停止定子冷却水泵。

（14）检查清理过滤器上杂物，并再次按上述操作进行反冲洗，直到过滤器上没有固态物。

（八）定子冷却水系统反冲洗倒正常方式操作

（1）确认定子冷却水泵全部停运。

（2）将A、B定子冷却水泵电动机电源开关切“就地”位。

（3）关闭A、B定子冷却水泵出口截止、止回门。

（4）确认定子冷却水电加热入口门、出口门关闭。

（5）关闭定子冷却水反冲洗水过滤器前、后手动门。

（6）开启发电机定子冷却水供水手动门、定子冷却水回水手动门。

（7）关闭定子冷却水反冲洗进水手动门，确认定子冷却水虹吸破坏门开启。

（8）将定子冷却水压力控制阀开至20%开度。

（9）确认定子冷却水箱水位在500～600mm。

(10) 根据情况启动定子冷却水泵。

五、定子冷却水系统主要连锁保护

(一) 主要连锁

(1) 定子冷却水泵出口压力低报警并联启备用泵。

(2) 发电机定子冷却水流量低(三取二,延时30s),机组跳闸。

(二) 发生下列任一情况时,"定子冷却水系统故障"报警

(1) 定子线圈入口压力低报警。

(2) 定冷水箱水位低报警。

(3) 定冷水箱水位高报警。

(4) 滤网差压高报警。

(5) 定子绕组进水温度高报警。

(6) 定子绕组出水温度高报警。

(7) 定子冷却水电导率高报警。

(8) 发电机定子冷却水泵电气故障。

六、系统典型异常判断处理

(一) 发电机断水的原因及处理定子冷却水系统故障处理

(1) 定子冷却水压力低,首先检查系统及运行泵、滤网等的工作情况,查明原因,采取相应措施,必要时倒备用泵运行。当发电机入口定子冷却水流量低开关量报警(三取二),延时30s机组应跳闸,否则手动打闸停机。

(2) 定子冷却水箱水位低,应补水至正常水位。若系统管道、阀门、法兰、定子冷却水冷却器等泄漏,隔离并联系检修人员处理。

(3) 发电机定子进水温度高于49℃时发出报警信号。此时若出水温度及定子绕组温度未超出定值时,可不降低发电机出力,查明原因并处理。当定冷水出水温度超过74℃时,降低发电机出力。

(4) 若定子冷却水电导率超过0.5μS/cm,通知化学取样化验电导率,开大离子交换器入口手动门,增加通过离子交换器的流量或通过补入合格除盐水,开水箱底部放水门换水,控制电导率进一步升高,检查两台定子冷却水冷却器闭式水侧压力应低于定子冷却水压力,否则关小闭式水侧供水门调整,若无效,切换定子冷却水冷却器。若处理无效,冷却水电导率超过9.5μS/cm,立即打闸停机。

(二) 定子冷却水压低的原因及处理

(1) 定子冷却水泵出力不足或跳闸,切至备泵运行并通知检修人员处理。

(2) 定子冷却水滤网差压高,切至备用滤网并通知检修人员清洗。

(3) 管道、阀门等泄漏,在保证安全运行的前提下设法隔离,隔离无效并无法维持机组正常运行,应减负荷停机。

(4) 定子冷却水箱水位低至报警发出,应确认除盐水泵运行正常并补水至正常水位。

（三）发电机定子线圈泄漏及处理

定冷水箱中含氢（体积含量）超过2%应加强对发电机的监视，超过10%应立即停机消缺。内冷水系统中漏氢量达到0.3m^3/d时应在计划停机时安排消缺，漏氢量大于5m^3/d时应立即停机处理。

（四）定子冷却水导电率高及处理

（1）当定子冷却水电导率高于0.5μS/cm时，应对水冷箱换水，直至水质合格。

（2）机组运行时，定子冷却水电导率逐渐增大，也可能是去离子装置树脂失效，应及时予以更换。

（3）除盐水水质不合格，禁止向定子冷却水箱补水。

（4）确认定子冷却水电导率已达9.5μS/cm，应故障停机。

第三节　发电机氢气冷却系统

一、系统概述

发电机转子绕组采用氢内冷，定子铁芯及其他结构件采用氢气表面冷却。发电机中的氢气由制氢站供给。运行中发电机的额定氢压为450kPa，氢气纯度应保持大于98%，冷氢气温度为35～48℃，每天漏氢量不得大于12m^3。发电机氢冷系统在正常运行中，氢压、氢气纯度会下降，为此，需要补充氢气，提高纯度。补氢操作采用手动操作，在氢压低于420kPa时进行手动补氢。用于冷却氢气的氢气冷却器安装在发电机定子架的四角处，其冷却水取自闭式循环冷却系统。系统故障以发电机氢气湿度或温度变化的形式被检测出来。

氢气作为一种纯气体时是不会燃烧的。然而，当它与空气相混合（氢气在空气中所占的容积比浓度达到4.1%～74.2%）时，混合气体将变为一种具有高度爆炸性的混合物。发电机在新安装和检修后，机内充满空气。为了避免氢气与空气混合而产生具有爆炸性的混合气体，必须首先使用惰性气体（一般用氮气或二氧化碳）作为中间介质来置换发电机内的空气，再用氢气置换机内的惰性气体。惰性气体由专用的气瓶供给，专门用于置换发电机中的氢气或空气。

氢冷系统的监视、控制设备分别安装在发电机辅助控制盘、阀门控制站和氢气测量柜、集控室发电机控制盘，并且在CRT上也有相应的参数显示。氢气冷却系统基本流程为：制氢站→氢压调节器→发电机内部→氢气冷却器→氢气干燥器→发电机内部。

二、氢气冷却系统设备

发电机氢冷系统的主要设备是氢气冷却器和氢气干燥器。

1. 氢气冷却器

发电机氢气冷却器共4台，分别安装在发电机定子架的4个角上。每台冷却器的进水管和回水管分别设置有两只阀门，在回水管上设有温度计。这些阀门和管道与发电机下的母管连接，出口母管装有温度自动控制器，可以实现冷却水量的自动控制，以保证氢气温度恒定。若温度自动控制系统不能正常工作时，可通过操作旁路阀进行温度手动控制。每台冷却器水侧都设有一根排气管，每段供水管和回水管均设有放水管。在额定氢压下，当一台氢气冷却器退出运行时，规定最大连续运行容量为额定容量的80%。

2. 氢气干燥器

氢气干燥器用于干燥氢冷发电机里的氢气。当发电机转子上轴流式风机随着发电机转子一起转动时，氢气在风机叶片两侧将会产生压差。在此压差的作用下，氢气被送进干燥器。在干燥器里，氢气的水分被干燥剂吸收后返回发电机。被干燥剂吸收的水分用电加热器加热，使之与干燥剂脱离，再用真空脱水的办法，由密封油系统里的真空泵排入大气。干燥剂采用蓝色氧化铝。当氧化铝吸收水分时，先由蓝色变成白色，再慢慢变成红色，红色表明干燥剂已处于饱和，此时应将干燥剂加热再生。

干燥器由圆筒形壳、干燥剂室和干燥剂再生操作箱组成。圆筒形壳套在干燥剂室外，接有氢气进口和出口、观测窗、冷却空气进口和真空吸潮接口等。干燥剂放置在干燥剂室内，干燥剂室还装有加热器，用于还原干燥剂。其中恒温器用来实现加热期间的温度的自动控制。

3. 其他设备

氢冷系统里监视、控制设备分别安装在发电机氢气控制盘、阀门控制站和氢气测量柜、集控室发电机控制盘上，CRT上也有相应的参数显示。发电机辅助控制盘装有氢气温度表、气体纯度仪、置换气体纯度仪、压力报警设定器等。阀门站用于控制进入或排出发电机的氢气和二氧化碳气体的速度。氢气测量柜里装有置换气体纯度变送器、氢气纯度变送器、机内氢压表，以及发电机转子风扇前后压差表和流量计。

三、发电机氢气系统运行一般规定

(1) 发电机补氢前确认氢站供氢纯度大于99.5%，露点温度小于−25℃，含氧量不超过0.5%。

(2) 发电机充氢前，必须经整体严密性试验，合格后才能进行。

(3) 当发电机内未置换为氢气时，发电机不得升压或带负荷。

(4) 置换及运行中，操作氢气系统阀门前应将身体和衣服上的静电释放掉，操作阀门时应用手来缓慢开关阀门，操作不动时可使用铜钩子，必须使用钢制工具时，应涂上黄油，禁止使用铁钩子直接操作。

(5) 在置换气体过程中，发电机必须用氮气作为中间介质，严禁空气与氢气直接接触置换。

(6) 发电机充满氢气时，应在供压缩空气的管路上形成明显的断开点；发电机内充满空气时，应在供氢管道上形成明显的断开点。

(7) 排出带有压力的氢气或向发电机输送氢气时，应均匀缓慢地打开设备上的阀门，使气体缓慢地放出或输送。禁止剧烈地排送，以防因摩擦引起自燃或爆炸。

(8) 不准在室内进行排放氢气，不得将氢气排放至地沟。吹洗置换、放空降压必须通过放空管排放。

(9) 每天计算一次发电机漏氢量，每月实测一次发电机漏氢量，通常漏氢量不大于 $12Nm^3$/天，超过此限值，进行查漏。氢气湿度、纯度要由化学定期化验，并校核氢气纯度表。

(10) 氢气纯度仪故障时，通知处理并联系化学人员每4h取样分析氢气纯度一次，直到氢气纯度仪修复并能正常投用为止。

(11) 发电机运行氢压下控制氢气露点温度在−25～0℃。当冷氢温度、内冷水入口水温、定子线棒温度和定子铁心温度中的最低值小于5℃时，运行氢压下控制氢气露点温度为−25～−5℃。当氢气露点温度高于允许值时，检查氢气干燥器的运行情况，并进行发电机补排氢气。

(12) 气体置换应在发电机静止或盘车时进行。整个置换过程，应严密监视发电机风压、风温、密封油压、油温。

(13) 发电机充入气体前，密封油系统投入运行，油氢压差维持在0.036～0.076MPa。

(14) 发电机充有氢气时现场严禁明火，必须进行焊接等工作时，应严格按《电力设备典型消防规程》有关规定执行。

(15) 发电机氢冷系统检修做措施时，必须将检修部分与相连的部分隔断，加装严密的堵板，并将氢气置换为氮气；系统投入时执行空气—氮气—氢气置换操作。

(16) 发电机正常运行时，4台氢冷却器投入运行。检查各冷氢、热氢温度测点指示一致，否则检查氢气冷却器工作情况，若氢温自动调整失灵，用旁路阀手动调整温度并联系检修人员处理。若氢冷器水侧结垢，联系检修人员清理冷却器，当一台氢冷却器停运时，发电机负荷不大于80%额定负荷。

(17) 根据风温及定子冷却水温情况及时调整氢气温度，保证定子冷却水温度高于冷氢温度，防止发电机内结露。

(18) 现场要常备足够的氮气（一般不得少于20瓶），并与系统连接好，以备紧急排氢时用。

(19) 氢气系统运行中不得敲击，不准带压修理和紧固，不得超压，严禁负压，氢系统安全门无故障时禁止隔离。

(20) 发电机氢冷系统检修做措施时，必须将检修部分与相连的部分隔断，加装严密的堵板，并将氢气置换为氮气。

(21) 发电机正常运行中应投入氢气干燥器运行，氢气干燥器采用活性氧化铝作为干燥剂；当活性氧化铝吸潮达到饱和时应进行再生。

(22) 汽轮发电机组密封油、润滑油系统的排烟风机，在发电机有氢气时，应保持投入运行，禁止停止。如排烟风机必须短时间停止，应将油箱顶部盖板气孔打开，同时做好防止杂物落入油箱内的安全措施。

四、氢冷系统启停及监视

（一）发电机气体置换的检查和注意事项

(1) 密封油系统可靠运行，油氢压差维持在36～76kPa，发电机转子处于静止或盘车状态。

（2）投入有关表计和报警装置。

（3）发电机气体严密性试验合格。

（4）机房内动火工作已结束，发电机及氢系统附近禁止明火。

（5）充氢前通知制氢站准备足够的氢气。现场已备有足够的氮气供置换用，且纯度化验合格。

（6）发电机内气体置换为空气前，将氢气母管至本机补氢管道各阀门关闭，并加严密的堵板或有明显断开点。

（7）气体置换期间，当发电机内压力低于50kPa左右时，密切监视浮球阀箱油位，若油位升高，开启浮球阀旁路门控制浮球阀箱旁路观察窗始终有可见油位。当发电机内压力升高，关小浮球阀旁路门控制浮球阀箱旁路观察窗始终有可见油位。

（8）发电机补氢、排氢及其他排出或输送带有压力的氢气操作时，尽量用手操作，必要时使用铜扳手，必须使用钢制工具时，应涂上黄油。操作时要均匀缓慢，使气体缓慢地放出或输送，禁止剧烈地排送，以防因摩擦引起自燃。

（二）氢冷系统操作

1. 氢气冷却器投运

（1）确认闭式水已投入，关闭冷却器进出水管放水门，开启冷却器放空气门。

（2）稍开A、B、C、D 4组氢气冷却器进水门，当冷却器放净空气后，关闭放空气门。

（3）全开A、B、C、D 4组氢冷却器进、出水门。

（4）检查氢温调整门前后手动门开启，关闭旁路阀，把氢气冷却器温度调整门投自动。

（5）如4组氢气冷却器出口温度偏差大，应手动调整其出入口冷却水门，使其出口冷氢温度尽量保持一致。

2. 紧急排氢操作

（1）确认关闭氢气减压阀后截门、旁路门。

（2）开启氢气置换阀。

（3）开启气体置换排气总阀，将机内氢气压力降至50kPa，注意密封油压差调节阀动作正常，调整密封油浮球阀旁路油位正常，维持密封油压高于机内压力36～76kPa。

（4）根据需要开启氮气供气截门及氮气供气管总阀。

（5）开启氮气瓶各分门及总门，发电机内充氮气，排氢直至氮气纯度合格。合格后根据情况进行气体置换的其他操作。

五、系统典型异常判断处理

1. 机内氢气纯度降低及处理

当机内氢气纯度低至98%或含氧量大于1.05%时，应加强补氢排污。若处理无效，氢气纯度下降至90%，应紧急停机。

若机内氢气露点高于−5℃，应适当提高定子冷却水、氢气温度，确认氢气干燥器正常运行，正常运行中氢气露点应控制在−5～−25℃，必要时再生或更换干燥剂。

2. 机内氢压异常及处理

当机内氢压下降，联系制氢站提高供氢母管压力，及时补氢。并适当降低定子冷却水压力。必须注意维持氢压大于定子冷却水压力，确保油-氢差压，必要时可将其调至高限。若机内氢压异常下降，应与制氢站核对补氢量，立即通知检修人员就地查漏，确认系统漏氢并对症处理。当氢气系统泄漏，在不影响机组安全运行的前提下，设法隔离或堵漏。

3. 氢温异常及处理

当冷氢温度低于35℃时，可通过调整冷却水手动门调节氢温。当冷氢温度高至48℃，报警发出，应检查氢温自动调节装置，氢气冷却器工作是否正常，必要时氢温由手动调节。当热氢温度高时，应检查定子绕组出水温度，定子铁心、绕组、转子绕组温度是否过高。严格控制发电机铁心，绕组温度在许可范围。

4. 氢冷器故障

当氢冷器泄漏时，发电机内氢气湿度明显增加（即露点大幅度提高），发电机本体油水检测仪将发出报警，隔离泄漏的氢冷器。若氢冷器泄漏严重，危及机组安全运行应紧急停机并紧急隔离氢冷器水侧。

思考题

1. 发电机的辅助系统包括什么？
2. 密封油系统的作用是什么？
3. 密封油系统由哪些设备组成？
4. 密封油系统的布置是怎样的？
5. 密封油差压调节阀的作用是什么？
6. 密封油系统中差压阀的工作原理是什么？
7. 氢侧密封油膨胀箱（又叫扩大槽）的作用是什么？
8. 氢侧回油浮子油箱的作用是什么？
9. 密封油真空油箱的作用是什么？
10. 密封油系统投运前检查哪些项目？
11. 密封油系统运行检查哪些项目？
12. 密封油系统运行的四种方式及注意事项是什么？
13. 如何投运密封油系统？
14. 交流密封油泵切换如何操作？
15. 密封油系统停运条件是什么？如何停运？
16. 密封油真空泵检修措施如何布置及恢复？
17. 密封油真空箱及其油泵系统检修如何布置？
18. 密封油真空箱浮球阀如何检修？密封油真空箱如何单独检修？

19. 运行中交流密封油泵跳闸如何处理？
20. 密封油真空油箱油位异常原因是什么？如何处理？
21. 氢气系统的作用是什么？
22. 氢气系统的布置是怎样的？由哪些设备组成？
23. 氢气系统有哪些主要控制参数？
24. 发电机在运行中为什么要冷却？
25. 发电机的冷却方式是什么？
26. 定冷水系统的作用是什么？
27. 定冷水系统由哪些设备组成？是怎样布置的？
28. 定冷水系统的补水取自何处，如何补水？
29. 发电机正常运行中补氢操作步骤是什么？
30. 如何查找氢气系统泄漏点？具体步骤是什么？
31. 发电机气体置换的检查和注意事项有哪些？
32. 发电机氢气置换前如何投入氢冷干燥器？
33. 氮气置换发电机内空气的操作步骤是什么？
34. 氢气置换发电机内氮气的操作步骤是什么？
35. 发电机氢冷系统监视与检查项目有哪些？
36. 氢气干燥器再生的操作步骤是什么？
37. 氮气置换发电机内氢气的操作步骤是什么？
38. 定冷水系统投入前应做哪些检查？
39. 单台发电机水冷器投入操作顺序是什么？
40. 定冷水系统如何投入运行？
41. 发电机断水保护动作的条件是什么？
42. 定子冷却水系统组成有哪些？
43. 定子冷却水系统投运前检查哪些项目？
44. 定子冷却水系统运行的监视哪些项目？
45. 定子冷却水系统如何启动？
46. 定冷水泵如何切换？
47. 定子冷却水系统的冲洗作用是什么？
48. 发生哪些情况时，“定子冷却水系统故障”报警？
49. 定子冷却水压低的原因是什么？如何处理？
50. 定子冷却水电导率高及如何处理？
51. 定子冷却水箱换水的操作步骤是什么？有何注意事项？
52. 定子冷却水系统倒换反冲洗方式的操作步骤是什么？

第十八章

交流不停电电源及事故保安电源系统

第一节　系　统　概　述

一、UPS系统概述

每台机组一般配置两台UPS系统，每台UPS由整流变压器、整流器、逆变器、直流回路逆止二极管、静态转换开关、控制与信号面板等元件组成。两台UPS公用一套旁路系统。本文以施耐德GUTOR REW1080(1060)-220/220-EN-R型UPS系统为例进行介绍，如图18-1所示。

（一）UPS运行方式

UPS电源系统为单相两线制系统。运行方式有正常运行方式、蓄电池运行方式、旁路运行方式、手动旁路运行方式。

UPS系统正常运行时，两台UPS并机运行，且各带50%负荷。1号UPS经整流器后由逆变器转换成交流220V、50Hz的单相交流电；2号UPS经整流器后由逆变器转换成交流220V、50Hz的单相交流电，两路电源汇合，并一起向UPS配电屏供电。

UPS系统的电源切换方式为：当任意一台UPS主机电源失电时，负荷将全部转移到正常运行的UPS上。当两台UPS主机电源同时失电时，两台UPS同时转直流运行。如果任意一台UPS直流电压低到极限或故障，负荷将全部转移到另一台UPS主机直流电源。当直流电压低到极限或故障时，若旁路电源参数在允许范围内，系统自动转换成旁路运行方式。

无论是自动或手动转换只在UPS电压、频率、相位都和旁路电源同步时才能进行。UPS装置需检修退出时，采用手动旁路运行方式，此时UPS主系统与旁路电源完全隔离。UPS只有在旁路方式才允许切换至手动旁路方式。如果一个UPS通过控制板操作转旁路（主路）运行，另一个UPS也同时转旁路（主路）运行。

正常运行时1号和2号UPS输出对旁路电源进行自动跟踪，以保证UPS系统同步运行。旁路电源在UPS检修完成或UPS故障消除，可以正常供电时，恢复UPS正常运行方式。如果旁路运行方式下，旁路电源发生故障，此时，只要整流装置可用，装置系统自动转换为正常运行方式。此时如果整流装置也故障，蓄电池参数在允许范围内，则转换成蓄电池运行方式。

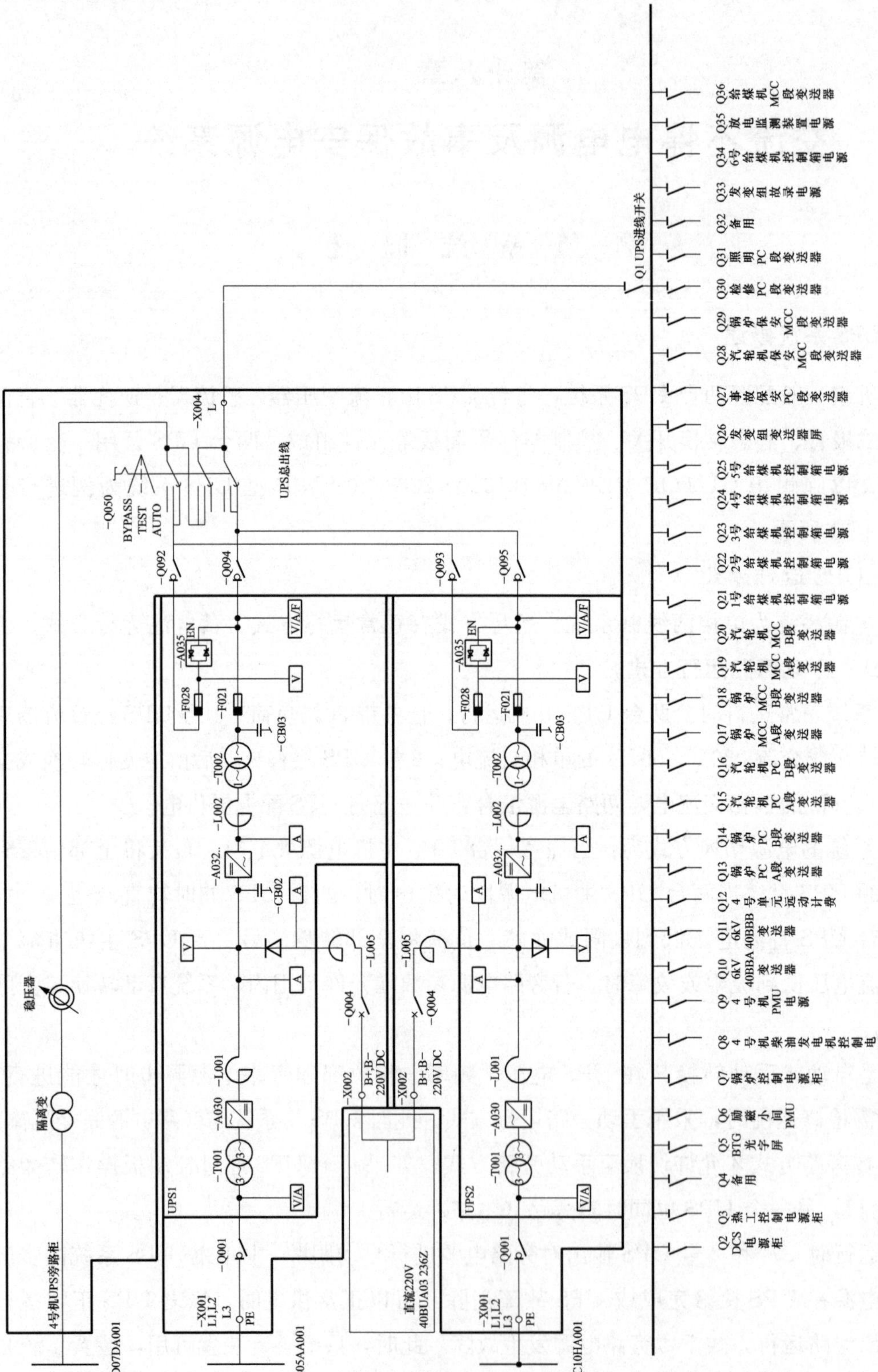
4号机UPS旁路柜
40BMD07DA001
隔离变
稳压器
40BFB05AA001
40BFC10HA001
直流220V
40BUA03 236Z
UPS1
UPS2
B+,B−
220V DC
UPS总出线
BYPASS
TEST
AUTO
Q1 UPS进线开关
Q2 DCS电源柜
Q3 热工控制电源柜
Q4 备用
Q5 BTG光字屏
Q6 励磁小间PMU
Q7 锅炉控制电源柜
Q8 4号机柴油发电机控制电源
Q9 4号机PMU电源
Q10 6kV 40BBA变送器
Q11 6kV 40BBB变送器
Q12 4号单元远动计费
Q13 锅炉PC A段变送器
Q14 锅炉PC B段变送器
Q15 汽轮机PC A段变送器
Q16 汽轮机PC B段变送器
Q17 锅炉MCC A段变送器
Q18 锅炉MCC B段变送器
Q19 汽轮机MCC A段变送器
Q20 汽轮机MCC B段变送器
Q21 1号给煤机控制箱电源
Q22 2号给煤机控制箱电源
Q23 3号给煤机控制箱电源
Q24 4号给煤机控制箱电源
Q25 5号给煤机控制箱电源
Q26 发变组变送器屏
Q27 事故保安PC段变送器
Q28 汽轮机保安MCC段变送器
Q29 锅炉保安MCC段变送器
Q30 检修PC段变送器
Q31 照明PC段变送器
Q32 备用
Q33 发变组故障录波电源
Q34 6号给煤机控制箱电源
Q35 放电监测装置电源
Q36 给煤机MCC段变送器

图 18-1 UPS系统图

（二）UPS 系统主要负荷

（1）DCS 包括 DAS、CCS、SCS、BMS。

（2）故障状态显示和报警系统，火灾探测及报警系统。

（3）通信系统。

（4）电气及电子变送器、记录仪以及显示仪表等。

（5）DEH、MEH 和 FSSS 自动控制和监测系统。

（6）汽轮机就地仪表。

（7）锅炉就地仪表。

（三）UPS 系统主要设备工作原理

UPS 系统整流器为逆变器提供直流电源。它是全控桥六脉冲晶闸管整流器。市电经过输入隔离变压器的隔离及变压，为整流桥提供符合要求的三相电。整流器晶闸管通过调节触发角来实现其输出电压即直流电压的高低。

逆变器是一个有正弦波脉宽调制控制的 IGBT 功率开关器的组合体。每一组双功率开关管在控制信号的控制下，交替开通，但两组的管子是反向同时导通。交流正弦波控制电压幅值的上升（下降），决定了 IGBT 晶体管导通角（触发和关断点）的减小（增大），从而决定逆变器交流输出电压的降低（升高）。而交流正弦波控制电压的上升（下降）。

UPS 系统静态开关是由两个反并的可控晶闸管组成，其开通是由控制信号来控制的，其关断是靠可控晶闸管具有反向电压自然关断的特性来实现的。它的逆变回路没有可控晶闸管，而是直接由逆变输出隔离变压器连到输出。

二、保安电源系统概述

发电厂保安电源是指当全厂停电时，为保证汽轮机组顺利停机、防止机组失控，不至于损坏设备而影响电厂恢复供电而设置的向事故保安负荷供电的电源。一般发电厂的保安电源设置在低压配电系统内。在发电厂的低压配电系统中，保安电源作为保护重要设备的最后防线，起着至关重要的作用。保安电源的选择具有多样性，一般以能够快速启动的柴油机组为基础。而保安电源根据机组的不同容量、系统的不同接线方式，各厂的不同情况也存在一些差异。这些差异也决定了保安电源的可靠性和灵活性也存在不同。

保安电源接线方式采用的是机炉各设两段保安 MCC 的接法。柴油发电机组作为厂用电源失去情况下的保安电源，为事故保安 PC 母线供电。机炉保安 MCC 任一段母线低电压后联启柴油机，柴油机运行正常并发成功（D/G OPERATING）信号后（启动时间大约 10s 左右）合出口开关。事故保安 PC 母线电压正常后，且机、炉 PC 两路电源开关均在开位时，机、炉侧保安 MCC 段的事故电源才允许合闸。在柴油机启动、保安电源切换为事故保安 MCC 母线期间，机、炉侧保安 MCC 会发生瞬间失电的现象。此时应注意及时启动跳闸设备。机组还设置有事故照明，如图 18-2 所示。

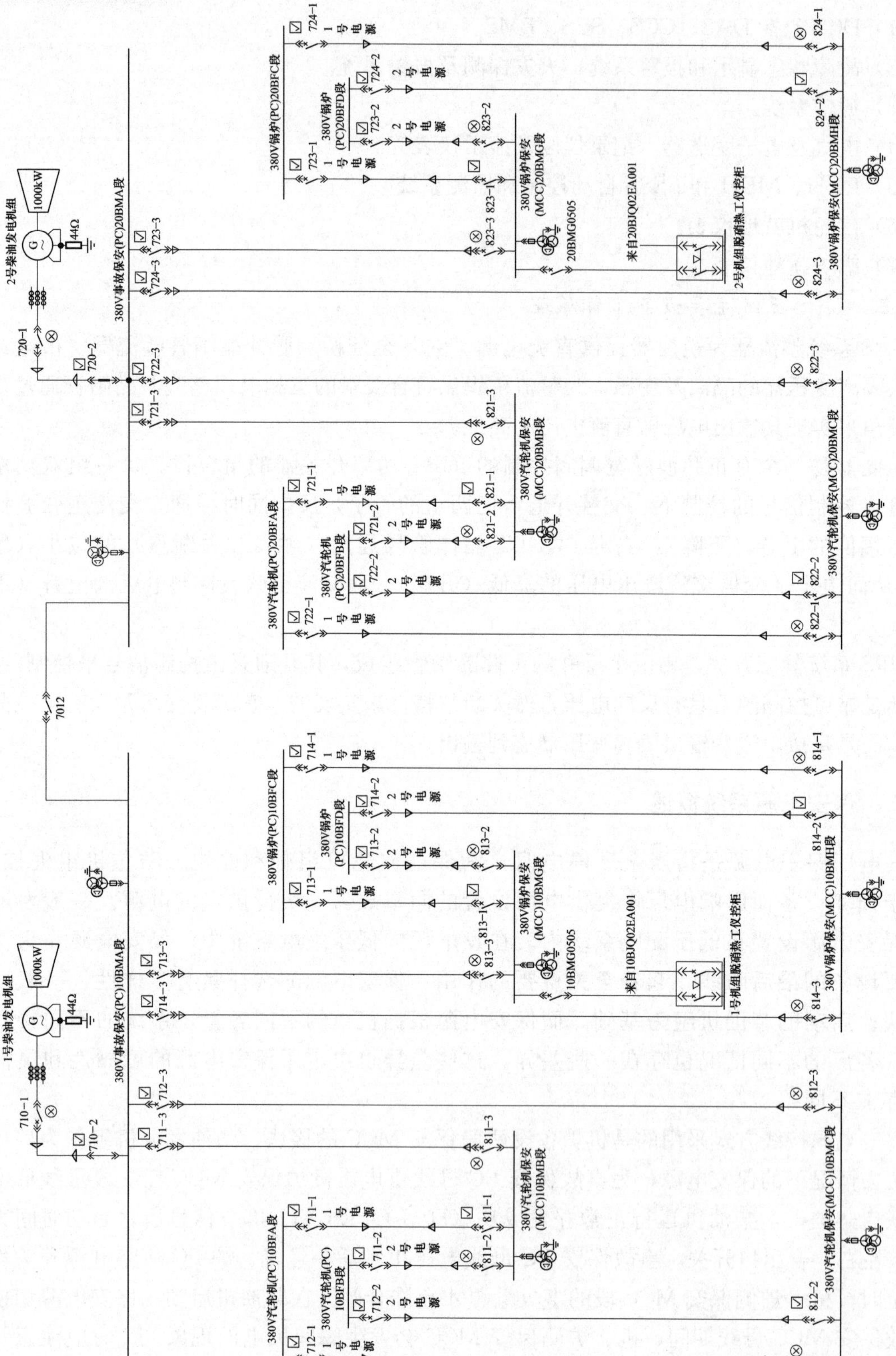

图 18-2 事故保安系统图

第二节 系统运行检查

一、保安电源运行规定

（1）保安动力中心正常时不带电，柴油机组做联动备用。每台机组装设一台柴油发电机，作为厂用380V系统的事故保安电源。柴油发电机的设备主要有柴油机、发电机、润滑油泵、燃油泵及控制盘柜等。其中控制盘上SYN. MODE开关投“AUTO”位，CONTROL开关投“REMOTE”位，LOAD. TEST开关投“OFF”位，AUTO. TEST开关投“OFF”位。上述开关运行中不得随意操作，应使柴油机组随时具备远方启动状态。

（2）运行中柴油机组润滑油压低跳闸值为0.1MPa，冷却水温高跳闸值为105℃。

（3）两台柴油机组的柴油箱油位不得低于2/3。

（4）厂用电全停，当柴油机组自启动带保安PC段、MCC段后，保安MCC段1号、2号电源处于“远方备用”状态，不允许切“就地”。

（5）机炉保安MCC段1号、2号电源开关不允许并列，所有电源开关检查其储能良好。

（6）保安MCC段各电源开关的控制选择开关必须在“远方”位置。

（7）保安电源系统运行方式一般为：

1）正常运行时，机保安MCC A段由1号电源（汽轮机PC A段）供电，2号电源（汽轮机PC B段）做联动备用。

2）正常运行时，机保安MCC B段由2号电源（汽轮机PC B段）供电，1号电源（汽轮机PC A段）做联动备用。

3）正常运行时，炉保安MCC A段由1号电源（锅炉PC A段）供电，2号电源（锅炉PC B段）做联动备用。

4）正常运行时，炉保安MCC B段由2号电源（锅炉PC B段）供电，1号电源（锅炉PC A段）做联动备用。

5）机炉保安MCC A、B段3号电源事故情况下由保安动力中心供电。

二、柴油发电机检查

（一）柴油发电机启动前检查

（1）检查柴油发电机组系统电源正常，外部接线正确。

（2）检查柴油发电机组控制屏上无报警。

（3）检查蓄电池电压正常，接线柱无电腐蚀现象，充电器在浮充状态。

（4）检查冷却水预热系统投运正常。

（5）检查柴油发电机组及控制屏内外清洁、无杂物。

（6）检查所有控制开关在合闸状态，柴油发电机出口断路器在断开位置。

（7）启动前测量柴油发电机组绝缘电阻不低于5MΩ。

(8) 检查冷却水温控制、空气系统、燃油系统和润滑油系统均处于正常状态。

(9) 检查室内燃油储油箱油量，油位在2/3以上。

(10) 检查机组无漏油、漏水现象，机内清洁无杂物，排气口及空气滤清器内清洁无杂物。

(11) 检查所有软管结合处无松脱及磨损现象。

(12) 检查柴油机房温度在10～35℃。

(13) 检查柴油发电机房内的窗户、柴油机冷却风机出口处的窗户处于开启状态。

(14) 检查柴油机出口开关控制电源送电正常。

(15) 检查柴油机房内电源箱内柴油机控制电源、照明电源、电热风幕电源送电正常。

(二) 柴油发电机运行检查

(1) 润滑油冷却器出水温度应在80～95℃，大于105℃保护跳闸。

(2) 润滑油压力应在0.4～0.6MPa，压力低于0.1MPa保护跳闸。

(3) 柴油发电机电压≥410V发过电压报警并停机，电压≤390V时发欠电压报警并停机。

(4) 柴油发电机频率≥51Hz时，发报警并停机；当频率≤49Hz时，发报警并停机。转速≥1530r/min时，发报警并停机；当转速≤1470r/min时，发报警并停机。

(5) 柴油发电机机械声音正常，无异常响声。

(6) 柴油发电机冷却水系统正常。

(7) 柴油发电机各部无异常振动。

(8) 柴油发电机控制盘上无异常报警。

(9) 检查入口滤网差压指示变红时，应联系点检人员清扫或更换入口滤网。

(10) 机组正常运行期间保安动力中心不带电，柴油机组做联动备用，其中控制盘上工作方式转换开关在"自动"位，出口转换开关投"远方"位，上述开关运行中不得随意乱动，使柴油机组随时具备远方启动状态。

(11) 柴油机柴油箱油位不得低于2/3。

(12) 对于柴油机组DCS画面中，正常运行柴油机连锁投"UNBLOCK"位，使柴油机组在解除闭锁状态。

(13) 保安MCC段各电源开关的控制选择开关必须在"远方"位置。

三、UPS装置检查

(一) UPS装置投运前检查

(1) 检查所有柜体的接地是否牢固以及是否有损坏。

(2) 检查UPS系统接线正确，各接头无松动。

(3) UPS系统各开关均在"断开"位置。

(4) 检查UPS整流器电源输入电压正常。

(5) 检查UPS各元件完好，符合投运条件。

(6) 由检修测量各部绝缘电阻合格。

(7) 冷却风道畅通，进、出风口无异物。

(8) 各元件之间的连接牢固。

(9) 所有的印制电路板均被正确地安装，插头均被可靠地插入。

(二) UPS装置运行中检查

(1) 手动旁路开关Q050必须在"自动"位置。

(2) 盘内各元件无异常电磁声、无异味，接头处无过热现象。

(3) 盘内冷却风扇运转正常。

(4) 逆变器输出电压、负载电压、旁路输出电压、整流输出电压均正常，输出频率正常。

(5) UPS装置输出电流及负荷电流正常。

(6) 蓄电池供电回路正常。

(7) 无异常报警信号，光字信号指示与实际运行方式相对应。

第三节　保安系统主要操作

一、柴油发电机启停操作

(一) 柴油发电机远方启停操作

(1) 检查柴油发电机油箱油位在2/3以上，柴油发电机两个进风风门开启、供油手动门开启，润滑油、冷却水系统位正常。

(2) 检查柴油发电机PLC控制屏上工作方式转换开关在"自动"位，出口开关转换开关在"远方"位，本体控制屏上控制方式在"AUTO"位。

(3) 检查柴油发电机PLC控制屏上无报警。投入柴油发电机组本体控制柜上"风门投切"压板。

(4) 检查柴油发电机出口开关在"分闸"位，储能良好。

(5) 在DCS上检查柴油发电机"D/G Block"在"UNBLOCK"位。

(6) 在DCS点柴油发电机启动、确认按钮，检查柴油发电机启动成功。

(7) 检查柴油发电机出口开关连锁合闸，柴油发电机出口电压正常，保安PC母线电压正常。

(8) 检查柴油发电机运行正常。

(9) 柴油发电机远方停止运行，在DCS点柴油发电机停止、确认按钮。

(10) 检查柴油发电机出口开关断开。

(11) 退出柴油发电机组本体控制柜上"风门投切"压板，检查柴油发电机两个进风风门开启。

(二) 柴油发电机就地PLC控制屏上启停操作

(1) 检查柴油发电机油箱油位在2/3以上，柴油发电机两个进风风门开启、供油手动门开启，润滑油、冷却水系统位正常。

（2）检查柴油发电机 PLC 控制屏上工作方式转换开关在“手动”位，出口开关转换开关在“本地”位，本体控制屏上控制方式在“AUTO”位。

（3）投入柴油发电机组本体控制柜上“风门投切”压板。

（4）检查柴油发电机出口开关在“分闸”位，储能良好。

（5）在柴油发电机 PLC 控制屏上按“启动”按钮，检查柴油发电机启动成功。

（6）检查柴油发电机出口开关连锁合闸，柴油发电机出口电压正常，保安 PC 母线电压正常。

（7）检查柴油发电机运行正常。

（8）在柴油发电机 PLC 控制屏上按“停止”按钮，停运柴油发电机。

（9）检查柴油发电机出口开关断开。

（10）切柴油发电机 PLC 控制屏上工作方式转换开关至“自动”位，出口开关转换开关至“远方”位。

（11）退出柴油发电机组本体控制柜上“风门投切”压板，检查柴油发电机两个进风风门开启。

（三）柴油发电机就地本体控制屏上启停操作

（1）检查柴油发电机油箱油位在 2/3 以上，柴油发电机两个进风风门开启、供油手动门开启，润滑油、冷却水系统位正常。

（2）检查柴油发电机 PLC 控制屏上工作方式转换开关在“自动”位，出口开关转换开关在“远方”位，本体控制屏上控制方式在“手动”位。

（3）投入柴油发电机组本体控制柜上“风门投切”压板。

（4）检查柴油发电机出口开关在“分闸”位，储能良好。

（5）在柴油发电机本体控制屏上按“Ⅰ”按钮 3s 以上，检查柴油发电机启动成功。

（6）检查柴油发电机出口开关连锁合闸，柴油发电机出口电压正常，保安 PC 母线电压正常。

（7）检查柴油发电机运行正常。

（8）在柴油发电机本体控制屏上按“O”按钮 3s 以上，停运柴油发电机。

（9）检查柴油发电机出口开关断开。切柴油发电机本体控制屏上控制方式至“AUTO”位。

（10）退出柴油发电机组本体控制柜上“风门投切”压板，检查柴油发电机两个进风风门开启。

（四）柴油机紧急启、停机

（1）柴油机紧急启动按钮为卧盘保安电源投入按钮，当 DCS 操作失灵时可以通过此按钮启动柴油机。

（2）当远方、就地停止失败或需要紧急停机时，就地手动按紧急停机按钮。

（3）紧急停机按钮共有两个，分别在柴油发电机控制屏上和发电机本机就地控制屏上。

二、UPS 系统启动（以 1 号 UPS 为例，见图 18-1）

（1）检查 UPS 系统符合运行条件。

（2）输出电源开关柜内旁路开关 Q050 在“AUTO”位。

（3）合上输出电源开关柜内旁路输入开关 Q092。

（4）合上主机柜中 UPS 主电源 Q001 开关在合位，显示屏将显示出“system type UPS，KVA，V”（系统类型 UPS，KVA，V）。

（5）10s 后显示改变为：“＊＊stand by＊＊”（待机状态）。

（6）按动 UPS 面板上的按钮 S1（SYSTEM ON）。显示屏显示为“Normal operation load power，%”（正常运行负荷功率，%）。

（7）合上 UPS 电源开关柜内 220V 直流电源 Q004 开关。

（8）通过按动“（Battery Voltage）”按钮查看显示屏上的 220V 直流电压值。

（9）通过按动“（output Voltage）”按钮查看显示屏上的逆变器输出电压是否在允许范围内。

（10）分别合上旁路开关柜内输出开关 Q094。

（11）按动按钮“C”，直到报警装置所有红色灯都熄灭，UPS 装置已被投入。

三、UPS 切旁路运行（以 1 号 UPS 为例）

（1）按动 UPS 显示屏上“#”键，然后按动光标键“↑”或“↓”直到显示屏上出现“Bypass operation OFF”（旁路运行关）。

（2）检查黄色的 6 号灯（SYNCHRONOUS）发光，按“1”键，如果旁路电源在允许范围之内，绿色的 9 号灯（BYPASS MAINS O. K）发光，显示屏显示“Bypass operation”（旁路运行）。

（3）两台 UPS 不间断电源装置便转换成旁路运行方式。

（4）检查绿色 10 号灯（负荷由静态开关 EN 带）亮。

四、旁路运行转为正常运行（以 1 号 UPS 为例）

（1）按动操作转旁路运行的 UPS 显示屏“#”键，然后按动光标键“↑”或“↓”直到显示屏上出现“Bypass operation ON”（旁路运行开）。

（2）按动“＊”键，两台 UPS 同时显示盘便显示出“Normal operation load power，%”（正常运行负荷功率，%）。

（3）UPS 便转换成正常运行方式。

（4）检查绿色 5 号灯（逆变器）及 7 号灯（逆变器输出电压）指示灯亮。这时 UPS 处于“整流—逆变运行方式”。

五、手动旁路运行

（1）当装置正处于正常运行方式运行时，切不可操作手动旁路开关。

（2）将 UPS 装置转换成旁路运行方式。

（3）将手动旁路开关 Q050 转到“Bypass”位置之前要确保静态开关 EN 是接通的绿色的 10 号灯（负荷由静态开关 EN 带）必须亮着。

（4）将手动旁路开关 Q050 转到“Test”位置，确认“Manual bypass on”告警灯点亮。

（5）同时按“System on”＋“OFF”关机，将两台 UPS 关机。

（6）然后将手动旁路开关 Q050 转到“Bypass”位置。

（7）此时 UPS 转为手动旁路运行。

六、手动旁路转换成正常运行

（1）系统运行在手动旁路状态。

（2）转动手动旁路开关到“Test”位置。

（3）合上旁路输入开关 Q092（Q093），检查绿色的 9 号灯（BYPASS MAINS O. K）发光。

（4）合上 UPS 输入开关 Q001。

（5）按 S1“System on”按钮，显示屏显示“Normal operation load power，%”（正常运行负荷功率，%），此时装置正常运行（绿色的 2 号、5 号、7 号灯亮）。

（6）合上 220V 直流 Q004 开关，按“（Battery Voltage）”键，查输出电压正常。

（7）合上 UPS 输出开关 Q094（Q095）。

（8）将装置转为旁路运行。检查绿色的 10 号灯亮（负荷由静态开关 EN 带），面板显示“Bypass operation ON”（旁路运行开）。

（9）将手动旁路开关 Q050 转到“AUTO”位置。

（10）将手动旁路转换成正常运行方式（按旁路转正常操作）。

（11）按动“C”键，直到报警装置所有红色灯都熄灭，UPS 装置转为正常运行。

七、UPS 装置退出运行（以 1 号 UPS 为例）

（1）检查确认 2 号 UPS 运行正常。

（2）在 1 号 UPS 操作板上同时按动按钮 S1（SYSTEMON）和 S2（OFF）。显示屏出现“＊＊standby＊＊：”（待机状态：）。

（3）断开 220V 直流电源 Q004 开关。

（4）断开整流器电源，即断开 Q001 开关。

（5）断开 1 号 UPS 旁路输入开关 Q092 和总输出开关 Q094。

八、UPS 运行切换注意事项

（1）合直流开关 Q004 前，必须确认整流器输出电压正常（可按面板“Battery Voltage”键查看）。

（2）正常运行状态下，所有切换均为自动完成。人为操作切换后，将不会再自动切换，直至再次人为恢复为正常运行状态。

（3）严禁随意切换至旁路运行，如果旁路电源失去将造成 UPS 输出失电。

（4）Q050 为检修开关，非两台 UPS 同时检修不允许执行此操作。

（5）Q050 开关从“Auto”位切至“Test”位，在确认面板显示正常后，先执行关机操作，然后再把 Q050 由“Test”位切至“Bypass”位。

（6）UPS 检修后恢复时，Q050 开关从“Bypass”位切至“Test”位，启动一台或两台 UPS，将 UPS 转旁路运行后，将 Q050 开关从“Test”切至“Auto”位。不允许在 Q050 开关未切至“Test”位启动两台 UPS 运行。

（7）单机检修时，确认另一台 UPS 运行正常后，可直接对需检修 UPS 执行关机操作。并断开相应的 Q001、Q004、Q092(Q093) 和 Q094(Q095)。

第四节　系统异常及事故处理

一、柴油发电机的故障及处理

（一）柴油机启动故障

1. 现象

柴油机转动但点火不成功，或点火成功后不能运行。

2. 处理

（1）检查燃料油位。

（2）检查智能控制器维持运行有无发电机电压输入，如没有则跟踪线路是否通畅。

（3）检查燃料管道及过滤器是否堵塞。

（4）如果在排气系统有白烟说明燃油已进入发动机，但柴油机不着车，则需要检查电磁阀是否工作正常。

（二）柴油机水温高

1. 现象

水温高报警或水温高跳机。

2. 处理

（1）检查柴油机是否过载。

（2）检查机房通风状况。

（3）检查风扇皮带松紧度。

（4）检查环境温度是否过高。

（5）检查冷却水水位。

（三）柴油机油压低现象及处理

1. 现象

油压低故障报警或者油压低跳机。

2. 处理

（1）检查机油油位。

（2）检查机油管路及过滤器是否堵塞。

(3) 测试油压开关是否动作正常。

(四) 润滑油温度高

1. 现象

机油温度故障指示灯亮。

2. 处理

(1) 检查柴油机是否过载。

(2) 检查机房通风状况。

(3) 检查风扇皮带松紧度。

(4) 检查环境温度是否过高。

(5) 检查冷却水水位。

(6) 检查机油油位。

(五) 发电机组运行时无电压

1. 现象

电压表上无电压显示。

2. 处理

(1) 检查电压转换开关是否处于“OFF”挡。

(2) 检查测量回路上的熔断器状况和电压表的好坏。

(3) 用万用表测量发电机的输出端子电压，如果无电压则检查 AVR 及旋转整流子。

(六) 蓄电池电压高或低

1. 现象

直流电压低、高报警。

2. 处理

(1) 检查柴油机的充电发电机工作是否正常。

(2) 检查蓄电池接线是否松动。

二、UPS 系统故障及处理

(一)“UPS 故障”综合信号报警

(1) 就地检查 UPS 母线电压是否正常，输出电流有无明显变化。

(2) 检查主控制板信号指示情况并判断 UPS 运行方式。

(3) 检查 UPS 运行方式与显示一致。

(4) 检查 UPS 故障原因，必要时可将运行方式转换为手动旁路运。

(5) 通知检修人员处理。

(二) 判断 UPS 故障原因的方法及处理办法

1. 简单故障的消除

对于整流器不启动的故障，可能原因是：整流器输入电路断路器 Q001 断开；整流器电源电压超出容限或出错的相序；整流器电源零件的过热信号；因电子系统的供电电压故障或超出容限。

对于转换器不启动的故障，可能原因是：直流电压超出容限；电子系统的供电电压故障或超出容限；转换器电源零件过热信号。

2. 运行状态指示

运行状态指示见表 18-1。

表 18-1　　运行状态指示

项目	名　称	说　明
1	整流器电源正常（绿）	电源整流器正在正常运行，电压和频率都在技术规定的容限范围之内
2	整流器运行（绿）	整流器接通，点火脉冲能启动晶闸管整流器
3	增压充电（黄）	用手控或自动出发增压充电
4	蓄电池运行（绿）	蓄电池向转换器供电
5	转换器运行（绿）	转换器接通，转换器控制逻辑向 TSM［纸带（磁）供电电动机］装置发射点火信号，然而这不是转换器正确运行的标志
6	同步（黄）	如果转换器与旁路电源同步指示灯亮
7	转换器电压（绿）	转换器电压是在技术规范容限范围之内
8	EN-电源（绿）	旁路电源电压频率是在技术规范容限范围之内
9	电源上负载（绿）	静态转换器 EN 关闭，旁路电源经由 EN 向负载供电
10	手控旁路（绿）	在测试，维修和保养工作时 UPS 系统转到旁路电源。手控旁路转换器位于“旁路”或“测试”状态（如果选择“有三个转换器位置的旁路”或选择设置）
11	输入 MCCB 接通（绿）	整流器输入转换器断路器 Q001 被接通
12	输入 MCCB 关闭（红）	整流器输入 MCCBQ001 已跳闸或者断开
13	旁路 MCCB 接通（绿）	旁路输入 MCCBQ090 接通
14	旁路 MCCB 关闭（红）	旁路输入 MCCBQ090 跳闸或断开

3. 报警指示的故障及对策

报警指示的故障及原因见表 18-2。

表 18-2　　报警指示的故障及原因

报警指示及报警时间	原　因	测　试
整流器电源故障（30s）	整流器输入电压超出容限	测量输入电压
整流器故障（5s）	电子仪器和电源半导体电源或整流器电源装置过热	测量电子线路的电源
直流超出容限（5s）	（1）直流器不运行； （2）蓄电池放电； （3）直流电压太高	测量直流电压
蓄电池放电（3s）	（1）一个或多个原电池故障； （2）蓄电池放电	检查各个蓄电池的电压出现较大的偏差
转换器故障（5s）	（1）接通转换器的输出电压超出容限； （2）转换器电源装置过热	测量 F021 输出电压

续表

报警指示及报警时间	原　因	测　试
过载转换器/旁路（30s）	负载电流比系统额定电流高	测量负载电流
转换器熔丝烧断（5s）	电源熔丝 F021	检查熔丝 F021
不同步（30s）	旁路频率超出容限	测量旁路和系统输出之间电压
旁路电源故障	旁路电源超出容限	测量电源电压
手控旁路接通	手控旁路开关不在“自动”位置	手控旁路开关的位置
EN 禁止	（1）旁路电源电压或频率超出容限； （2）EN 电源元件过热	测量旁路电源电压
温度过高	（1）电源元件散热片太热； （2）线圈材料太热； （3）环境温度过高空气入口被堵塞	（1）测量温度； （2）检查通过系统的空气流量
风机故障	（1）风机； （2）风机监视器； （3）风机变压器板； （4）风机电源	（1）检查空气流量； （2）检查电源； （3）风机断开

思考题

1. 保安电源的作用是什么？
2. 柴油发电机的主要作用是什么？
3. 柴油机组作为保安电源的优缺点有哪些？
4. 柴油发电机启动前检查项目有哪些？
5. 柴油发电机运行维护项目有哪些？
6. 柴油机如何采用手动方式启停？
7. 事故照明保安电源定期切换试验的目的是什么？
8. 简述 UPS 系统组成。
9. 简述 UPS 运行方式。
10. 简述 UPS 系统主要负荷。
11. 简述 UPS 装置投运前检查。
12. 简述 UPS 装置运行中检查。

第十九章

直 流 系 统

第一节 直 流 系 统 概 述

一、系统概述

直流系统是应用于发电厂、各类变电站和其他使用直流设备的用户中，为信号设备、保护、自动装置、事故照明、直流电动机电源及断路器分、合闸操作提供直流电源的设备。直流系统是一个独立的电源系统，它不受发电机、厂用电及系统运行方式的影响。正常运行时，直流系统的充电装置既要承担负荷电流，也要向蓄电池组充电，以补充蓄电池的自放电。在系统发生故障并且外部交流电中断的情况下，需保证由蓄电池继续提供直流电源，向继电保护及自动装置、断路器跳闸与合闸、载波通信、事故照明、直流电动机等装置提供电源，如图 19-1 所示。

二、直流系统组成

直流系统主要由蓄电池组、交流配电单元、充电器（充电模块）、直流馈电单元、绝缘监测单元、集中监控单元等部分组成。

1. 蓄电池

蓄电池是储存直流电能的一种设备，它能把电能转变为化学能储存起来（充电），使用时再把化学能转变为电能（放电），供给直流负荷，这种能量的变换过程是可逆的，即当蓄电池已部分放电或完全放电后，两极表面形成了新的化合物，这时如果用适当的反向电流通入蓄电池，就可使已形成的新化合物还原成原来的活性物质，以供下次放电使用。

2. 交流配电单元

交流配电单元作为双路交流输入电源的检测及控制元件，能够将双路交流输入电源选择其中一路交流输入提供给充电器（充电模块）。交流配电单元设有检测回路，可检测交流输入电源的缺相、失电压等故障并发出报警。在交流电源输入端还设有防雷保护电路。

3. 充电器（充电模块）

充电器（充电模块）能够输出稳定的直流，对蓄电池补充充电和提供控制输出，为直流负载提供正常的工作电流。充电模块采用 N+1 冗余方式供电。充电模块应具有完善的保护功能，如输入过电压保护、输入欠电压报警、输出过电压保护、过热保护、输出短路保护、防雷保护等。

4. 直流馈电单元

直流馈电单元是将直流电源通过负荷开关送至各用电设备的配电单元。各回路所用负

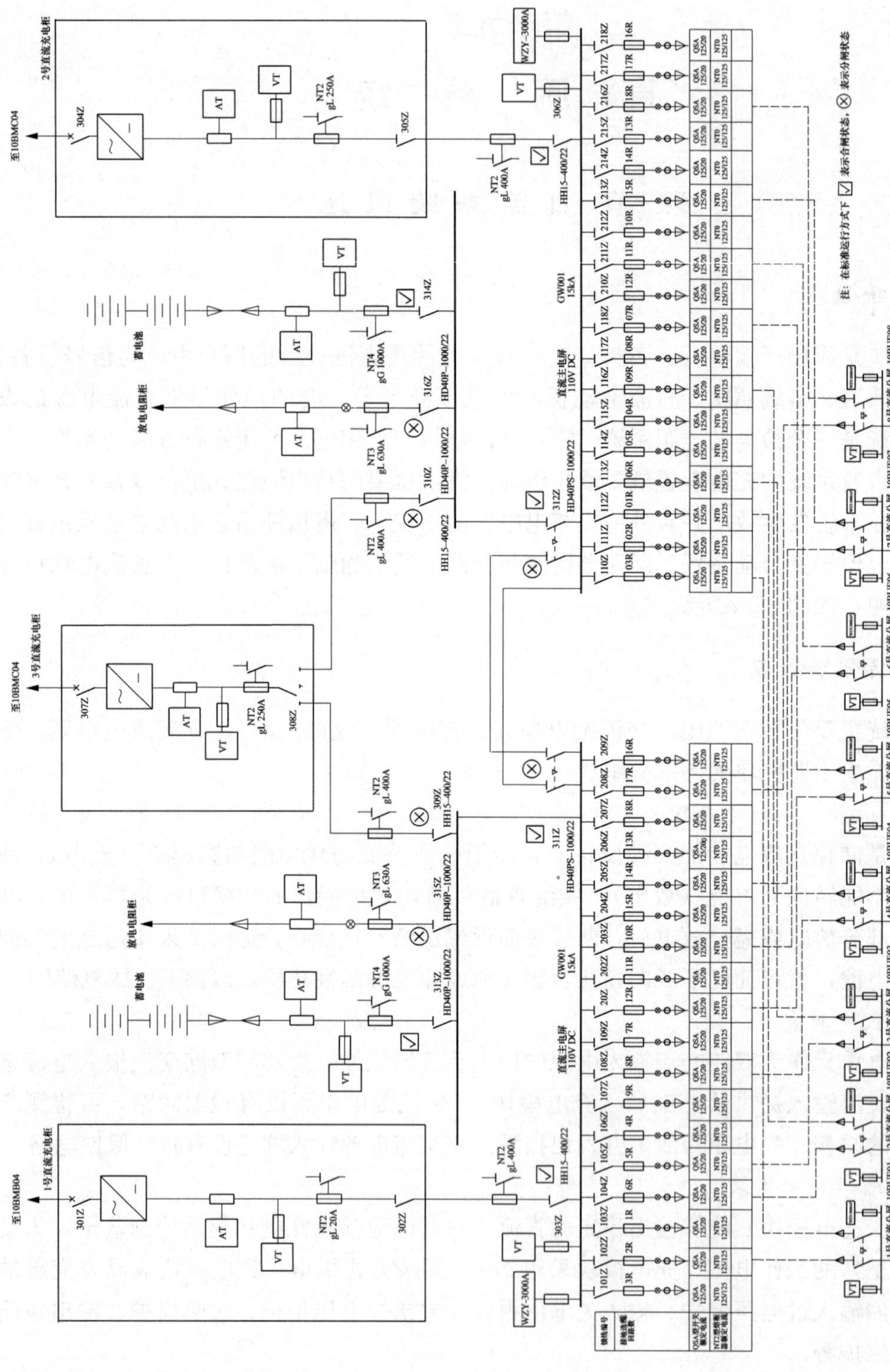

图 19-1 110V 直流系统

荷开关应选用专用直流断路器，保证在直流负荷侧故障时相应支路可靠分断，其容量与本系统上、下级开关相匹配，以保证开关动作的选择性。

5. 绝缘监测单元

绝缘监测单元可在线监测直流母线和各支路的对地绝缘状况，在直流过电压、欠电压或直流系统绝缘强度降低等异常情况时发出声光报警，并将对应报警信息发至集中监控器。

6. 集中监控单元

集中监控单元可实现对交流配电单元、充电模块、直流馈电、绝缘监测单元、直流母线和蓄电池等运行参数的采集与各单元的控制和管理，并可通过远程接口接受后台操作员的监测。

三、直流系统接线方式

目前各发电厂大容量单元制机组（即一个单元两台机组）的直流系统普遍采用两组蓄电池和三套充电器相配置的接线方式。

（1）直流系统由220V动力直流和110V控制直流两个独立的系统组成。220V直流系统主要为汽轮机直流油泵、给水泵汽轮机直流油泵、直流密封油泵、事故照明等设备供电；110V直流系统主要为信号、保护、自动装置、厂用断路器控制回路等设备的电源。

（2）220V直流系统每台机一段母线，110V直流系统每台机两段母线。

（3）220V直流系统每段设置一套工作充电器，一组蓄电池组。另设一套切换的备用充电器，两台机公用。工作充电器只作为蓄电池正常浮充时使用，备用充电器既可作为蓄电池正常浮充时使用，也可作为蓄电池充、放电时使用。

（4）110V直流系统每段设置一套工作充电器，一组蓄电池组。每台机另设一套可切换的备用充电器，两段直流系统公用。

（5）220V直流系统每段设有双投母联开关，两台机蓄电池组互为备用。

（6）每台机110V直流系统每段设有双投母联开关，两组蓄电池互为备用。

第二节　直流系统运行及检查

一、直流系统运行方式

（1）正常运行时，220V、110V蓄电池组自带本段直流母线运行，蓄电池出口开关在合位，各段母线联络开关均在“池联”位置。工作充电器运行，浮充蓄电池组。

（2）110V直流主馈线屏至各直流分屏1号、2号电源开关在合位，在直流分屏处开环。正常运行时1号直流分屏由1号电源带，2号直流分屏由2号电源带。

（3）双电源负荷，正常为开环运行，一侧电源电缆充电备用，在就地盘处开环。

（4）直流母线不允许脱离蓄电池长期运行，蓄电池组因故退出运行时，110V直流母线切换为另一组蓄电池带，220V直流母线切换为另一台机组蓄电池带，该母线联络开关切至“母联”位置。

(5) 正常运行时，220V、110V 直流母线电压维持在（2.23V±0.02V）×蓄电池只数。

(6) 220V 和 110V 直流系统工作充电器故障，应投入备用充电器。

(7) 蓄电池组进行充、放电时，蓄电池组应退出运行，由备用充电器进行充电。

二、直流系统的有关规定

1. 直流系统绝缘规定

(1) 蓄电池组绝缘电阻用高内阻电压表测量不低于 0.2MΩ。

(2) 全部直流系统（不包括蓄电池）用 500V 绝缘电阻表测量不低于 0.5MΩ。

(3) 直流母线用 500V 绝缘电阻表测量不低于 50MΩ。

2. 直流系统并列及倒换规定

(1) 新投产、大小修后必须核对极性。

(2) 直流系统电源倒换，在极性相同的情况下，且电压差不超过 5V 时，可短时合环进行倒换。

(3) 严禁两个直流系统在发生不同极性接地时并列。

三、充电器启动及停止

1. 启动前检查

(1) 启动前应将所有工作票收回，拆除所有临时安全措施，现场清洁无遗留物。

(2) 测量交、直流侧绝缘电阻合格，检查一、二次回路完好。

(3) 新投运或大修后，应有检修人员详细交代，设备标志齐全。

(4) 装置接地线可靠接地。

(5) 检查蓄电池出口以及充电器交、直流侧熔断器完好，容量合适。

2. 启动充电器

(1) 合上充电器交流输入开关，交流电源指示灯亮。

(2) 合上充电器控制、保护熔断器或开关。

(3) 合上各充电电源模块面板上的空气开关和启动按钮，电源模块面板上的工作指示灯点亮，电源模块工作，这时电源模块有输出，电源模块的显示器显示充电机输出电压及电流。

(4) 合上充电器直流输出开关。屏上的电压表及电流表能正确显示各部位的电压及电流，集中监控器开始工作并显示数据。

3. 充电器停止

(1) 停止各充电电源模块运行，检查母线电压正常，蓄电池正常。

(2) 断开充电器直流输出开关，断开充电器交流输入开关。

(3) 投入备用充电器运行，检查充电正常。

(4) 根据工作票要求完善措施。

四、蓄电池充放电操作

(1) 将Ⅰ、Ⅱ母线联络开关切至“母联”位置，将蓄电池与直流母线脱离。

(2) 由检修人员进行蓄电池放电操作。

(3) 待放电结束后，启动备用充电器，调整充电电流进行充电。

(4) 待充电结束后，停止备用充电器。

(5) 将Ⅰ、Ⅱ母线联络开关切至“池联”位置。

五、运行中的检查

(1) 直流母线电压在［(2.23V±0.02V)×蓄电池组电池数］范围内，充电器运行正常。

(2) 充电器内各部件无过热、松动，无异常声音及异常气味。

(3) 蓄电池外壳和极柱温度正常，极柱、安全阀周围无渗液和酸雾逸出，电池壳盖无变形和渗液。

(4) 蓄电池室内温度在15～30℃，不允许长期超过30℃。

(5) 蓄电池室内清洁、通风良好，室内含氢量合格，蓄电池表面无损坏。

(6) 各连接处应紧固，无松动现象。

(7) 蓄电池浮充电压在稳压精度以内，在环境温度为25℃情况下的正常浮充电压为2.25V/单体，当蓄电池室内环境温度超过33℃时，直流母线电压下调2～3V；当蓄电池室内环境温度低于5℃时，直流母线电压上调2～3V。当蓄电池浮充运行时，蓄电池单体电压不应低于2.18V，如单体电压低于2.18V，则需要进行均充。

(8) 均充一般采用恒压限流进行充电，充电电压按2.35V/单体（环境温度为25℃）。温度补偿系数为－5mV/℃，充电频率为1次/年。

第三节　直流系统异常及事故处理

一、直流系统接地

当直流系统发生一点接地时，应迅速寻找接地点，并尽快消除，以防止发展成两点接地故障。

直流系统中发生两点接地时，可能会引起直流熔断器熔断或造成保护、断路器误动作，对于安全运行有极大的危害性。

（一）直流系统接地的处理原则

根据运行方式、操作情况、气候影响等，判断可能接地的地点，按照以下原则进行：

(1) 先检查信号和照明部分，后检查操作部分。

(2) 先检查室外部分，后检查室内部分。

(3) 先检查负荷部分，后检查电源部分。

根据以上原则，采取拉路寻找、分路处理的方法。在切断各专用直流回路时，切断时间不得超过3s，不论回路接地与否，均应在3s内合上。当发现某一专用直流回路有接地时，应及时找出接地点，尽快排除接地故障。

若设备不允许短时停电（失去电源后引起保护误动作），则应将直流系统解列运行后，再寻找接地点。

（二）直流系统接地现象

（1）主控室“直流母线故障”光字牌报警。

（2）绝缘监察装置接地指示灯亮，直流母线正、负对地电压指示不平衡。DCS上有相应报警。

（3）绝缘监察装置显示接地回路数。

（三）直流系统接地处理

（1）确定接地极性及绝缘状况。

（2）依据绝缘监察装置指示，判断哪个回路接地。若为110V直流系统，应依据主母线及分电屏绝缘监察装置显示，综合判断哪个回路接地。

（3）瞬停有故障回路。

（4）110V直流系统主母线绝缘监察装置显示分电屏回路接地而分电屏绝缘监察装置未显示具体回路接地，应切换分电屏电源。

（5）瞬停选择充电装置。

（6）瞬停蓄电池。

（7）若经以上查找，未找到故障点，将接地母线上负荷倒至另一段直流母线带，瞬停空母线。

（8）查到故障点，汇报值长，通知检修人员处理。

（四）查找直流系统接地注意事项

（1）直流发生接地时，禁止在二次回路上工作。

（2）查找直流接地禁止使用灯泡寻找方法，以防止直流回路短路。

（3）查找直流接地应两人进行，一人操作，一人监护。

（4）采用瞬停电源方法时，以先信号和照明部分后操作部分、先室外部分后室内部分为原则。对瞬停带有备用电源、发电机-变压器组直流、热控电源时，应采取必要措施，退出可能误动的保护，以防止因直流电源中断而造成保护装置误动作。

（5）查找直流接地必须使用高内阻电压表。

（6）查找过程中切勿造成另一点接地。

二、直流母线电压异常

（一）现象

（1）主控室“直流母线故障”光字牌报警。

（2）绝缘监察装置电压“高、低”相应指示灯亮，DCS上有相应报警。

（3）就地电压表指示异常。

（二）原因

（1）充电器跳闸。

（2）蓄电池故障。
（3）直流系统大负荷变化。
（4）熔断器熔断。

（三）处理方法

（1）若充电器跳闸，根据情况启动备用充电器。
（2）若蓄电池故障，应将直流母线倒至另一组蓄电池带。
（3）若直流系统大负荷变化引起，应调整充电器使电压恢复正常。
（4）若熔断器熔断，更换合格的熔断器。

三、蓄电池常见故障和处理方法

蓄电池常见故障和处理方法见表19-1。

表19-1　　蓄电池常见故障和处理方法

序号	常见故障	原　因	处理方法
1	漏液	蓄电池外壳变形，温度过高，浮充电压过高，蓄电池极柱密封不严	更换蓄电池
2	浮充电压不均匀	蓄电池内阻不均匀	进行均充
3	单体浮充电压偏低	蓄电池内部微短路等	进行均充后，仍不能排除故障时更换蓄电池
4	容量不足	蓄电池欠充或失水严重，内部干涸	进行均充，均充后不能排除故障时更换蓄电池；补加活化液
5	蓄电池极柱或外壳温度过高	螺钉松动，浮充电压过高	检查螺钉，检查充电器和充电方法
6	蓄电池浮充电压忽高忽低	螺钉松动	拧紧螺钉
7	蓄电池组接地	蓄电池盖灰尘或蓄电池漏液残留物导电	清洁蓄电池，蓄电池组与地面加绝缘胶垫

思考题

1. 直流系统有哪些负荷？
2. 直流系统的作用是什么？
3. 直流系统接地现象有哪些？
4. 查找直流系统接地注意事项有哪些？
5. 直流母线正常运行时对地电阻是多少？
6. 直流系统正常采用什么运行方式？
7. 直流系统接地如何处理？
8. 直流母线电压异常的现象及原因有哪些？如何处理？
9. 蓄电池常见的有哪些故障和故障的原因及处理方法？
10. 直流母线电压消失，如何处理？